"十三五"国家重点出版物出版规划项目
岩石力学与工程研究著作丛书

岩体非连续破坏模拟与应用

崔铁军　王来贵　著

国家自然科学基金项目(51704141)
国家重点研发计划项目(2017YFC1503102)

科学出版社
北　京

内 容 简 介

本书结合矿业工程中发生的一些灾害现象，研究其中岩体非连续破坏的定性和定量特征，使用颗粒流理论和方法对这些破坏现象进行模拟和分析。破坏现象包括岩体地震破坏、岩体爆破、煤岩体自燃、开采过程冲击地压等；研究对象包括尾矿库、边坡、巷道、采空区等。主要内容包括：岩体建模方法、岩体爆破过程模拟、岩体位移及沉降模拟、煤岩自燃过程模拟、岩体地震模拟与稳定性、冲击地压过程模拟。

本书适合于从事岩石力学非连续破坏现象研究和解决相应工程问题的科研人员，也可供矿业和地下工程专业师生参考阅读。

图书在版编目(CIP)数据

岩体非连续破坏模拟与应用/崔铁军，王来贵著. —北京：科学出版社，2019.3
ISBN 978-7-03-060161-2

(岩石力学与工程研究著作丛书)

“十三五”国家重点出版物出版规划项目

Ⅰ.①岩… Ⅱ.①崔…②王… Ⅲ.①岩体破坏形态-研究 Ⅳ.①TU452

中国版本图书馆 CIP 数据核字(2018)第 290941 号

责任编辑：张艳芬 罗 娟 / 责任校对：王萌萌
责任印制：吴兆东 / 封面设计：陈 敬

科 学 出 版 社 出版
北京东黄城根北街 16 号
邮政编码：100717
http://www.sciencep.com

北京九州迅驰传媒文化有限公司 印刷

科学出版社发行 各地新华书店经销

*

2019 年 3 月第 一 版 开本：720×1000 1/16
2019 年10月第二次印刷 印张：12 3/4
字数：233 000

定价：98.00 元

(如有印装质量问题，我社负责调换)

《岩石力学与工程研究著作丛书》编委会

《岩石力学与工程研究著作丛书》序

随着西部大开发等相关战略的实施，国家重大基础设施建设正以前所未有的速度在全国展开：在建、拟建水电工程达30多项，大多以地下硐室（群）为其主要水工建筑物，如龙滩、小湾、三板溪、水布垭、虎跳峡、向家坝等水电站，其中白鹤滩水电站的地下厂房高达90m、宽达35m、长400多米；锦屏二级水电站4条引水隧道，单洞长16.67km，最大埋深2525m，是世界上埋深与规模均为最大的水工引水隧洞；规划中的南水北调西线工程的隧洞埋深大多在400～900m，最大埋深1150m。矿产资源与石油开采向深部延伸，许多矿山采深已达1200m以上。高应力的作用使得地下工程冲击地压显现剧烈，岩爆危险性增加，巷（隧）道变形速度加快、持续时间长。城镇建设与地下空间开发、高速公路与高速铁路建设日新月异。海洋工程（如深海石油与矿产资源的开发等）也出现方兴未艾的发展势头。能源地下储存、高放核废物的深地质处置、天然气水合物的勘探与安全开采、CO_2地下隔离等已引起高度重视，有的已列入国家发展规划。这些工程建设提出了许多前所未有的岩石力学前沿课题和亟待解决的工程技术难题。例如，深部高应力下地下工程安全性评价与设计优化问题，高山峡谷地区高陡边坡的稳定性问题，地下油气储库、高放核废物深地质处置库以及地下CO_2隔离层的安全性问题，深部岩体的分区碎裂化的演化机制与规律，等等。这些难题的解决迫切需要岩石力学理论的发展与相关技术的突破。

近几年来，863计划、973计划、"十一五"国家科技支撑计划、国家自然科学基金重大研究计划以及人才和面上项目、中国科学院知识创新工程项目、教育部重点（重大）与人才项目等，对攻克上述科学与工程技术难题陆续给予了有力资助，并针对重大工程在设计和施工过程中遇到的技术难题组织了一些专项科研，吸收国内外的优势力量进行攻关。在各方面的支持下，这些课题已经取得了很多很好的研究成果，并在国家重点工程建设中发挥了重要的作用。目前组织国内同行将上述领域所研究的成果进行系统的总结，并出版《岩石力学与工程研究著作丛书》，值得钦佩、支持与鼓励。

该丛书涉及近几年来我国围绕岩石力学学科的国际前沿、国家重大工程建设中所遇到的工程技术难题的攻克等方面所取得的主要创新性研究成果，包括深部及其复杂条件下的岩体力学的室内、原位实验方法和技术，考虑复杂条件与过程（如高应力、高渗透压、高应变速率、温度-水流-应力-化学耦合）的岩体力学特性、变形破裂过程规律及其数学模型、分析方法与理论，地质超前预报方法与技术，工程地质灾害预测预报与防治措施，断续节理岩体的加固止裂机理与设计方法，灾害环境下重大工程的安全性，岩石工程实时监测技术与应用，岩石工程施工过程仿真、动态反馈分析与设计优化，典型与特殊岩石工程（海底隧道、深埋长隧洞、高陡边坡、膨胀岩工程等）超规范的设计与实践实例，等等。

岩石力学是一门应用性很强的学科。岩石力学课题来自于工程建设，岩石力学理论以解决复杂的岩石工程技术难题为生命力，在工程实践中检验、完善和发展。该丛书较好地体现了这一岩石力学学科的属性与特色。

我深信《岩石力学与工程研究著作丛书》的出版，必将推动我国岩石力学与工程研究工作的深入开展，在人才培养、岩石工程建设难题的攻克以及推动技术进步方面发挥显著的作用。

钱七虎

2007 年 12 月 8 日

《岩石力学与工程研究著作丛书》编者的话

近20年来，随着我国许多举世瞩目的岩石工程不断兴建，岩石力学与工程学科各领域的理论研究和工程实践得到较广泛的发展，科研水平与工程技术能力得到大幅度提高，在岩石力学与工程基本特性、理论与建模、智能分析与计算、设计与虚拟仿真、施工控制与信息化、测试与监测、灾害性防治、工程建设与环境协调等诸多学科方向与领域都取得了辉煌成绩。特别是解决岩石工程建设中的关键性复杂技术疑难问题的方法，973计划、863计划、国家自然科学基金等重大、重点课题研究成果，为我国岩石力学与工程学科的发展发挥了重大的推动作用。

应科学出版社诚邀，由国际岩石力学学会副主席、岩土力学与工程国家重点实验室主任冯夏庭教授和黄理兴研究员策划，先后在武汉市与葫芦岛市召开《岩石力学与工程研究著作丛书》编写研讨会，组织我国岩石力学工程界的精英参与本丛书的撰写，以反映我国近期在岩石力学与工程研究领域取得的最新成果。本丛书内容涵盖岩石力学与工程的理论研究、试验方法、实验技术、计算仿真、工程实践等各个方面。

本丛书编委会编委由75位来自全国水利水电、煤炭石油、能源矿山、铁道交通、资源环境、市镇建设、国防科研等领域大专院校、工矿企业等单位与部门的岩石力学与工程界精英组成。编委会负责选题的审查，科学出版社负责稿件的审定与出版。

在本丛书的策划、组织与出版过程中，得到各专著作者与编委的积极响应；得到各界领导的关怀与支持，特别是中国岩石力学与工程学会理事长钱七虎院士为丛书作序；中国科学院武汉岩土力学研究所冯夏庭教授、黄理兴研究员与科学出版社刘宝莉编辑做了许多烦琐而有成效的工作，在此一并表示感谢。

“21世纪岩土力学与工程研究中心在中国”，这一理念已得到世人的共识。我们生长在这个年代里，感到无限的幸福与骄傲，同时我们也感觉到肩上的责任重大。我们组织编写这套丛书，希望能真实反映我国岩石力学与工程的现状与成果，希望对读者有所帮助，希望能为我国岩石力学学科发展与工程建设贡献一份力量。

《岩石力学与工程研究著作丛书》
编辑委员会
2007年11月28日

前　言

目前基于连续介质理论的岩体破坏模拟研究比较充分，且一般用于静态或近似静态过程。但是，实际岩体破坏过程往往是静态到动态、连续到非连续的破坏过程，如岩体地震、煤岩自燃、岩体爆破、冲击地压等以及开采过程中岩体位移、断裂和堆积等。这些过程普遍存在，使用连续介质理论进行描述显然不合适。颗粒流方法可以同时描述固体在连续和非连续破坏过程中受到动力作用后的变形、破裂、分离、抛射和坍塌等过程，为解决上述问题提供了有效途径。

本书采用颗粒流理论和方法，并配合二次开发模型对岩体非连续动力破坏问题进行模拟和分析，主要内容如下。

第 1 章介绍研究的目的和意义、研究现状和存在的问题、颗粒流理论、本书主要内容。

第 2 章包括山地造形方法、岩体建模方法和岩体界面建模方法。使用 PFC3D 的 FISH 语言构建复杂山地地形。提出构建岩体模型的下落法，包括整体下落法和分层下落法。利用下落法构建平行不整合和角度不整合岩体模型。

第 3 章岩体爆破过程模拟：提出基于颗粒流的爆破过程模型及其三维改进模型。根据能量守恒定律和能量分配方法进行颗粒流爆炸模型二次开发，并应用于多种工程问题分析。提出使用 PFC3D 结合爆炸区划理论的爆破模拟。在爆炸模型基础上改进得到三维爆炸模型，提出新能量分配方式，使该模型适合于三维岩体爆破模拟。

第 4 章对开采过程造成的岩层运移和地表沉降进行模拟分析。模型在不同充实率条件下模拟岩层运移情况。对直接顶板爆破、充填开采、充填开采＋顶板爆破三种采空区处理方式进行建模。

第 5 章应用颗粒流理论的能量扩散模型和热力耦合模型并进行二次程序开发，模拟不同情况下的煤岩自燃现象。模拟采空区遗煤、煤堆及边坡内煤层自燃过程。

第 6 章对地震作用的岩体破坏过程进行模拟和分析，并完成二次程序开发。模拟不同峰值加速度的正弦地震波震动过程中的尾矿库、边坡及上覆岩层等的破坏过程。

第 7 章对矿业工程中出现的冲击地压现象进行模拟和研究。从能量角度对冲击地压过程进行划分和分析，运用颗粒流理论实现冲击地压模拟。提出冲击地压破坏过程是岩体系统为了保持自身能量平衡而向系统外释放能量的过程。

本书注重模拟过程与实际过程的一致性，强调理论联系实际的原则。创造性地提出了一些颗粒流二次开发数学模型并予以实现。使用这些模型在多个方面对矿业工程遇到的灾害进行模拟研究。本书内容新颖、通俗易懂，结合实例应用，进行了模拟现象与实际过程的对比分析。

本书主要内容为国家自然科学基金项目(51704141)和国家重点研发计划项目(2017YFC1503102)的研究成果。本书由崔铁军副教授和王来贵教授共同撰写，崔铁军负责第1～6章，王来贵负责第7章，全书由崔铁军统稿。在撰写书稿过程中，马云东、宋子岭、韩光、周玉祥、海龙、荣海、李莎莎、黄优、陈善乐、高会春等在工程分析、实验、力学数学模型构建等方面给予了大量帮助，在此表示衷心感谢。

书中引用了部分国内外专著、文章、规范等成果，在此向作者及相关人士表示感谢。辽宁工程技术大学提供了科研环境，Itasca公司提供了学习版PFC3D，这些为作者进行探索性研究提供了条件，在此表示感谢。

限于作者水平，书中难免存在不足之处，敬请读者批评指正。

崔铁军

2018年3月

目　　录

第1章 绪　　论

1.1 研究工作的目的和意义

目前，岩体的灾变过程研究取得了较大进展，但也存在明显问题。

相似实验和基于连续性理论的岩体灾变过程研究存在先天不足，特别是对非连续性破坏的研究。对于实验台，其实验尺度对结果具有不可忽略的影响，模型难以1∶1建立。另外，模型的制作相当耗费人力、财力和时间。为弥补实验的不足，提出使用模拟对难以制作的模型及难以出现的现象进行分析。对于模拟，基于连续性介质理论的模拟破坏过程也存在一定不符合实际过程的缺点。例如，ANSYS、FLAC及ADINA等模拟软件是基于连续介质理论的，一般情况下只能模拟破坏后的岩体变形，即连续性破坏；不能模拟实际过程中的岩体断裂、破碎现象。这样的模拟结果难以描述岩体地震及爆破破坏、煤岩自燃破坏、冲击地压等动力作用后的岩体非连续破坏现象。但是，这些现象在实际生产生活中是普遍存在的，是不可回避的工程及科学问题。

上述问题的主要矛盾在于连续与非连续、静态与动态之间的转化。此时，需要同时具备连续与非连续、静态与动态模拟能力的理论与方法对该问题进行解决。颗粒流理论是目前较好的解决方案，可同时描述固体在连续和非连续过程中受到动力破坏作用后的变形、破裂、分离、抛射和坍塌等过程，是解决上述问题的有效途径。

因此，本书目的在于借助颗粒流理论，并进行二次模型开发，对岩体进行建模，从而研究其在动力作用下发生的从静态到动态、从连续到非连续的破坏过程。涉及的动力作用包括地震、爆破、自燃、冲击地压等；研究对象为岩体，包括尾矿库、边坡、采空区、上覆岩层等。

非连续破坏在实际生产生活中比连续破坏更为普遍。对岩体非连续破坏进行研究也是学术界的热点。本书进行的研究是探索性的，力求在定性和规律层面上得到一些有益的结果。

1.2 研究现状和存在的问题

学术界对岩体非连续破坏形式的研究是多样的，这里给出与本书相关的研究现状和存在的问题。

1.2.1 岩体建模方法

PFC3D 是 Itasca 公司 2008 年发布的一款高端产品，特别适合复杂机理性问题的研究[1]。在岩体工程中可用来研究结构开裂、堆石材料特性和稳定性、矿山崩落开采、边坡解体、爆破冲击等一系列传统数值方法难以解决的问题。PFC3D 应用难度较大，对用户要求较高。

本书涉及使用 PFC3D 进行复杂山形建模、岩体建模和岩体接触面建模方面的研究。

对于复杂山形的建模，只有张龙等[2]的鸡尾山高速远程滑坡运动过程 PFC3D 模拟中明确使用了山地造形，但并未说明造形的具体过程。

关于岩体建模研究主要有：陈宜楷[3]对基于颗粒流离散元的尾矿库坝体进行了稳定性分析；李识博等[4]研究了松散堆积物坝基渗透淤堵试验及颗粒流模拟；吴顺川等[5]进行了卸载岩爆试验及 PFC3D 数值模拟研究；刘先珊等[6]研究了三维颗粒流数值模型的胶结砂岩力学特性；姜春林等[7]对微型抗滑桩土拱效应空间特征的细观力学进行了分析；周健等[8]进行了基于三维离散-连续耦合方法的分层介质中桩端刺入数值模拟。但是，使用 PFC3D 所构建的模型形状都比较简单，尺寸也比较小，难以满足实际工程需要。

关于岩体中不同岩石接触面建模的研究主要有：毛先成等[9]研究了基于不规则三角网的地质界面三维形态分析方法与应用；张燕等[10]研究了开采扰动下不整合面附近的岩体变形特征；于福生等[11]对龙门山前缘关口断裂典型构造剖面的物理模拟实验及其变形主控因素进行了研究；廖杰等[12]对珠江口盆地白云凹陷裂后异常沉降进行了数值模拟。这些模拟的岩体中接触面构建得并不精细；更为重要的是，接触面之间的岩体力学性质与岩体内部完整部分的性质有很大差异，这对后期模拟施工等将有难以预料的影响。另外，多数岩土模拟软件应用连续介质理论，模拟包含接触面的连续-非连续岩体存在先天缺陷，在接触面构建和参数差异赋值控制方面比较困难，因此如何构造符合实际的接触面是值得研究的问题。

1.2.2 岩体爆破模拟方法

本节研究岩体颗粒流爆破模型的建立和应用，内容包括放顶爆破、边坡爆破、爆破飞石。

目前对爆破模型和过程的研究尚不充分。陈朝玉等[13]研究了爆破对柔弱夹层顺层边坡的稳定性影响；王建国等[14]进行了爆破震动对高陡边坡稳定性产生影响的数值模拟研究；钟冬望等[15]进行了爆炸荷载下岩质边坡动力特性试验及数值分析研究；刘磊[16]进行了岩质高边坡爆破动力响应规律数值模拟研究；谢冰[17]实现了岩体动态损伤特性分析及其在基础爆破安全控制中的应用。这些研究一般基于连续介质理论,其模拟研究难以实现爆破岩体的碎裂过程,也无法根据实际情况控制各破碎岩块状态,更无法进行宏观层面上的爆破过程模拟。

对上覆坚硬且构造复杂的岩体进行爆破强制放顶的相关研究包括:周登辉等[18]对大倾角坚硬顶板深孔超前预爆破进行了研究;伍永平等[19]对坚硬顶板综放工作面超前弱化进行了模拟研究;张杰[20]对浅埋煤层顶板深孔预爆强制初放进行了研究;高魁等[21]对深孔爆破在深井坚硬复合顶板沿空留巷强制放顶中的应用进行了研究;张春雷等[22]对大倾角大采高综采工作面坚硬顶板控制技术进行了研究;曹胜根等[23]对采场上覆坚硬岩层破断的数值模拟进行了研究。

露天矿边坡爆破是矿业生产的主要方式之一,而爆破产生的飞石也是重要的安全隐患。目前对于爆破飞石距离的研究主要是经验拟合和算法预测等。熊炎飞等[24]总结了爆破飞石飞散距离计算公式;吴春平等[25]研究了爆破飞石预测公式的量纲分析法;刘庆等[26]进行了基于 BP 神经网络模型的爆破飞石最大飞散距离预测研究;周磊[27]进行了台阶爆破效果评价及爆破参数优化研究;杨佑发等[28]对爆破地震波模拟进行了研究;张东明等[29]研究了预裂爆破在隧洞施工中的应用。这些研究基本上关注爆破状态,即通过对爆破开始状态参数设定和爆破结束后参数测量确定爆破性质。其最大问题在于,不考虑爆破过程中岩石之间的相互作用、能量传递、飞石在空中和落地后的运动状态。

1.2.3 岩体位移及沉降模拟方法

岩体位移及沉降模拟方法涉及开采过程中上覆岩层运移、地面路基沉降、岩层错动等模拟研究。

采空区上覆岩层应力应变变化致使上部地面既有建(构)筑物发生破坏,甚至失去正常使用能力,已经成为矿业工程中亟待解决的问题。目前解决方法主要是充填开采。对充填开采上覆岩层运移的研究主要有:何涛等[30]对不同采空区处理方式上覆岩层活动规律进行了研究;黄艳利等[31]对充填体压实率关于综合机械化固体充填采煤岩层移动控制作用进行了分析;白国良[32]对膏体充填综采工作面地表沉陷规律进行了研究;王启春等[33]对厚松散层下矸石充填开采地表移动规律进行了研究;苏仲杰等[34]对基于数值模拟的充填开采地表下沉系数进行了分析;王家臣等[35]对长壁矸石充填开采上覆岩层移动特征模拟进行了研究;甯瑜琳等[36]对急倾斜矿体充填法开采的地表沉陷特性进行了研究;张普纲[37]对采空区高速公路路基破坏进行了数值模拟分析;吴盛才等[38]采用概率积分法预计高速公路采空区地表变形;童立元等[39]对高速公路与下伏煤矿采空区相互作用规律进行了探讨。这些研究也存在一些问题:相似材料模拟实验存在的尺寸效应和地质构造建模误差等会使结果产生失真,且传感器的布置区域有限,难以全面监测;概率积分法适应范围较窄，计算参数的选择均来自历史岩移观测资料的经验总结，且当地质条件影响无法计入计算模型时将导致复杂岩体产生的地表沉降无法计算；基于连续性理论的模拟无法解决如断裂、破碎等常见破坏问题；基于非连续-连续性理论的模拟能较好地体现岩体中各种构造现象，但对构造面形态复杂的模型建模也比较困难。

根据采空区上覆岩层特点，使用相应的方法对其进行处理。可采用水砂或废石对充分采动后工作面顶板自然垮落形成的空间（采空区）进行充填，使上覆岩层变形减小；针对采空区上覆岩层坚硬、厚度较大等无法在理想情况下自行垮落问题，为了避免难以控制的上覆岩层瞬间断裂导致矿难发生，往往对上覆岩层进行爆破强制垮落。相关研究有：杨鹏[40]对采场上覆岩层采动裂隙演化规律进行了相似模拟研究；荣海[41]对复杂特厚煤层重复开采条件下上覆岩层变形进行了数值模拟分析；廖孟柯[42]对回采上覆岩层裂隙演化相似性模拟进行了研究；付玉平[43]对浅埋厚煤层大采高工作面顶板岩层断裂演化规律的模拟进行了研究；刘桂丽[44]对煤矿采空区上覆岩层裂隙发育数值模拟进行了试验；梁赛江[45]对工作面推进过程中上覆岩层冒落进行了数值模拟等。

对采空区上覆岩层应力应变的研究主要有：轩大洋等[46]对巨厚火成岩下采动应力演化规律与致灾机理进行了研究；靳钟铭等[47]对煤矿坚硬顶板控制进行了研究；钱鸣高等[48,49]对岩层控制中关键层的理论进行了研究；王金安等[50]和肖江等[51]对浅埋坚硬覆岩下开采地表塌陷机理和高位巨厚岩浆岩断裂失稳机理进行了研究；谢广祥等[52]对采场围岩应力壳力学特性的工作面长度效应进行了研究；李学良[53]对基于FLAC3D的采动区覆岩破坏高度数值模拟进行了研究；付玉平等[54]对浅埋厚煤层大采高工作面顶板岩层断裂演化规律的模拟进行了研究；戴华阳等[55]对唐山矿深部开采覆岩离层与法向裂缝分布规律进行了研究。同样，基于解析计算的方法适用条件限制较大，且岩体内部物理力学参数存在不确定性，因此难以保证结果的有效性；连续性理论模拟对复杂岩体构造下的应力应变分析适应性也不高，特别是对破碎的岩层及岩层相互侵入挤压情况下的模拟效果更为有限。

急倾斜煤层开采应根据不同赋存条件予以调整。相关研究有：赵娜等[56]针对急倾斜煤层开采的复杂地质条件，对某煤矿分别选取六种方案进行了模拟，从而选出最优方案。袁志刚等[57]针对急倾斜煤层上保护层俯伪斜开采的保护范围划定问题，确定了被保护层的垂直层理面应力和煤层变形规律；张艳伟等[58]模拟了在采空区中下部矸石自溜充填后工作面采动煤岩应力分布规律及顶底板破坏特征；朱强等[59]运用求解非线性大变形问题有限差分法对急倾斜煤层开采进行数值模拟；王来贵等[60]探讨了急倾斜煤层开采诱发地裂缝分布规律，利用可描述拉张破裂的有限元方法，对地表裂缝演化过程进行了数值模拟；秦涛等[61]采用数值模拟、理论分析和现场试验相结合的方法对急倾斜松软煤层回采进行了研究。上述对急倾斜煤层开采问题的研究都是在各自工程背景下进行的，虽然都是急倾斜煤层的开采，但由于地质条件不同，开采方式也是不同的。

1.2.4 煤岩自燃模拟方法

本节涉及各种状态下煤岩自燃的模拟，包括采空区、煤堆、复杂边坡等。

回采后可能留有遗煤层，而遗煤层由于氧化作用可能产生自燃。近几年来，随着放顶煤技术得到普及，端头支架处的顶煤放出率偏低，导致采空区内遗煤较多，采空区自燃概率逐步增大。由此可见，尽管对该类型自燃及其升温过程已深入研究[62~70]，但效果并不理想。据统计，国内约有56%的矿井有自燃隐患，远远高于其他国家[71]，而采空区是发生自燃灾害最频繁的区域[72,73]。

针对遗煤自燃问题，目前有几个研究方向：

(1) 可通过实际对遗煤层温度及其升温区域进行测量，结合相关物理参量进行拟合和参数反演，得到某一方面的解析式。这样的分析方法思路清晰，便于理论研究，但是无法进行复杂的耦合分析，也无法实例化建模。

(2) 基于流体方面的研究，通过气体温度等关系进行研究，使用Fluent等流体模拟软件。但也存在问题，例如，如何控制固体与流体之间热交换，热量如何在固体中传播等。

(3) 使用连续性岩土软件模拟，多数岩土模拟软件提供热力模型，以研究升温对固体应力应变的影响。但是，气体如何影响固体热传递、岩体裂隙中气流如何模拟也存在问题。

煤堆发生自燃是由于煤堆内部的煤颗粒比表面积大，与空气中氧气发生氧化反应，放出热量。当放出的热量大于向外部环境散发的热量时，煤堆蓄热升温；开始升温较慢，当温度达到一定程度后，煤堆温度快速上升，最终煤堆开始自燃[74,75]。由于煤堆外部环境与煤堆多孔介质的相互作用以及煤氧化反应的复杂性，煤堆自燃影响因素和自然发火特征等问题一直是煤堆自燃防治的难点。国内外许多学者对这些问题展开了理论和试验研究。刘乔等[76]做了基于程序升温的煤层自然发火指标气体测试；谭波等[77,78]针对回采情况下采空区煤自燃温度场理论与数值分析以及煤的绝热氧化阶段特征及自燃临界点预测模型进行了研究；宋万新[79]针对含瓦斯风流对煤自燃氧化特性影响的理论及应用进行了研究；高兴生等[80]对准东二矿井煤自燃特性及其红外特征进行了分析；赵文彬等[81]对鑫安煤矿复杂地质构造3号煤自燃规律进行了研究。

人们针对露天矿边坡残煤自燃对边坡的影响方面的研究较少，王来贵教授及其团队在这方面做了一些工作，王毅等[82]利用ANSYS分析了煤体燃烧前后的边坡稳定性；王来贵等[83]研究了残煤自燃过程中温度场与应力场的耦合作用；白羽[84]对海州露天矿边坡残煤自燃诱发滑坡的数值模拟进行了研究。此外，对于煤自燃的研究还有:田军等[85]对新疆白砾滩露天煤矿烧变岩特征及边坡稳定性进行了分析;张晓曦等[86]进行了基于非线性破坏准则的边坡稳定性分析;郭子红等[87]基于变分法对边坡最不利滑裂面进行了分析;熊盛青等[88]以内蒙古乌达煤田和宁夏汝萁沟煤矿为例研究了地下煤层自燃区岩石磁性增强特征及机理;余明高等[89]研究了特厚易燃煤层初采期自燃危险区域判定;路青等[90]实施了自燃火灾发展阶段预测与控制试验;张玫润等[91]对一面四巷高位瓦斯抽采及浮煤自燃耦合进行了研究;王海燕等[92]研究了氧浓度对煤绝热氧化过程特征的影响;余明高等[93]研究了综放面采空区自燃“三带”的综合划分方法与实践。上述内容是基于连续性介质条件对边坡破坏的研究。但实际上,边坡自由面一定深度内由于采动已形成非连续介质;原地质条件也可能是破碎岩体;形成裂隙后氧气随之进入岩体深部,有助于自燃发展。考虑到这些因素,使用连续介质理论进行模拟并不妥当。

1.2.5　岩体地震模拟方法

这部分涉及岩体地震模拟研究,包括尾矿库、边坡、采空区等。

我国矿山行业每年产生尾矿约 6 亿 t,保有尾矿库 12000～15000 座[94],居世界第一。尾矿库是一种具有高势能的人造泥石流危险源,一旦发生滑坡、溃坝等事故,后果不堪设想。特别是在地震等动力作用下,由于初期坝、尾黏土、尾粉土、尾粉砂中有相当部分是松散颗粒,在震动过程中不承受拉力,位移较大,甚至使尾矿库边坡出现滑坡现象。因此,积极开展尾矿库坝体内部动力稳定性研究,提高工程实践活动的科学性,对于保障库区人民群众生命财产安全,促进矿山行业平稳、健康、可持续发展具有重要意义。很多学者对尾矿库在动力作用下的稳定性问题开展了理论和试验研究。杨庆华等[95]对地震作用下松散堆积体崩塌的颗粒流进行了数值模拟;刘汉龙等[96]进行了土石坝振动台模型试验颗粒流数值的模拟分析;杨坤等[97]进行了渗流影响下尾矿库动力反应的数值模拟研究;邓涛等[98]对温庄尾矿库堆坝模型试验及坝体稳定性进行了分析;宋宜祥[99]对尾矿坝地震液化及稳定性进行了分析;王会芬[100]对细粒尾矿坝的地震动力反应分析及液化进行了评价。

露天矿边坡有其自身特点,与一般自然形成的边坡有一定区别。露天矿边坡自由面原本在自然状态下存在于地表以下,人工开采使其暴露于外界环境中,自由面上不会形成残积土层,且由于采动作用一般以碎石堆积为主。自然边坡常因造山运动而形成,依附山体,边坡构造面向地下延伸方向常有断层存在。露天矿边坡为人工开采,自由面并不延伸至地表下,边坡下基岩仍是完整的。自然边坡往往较高,汶川地震触发了大量的边坡崩滑[101],但露天矿边坡一般只有 100～300m,比自然边坡小得多。自然边坡多数处于山区,失稳造成损失较小;露天矿边坡在人机作业范围内,一旦失稳后果严重。因此,应针对露天矿边坡地震稳定性进行研究,保证人机安全。目前针对边坡在地震中的稳定性研究较少。刘远[102]对宝鸡地区黄土边坡地震动力超载稳定性进行了定性分析;徐光兴[103]分析了地震作用下边坡工程动力响应与永久位移;阮永芬[104]对复杂高边坡的动力和静力稳定性及空间变异性进行了研究;左雅娅等[105]研究了土质边坡震裂机制物理模拟;徐伟[106]研究了映秀地区百花大桥顺层岩质边坡动力稳定性;樊晓一等[107]研究了地震滑坡地形剖面线多重分形特征及其在稳定性判别中的应用;罗渝等[108]做了地震作用下滑坡永久位移的预测;刘云鹏等[109]对反倾软硬互层岩体边坡地震响应的数值模拟进行了研究;杨长卫等[110]进行了双面高陡边坡的地震滑坡响应分析。上述研究难以适应露天矿边坡特点,且基本是基于连续性介质条件对边坡破坏的研究。实际上,边坡自由面一定深度内由于采动会形成非连续介质,原地质条件也可能是破碎岩体,不同岩层接触面可能存在平行不整合现象,考虑到这些因素,使用连续介质理论进行模拟并不妥当。

针对地震影响下边坡失稳及治理有如下研究。陈晓利等[111]利用 FEPG 研究了汶川地震中一些大规模斜坡破坏现象超出以往地震的原因;言志信等[112]利用 FLAC3D 建立了一个顺层岩质边坡动力数值模拟模型,得到了边坡动力响应特征值的放大效应;杜晓丽等[113]借助有限元模拟软件,对有无软弱夹层的两种岩质边坡进行了计算比较;谭儒蛟等[114]通过有限元模拟得到地震惯性力作用引起的剪应力集聚效应;步向义等[115]使用 ABAQUS 对大幺姑滑坡进行了模拟;向柏宇等[116]系统阐述了在大型边坡工程治理中,回填混凝土结构及灌浆设计等;朱卫东[117]应用有限元软件 ABAQUS 定量分析了锚杆长度等关键参数对边坡稳定性、安全系数、位移场的影响规律。但上述研究都是基于连续性理论的模拟,另外一些则是采用解析方法完成的。边坡内部岩体动力破坏是一种从静止到运行、从整体到分散的过程。解析法显然难以针对众多因素和复杂岩体结构进行合理分析。连续性理论对岩体破坏分散的现象也是难以模拟的。

1.2.6 冲击地压模拟方法

本节涉及冲击地压细观研究、过程模拟及定量分析。

随着矿业生产规模及开采深度增大,冲击地压、煤与瓦斯突出、顶板大面积垮落、突水等煤岩动力灾害日益严重。其中,煤矿中的冲击地压是采动影响下,矿井巷道内部强烈的煤(岩)爆引起的地震现象的统称[118]。目前,冲击地压发生机理的研究主要集中在冲击地压机理和发生判据两个问题上,且前者为后者的基础。冲击地压是在一定地质条件和开采条件下,煤(岩)受外力引起变形,遭到突然破坏的力学过程。从稳定性理论来看,煤(岩)受外力作用变形、遭到突然破坏的原因不是强度问题和刚度问题,而是失稳问题[118]。冲击地压因其发生因素复杂、影响因素多、发生突然且破坏性极大而成为矿山安全开采研究的重大课题之一[119~121]。

对于冲击地压的研究目前已形成了一些理论，主要包括强度理论、刚度理论、能量理论、冲击倾向性理论及失稳理论等。

(1) 强度理论[122,123]。当煤岩体所受载荷达到其承载极限时，煤岩体就会发生失稳破坏，产生冲击地压。其具有简单、直观和便于应用的特点，但对冲击地压的动力学和时序特征描述不够，所以其作为唯一的冲击地压判据是不够充分的。

(2) 刚度理论。煤岩体受力屈服后的刚度大于围岩及支架的刚度是发生冲击地压的必要条件[124]。刚度理论在矿柱冲击情况下较为适用，但没有考虑其与煤岩物理力学性质的关系，即该理论不能反映煤体在岩体系统中可以蓄积并释放能量的事实。

(3) 能量理论。Cook[125,126]在对南非兰德金矿冲击地压的研究过程中发现，当煤体围岩体系在其力学平衡状态受到破坏时所释放的能量大于所消耗的能量时，就会发生冲击地压，但缺乏煤体围岩体系平衡状态的性质及其破坏条件；能量理论判据缺乏必要条件。

(4) 冲击倾向性理论。Bieniawski 等[127,128]认为冲击地压是由煤岩固有力学性质差异造成的，并将其称为冲击倾向性。然而，冲击地压的发生不仅与煤岩体固有属性有关，而且与其地质赋存环境及采动因素有很大关系，这也给冲击倾向性理论的应用带来了局限性。

(5) 失稳理论。章梦涛等[129]认为冲击地压是煤岩体的一种材料失稳破坏现象，煤岩体受采动影响在采场周围出现应力集中现象，超过其峰值强度成为应变软化材料并处于非稳定平衡状态，在外界扰动下发生失稳冲击。然而，上述冲击失稳判据是通过泛函形式表现的，难以有效应用。

尽管很多理论从不同角度对冲击地压的发生条件和发生过程进行了系统论证，且取得了一系列成果，但由于冲击地压发生过程具有快速、猛烈等特点，现场难以捕捉，通常在试验情况下也难以模拟。因此，至今还没有真正完全掌握其机理，也没有普遍适用的判据，其仍是岩石力学界重点关注和研究的问题。

随着计算机和相关理论的成熟，使用计算机模拟冲击地压的方法得到广泛应用。主要包括：王耀辉等[130]运用数值方法对岩石洞室的开挖过程进行了模拟；姚高辉等[131]应用 ANSYS 对矿区采场三维有限元进行数值模拟，分析了深部开采矿岩能量分布规律；蔡美峰等[132]利用 FLAC3D 数值模拟分析并揭示深部开采引起的采场围岩能量积聚、分布状况及变化规律；裴佃飞等[133]依据 FLAC3D 数值模拟计算深部采场围岩的弹性应变能积聚与分布特征；王学滨等[134]利用 FLAC 模拟了水平及垂直方向围压不同条件下的圆形巷道的冲击地压过程。冲击地压过程是一个从完整到破碎、从静态到动态的过程。连续性理论限制了对冲击地压破碎飞散情况的模拟。非连续性模拟理论和软件仍在发展中，但对类似冲击地压这类模拟是非常适合的。李莎莎等[135]使用 PFC3D 研究了岩爆发生过程；吴顺川等[136]

基于颗粒流法和PFC3D进行卸载冲击地压实验数值模拟;马春驰等[137]应用模型并采用PFC3D对不同围压三轴卸荷下的冲击地压效应进行了模拟分析。但上述研究应用了模拟软件自身的机制,并未针对冲击地压机理进行二次开发。

1.3 颗粒流理论

颗粒流理论涉及很广,以下给出颗粒流的基本理论、数学模型、建模流程和热固耦合方面的一些论述和公式,这些是本书研究内容的理论基础。本节内容参考了文献[138]~[141]和PFC3D用户手册,但更为详尽的描述和讲解仍需参见PFC3D用户手册。

1.3.1 颗粒流与PFC3D

PFC3D是Itasca公司2008年发布的一款高端产品,特别适合复杂机理性问题研究。它是利用显式差分算法和离散元理论开发的微/细观力学程序;从介质的基本粒子结构角度考虑介质的基本力学特性;并认为给定介质在不同应力条件下的基本特性主要取决于粒子之间接触状态的变化;适用于研究粒状集合体的破裂和破裂发展问题,以及颗粒的流动等大位移问题;在岩体工程中可以用来研究结构开裂、堆石材料特性和稳定性、矿山崩落开采、边坡解体、爆破冲击等一系列传统数值方法难以解决的问题。

颗粒流理论通过离散单元法来模拟圆形颗粒介质的运动及颗粒间的相互作用,允许离散的颗粒单元发生平移和旋转,可以彼此分离并且在计算过程中重新构成新的接触。颗粒流理论中,颗粒单元的直径可以是一定的,也可以按高斯分布规律分布,通过调整颗粒单元直径调节孔隙率。以牛顿第二定律和力-位移定律为基础,对模型颗粒进行循环计算,采用显式时步循环运算规则。根据牛顿第二定律确定每个颗粒由接触力或体积力引起的颗粒运动(位置和速度),力-位移关系是根据两个实体(颗粒与颗粒或颗粒与墙体)的相对运动,计算彼此的接触力。

颗粒流理论的接触本构模型包括接触刚度模型、滑动模型和连接模型。其中,接触刚度模型分为线弹性模型和非线性Hertz-Mindlin模型;连接模型分为接触连接模型和并行连接模型,接触连接模型仅能传递作用力,并行连接模型可以承受作用力和力矩。

离散体和连续体的主要区别在于:离散体之间可以承受压力,但基本不承受拉力,也不能承受力矩;连续体可以承受压力、拉力和力矩。使用PFC3D中接触连接模型和并行连接模型可满足对连续体和非连续体混合共存条件下的模拟。只需设置不同的参数,采用不同的接触连接和平行连接对颗粒进行设置。

颗粒流理论基于以下假设：

(1) 颗粒单元为刚性体。

(2) 接触发生在很小的范围内，即点接触。

(3) 接触特性为柔性接触，接触处允许有一定的“重叠”量。

(4) 重叠量的大小与接触力有关，与颗粒大小相比，重叠量很小。

(5) 接触处有特殊的连接强度。

(6) 颗粒单元为圆盘形。

1.3.2 物理模型

在颗粒流数值模拟中，与连续材料力学不同之处在于连续材料力学问题中除边界条件外，还必须满足平衡方程、变形协调方程和本构方程；而离散元模拟材料是离散颗粒体集合，颗粒之间无变形协调约束，但应满足平衡方程。即当颗粒受到周围颗粒合力且合力矩不为零时，该颗粒将按照牛顿第二定律和 $M=I\ddot{\theta}$ 规律运动。由于不断受到周围相邻颗粒的阻力，因此颗粒运动不断进行力和速度的转化，直到每个颗粒所受不平衡力及不平衡力矩小于给定值。

根据颗粒之间的关系，计算颗粒所受合力及合力矩的大小。首先根据牛顿第二定律确定颗粒加速度及角加速度，再确定时步 t 内的颗粒速度、角速度、位移以及转动量。颗粒运动方程由两组方程组成，一是合力与线性运动关系方程，二是颗粒合力矩与旋转运动关系方程，如式(1.1)～式(1.3)所示。

$$F_x=m\ddot{x} \tag{1.1}$$

$$F_y=m(\ddot{y}-g) \tag{1.2}$$

$$M_i=\dot{H}_i \tag{1.3}$$

式中，F_x、F_y 为颗粒在 x、y 方向所受的合力；m 为颗粒质量；g 为重力加速度；M_i 为合力矩；$\dot{H}_i$ 为角动量。

动态松弛法一般通过质量阻尼及刚度阻尼来吸收系统的能量，当阻尼系数小于某一临界值时，系统振动将较快稳定，同时函数将收敛到静态数值。该过程是对临界阻尼振动方程进行逐步积分，把静力学问题转化为动力学问题来求解。这种利用有限差分法按时步迭代求解带有阻尼项的动态平衡方程称为动态松弛法。整个计算过程只需利用前次迭代函数值计算新函数值。利用离散单元法进行动态松弛求解时不需要求解大型矩阵，简单、省时，且允许单元发生较大平移和转动，突破了以往边界单元法和有限单元小变形的限制。因此，该方法也能解决非线性问题，具体求解方法如下：

离散单元法基本运动方程为

$$m\ddot{x}(t)+c\dot{x}(t)+kx(t)=f(t) \tag{1.4}$$

式中，m 为单元质量；x 为位移值；t 为时间参数；c 为黏性阻尼系数；k 为刚度系数；f 为单元所受到的外荷载。

利用中心差分法，式(1.4)可以改为式(1.5)。式(1.5)的动态松弛解是假定 $t+\Delta t$ 时刻之前的变量 $f(t)$、$x(t)$、$x(t+\Delta t)$、$x(t-\Delta t)$ 已知，具体表达式为

$$\frac{m[x(t+\Delta t)-2x+x(t-\Delta t)]}{(\Delta t)^2}+\frac{c[x(t+\Delta t)-x(t-\Delta t)]}{(2\Delta t)^2}=f(t) \quad (1.5)$$

式中，Δt 为时步。

由式(1.5)可以解得

$$x(t+\Delta t)=\frac{\left\{(\Delta t)^2 f(t)+\left(\frac{c\Delta t}{2}-m\right)x(t-\Delta t)+[2m-k(\Delta t)^2]x(t)\right\}}{m+\frac{c\Delta t}{2}} \quad (1.6)$$

由式(1.6)等号右边的已知量可求出 $x(t+\Delta t)$，再将 $x(t+\Delta t)$ 代入式(1.7)和式(1.8)，得到颗粒在 t 时刻的速度 $\dot{x}(t)$ 和加速度 $\ddot{x}(t)$。

$$\dot{x}(t)=\frac{x(t+\Delta t)-x(t-\Delta t)}{2\Delta t} \quad (1.7)$$

$$\ddot{x}(t)=\frac{x(t+\Delta t)-2x+x(t-\Delta t)}{(\Delta t)^2} \quad (1.8)$$

1.3.3　接触模型

在 PFC3D 中使用接触本构关系模型模拟颗粒的本构关系特性。颗粒接触本构关系模型有接触刚度模型、滑动模型、连接模型。接触刚度模型表示接触力与颗粒相对位移的弹性关系；连接模型是限制颗粒总的切向和法向力，使颗粒在连接强度范围内发生相对接触；滑动模型则是强调颗粒之间的切向和法向接触力可以使接触颗粒发生相对移动。

1. 接触刚度模型

接触刚度是利用式(1.9)和式(1.10)把颗粒间的接触力与颗粒相对位移联系起来。

$$F_i^{\mathrm{n}}=k^{\mathrm{n}}U^{\mathrm{n}}n_i \quad (1.9)$$

式中，k^{n} 为颗粒的法向刚度，用于建立颗粒总的法向力及颗粒位移之间的关系。

$$\Delta F_i^{\mathrm{s}}=-k^{\mathrm{s}}\Delta U_i^{\mathrm{s}} \quad (1.10)$$

式中，k^{s} 为颗粒的切向刚度，通过增量的形式计算颗粒之间的切向力及颗粒位移。

PFC3D 中有线性颗粒接触刚度模型和简化的 Hertz-Mindlin 颗粒接触刚度模型，不同模型具有不同的接触刚度数值。

接触刚度特性分析是通过线性接触颗粒且假想接触的球体为弹性梁进而实现的。其中,梁的一个端点在颗粒中心,梁的端部受力与力矩作用于颗粒的中心。描述该梁特征的参数有以下 3 种。①几何参数:长度(L)、截面面积(A)、惯性矩(I);②变形参数:杨氏模量 E、泊松比 ν;③强度参数:法向强度 σ_c、切向强度 τ_c。E_c 为颗粒之间的杨氏接触模量,$\bar{E}_c$ 为平行连接杨氏接触模量。假设 PFC3D 中所模拟颗粒均是厚度为 t 的圆盘。若两颗粒 C 与 D 接触,则梁的半径可表示为

$$\widetilde{R}=\frac{R^{[C]}+R^{[D]}}{2} \tag{1.11}$$

式中,$R^{[C]}$ 和 $R^{[D]}$ 为接触颗粒 C 与 D 的半径。

梁长度计算公式为

$$L=2\widetilde{R}=R^{[C]}+R^{[D]} \tag{1.12}$$

两颗粒之间相互接触力与弹性梁端部受纯切向荷载或受纯轴向荷载时的情况相同,梁的截面面积 A 与惯性矩 I 分别为

$$\begin{aligned} A&=2\widetilde{R}t \\ I&=\frac{t(2\widetilde{R})^3}{12} \end{aligned} \tag{1.13}$$

式中,t 为颗粒圆盘厚度。

接触变形可表示颗粒之间的接触连接变形,同样适用于颗粒与边界墙体之间的接触变形。下述计算方法既可用于接触连接材料,也可用于非接触连接材料。颗粒法向接触刚度及切向接触刚度分别为

$$\begin{aligned} k^{\mathrm{n}}&=\frac{AE_c}{L} \\ k^{\mathrm{s}}&=\frac{12IE_c}{L^3} \end{aligned} \tag{1.14}$$

式中,E_c 为杨氏接触模量,一般大于整体杨氏接触模量。

线性接触模型中的接触刚度 k^{ξ} 假设两个相互接触的球体颗粒是串联的,其表达式为

$$k^{\xi}=\frac{k_{\xi}^{[A]}k_{\xi}^{[B]}}{k_{\xi}^{[A]}+k_{\xi}^{[B]}} \tag{1.15}$$

式中,$\xi\in\{\mathrm{n},\mathrm{s}\}$,n 和 s 分别为颗粒的切向和法向。

若两个球体颗粒具有相同的刚度,即

$$\begin{aligned} k^{\mathrm{n}}&=k^{\mathrm{n}[A]}=k^{\mathrm{n}[B]} \\ k^{\mathrm{s}}&=k^{\mathrm{s}[A]}=k^{\mathrm{s}[B]} \end{aligned} \tag{1.16}$$

则通过式(1.12)～式(1.16)可得杨氏接触模量与球体颗粒刚度之间的关系为

$$k^{\mathrm{n}}=k^{\mathrm{s}}=2tE_c \tag{1.17}$$

2. 滑动模型

接触滑动模型是接触颗粒球体固有的，允许颗粒在给定极限抗剪强度内发生相对滑动。滑动模型可与平行连接模型同时作用，在接触连接模型发挥作用之前一直有效。通过两接触颗粒球体间的最小摩擦系数定义，若颗粒间重叠量 μ 小于等于零，则颗粒间的法向接触力及切向接触力为零。颗粒间发生相对滑动的判别条件为

$$F_{\max}^{s}=\mu\left|F_{i}^{n}\right| \tag{1.18}$$

若$\left|F_{i}^{s}\right|>F_{\max}^{s}$，则颗粒之间将发生相对滑动位移，在下一循环中 F_{i}^{s} 的表达式为

$$F_{i}^{s}\leftarrow F_{i}^{s}\left(F_{\max}^{s}/\left|F_{i}^{s}\right|\right) \tag{1.19}$$

3. 连接模型

在 PFC3D 中允许接触球体颗粒相互连接在一起，有接触连接和平行连接两种。接触连接只传递力，平行连接能同时传递力矩。接触连接模型中的连接只发生在两个球体颗粒接触点很小的范围内；平行连接模型中的连接是在接触球体颗粒间圆形或方形有限范围内。两种类型在强度范围内可以同时存在。连接模型只能是颗粒之间的连接，颗粒与墙之间不存在这种连接。

1) 接触连接模型

在 PFC3D 中，颗粒间的接触连接是由法向连接强度 F_{c}^{n} 和切向连接强度 F_{c}^{s} 定义的。接触连接假设一对颗粒连接处有弹簧，具有一定的切向刚度及法向刚度，并设定恒定的抗拉强度和抗剪强度。当颗粒间连接处的重叠量 $U^{n}<0$ 时，允许出现不超过接触连接强度的法向接触力。当颗粒连接处存在接触连接时不会发生相对滑动，即颗粒间的切向接触力大小不满足式(1.18)。当颗粒间的法向接触拉应力大于或等于法向接触连接强度极限值时，颗粒间的连接将会被破坏，同时颗粒间的法向、切向接触力变为零。对于切向连接，当颗粒间接触力大于或等于颗粒切向连接强度极限值时连接会被破坏，但颗粒间的切向接触力大小不变。颗粒间的接触力大小与相对位移值的本构关系如图 1.1 所示。

2) 平行连接模型

平行连接模型描述颗粒间一定范围内的本构特性。把接触的两个颗粒看成球体或柱体，以建立颗粒间弹性作用关系，并与滑动模型或接触连接模型共同作用。平行连接假设有一组具有一定切向和法向刚度的弹簧作用于接触平面内，由切向

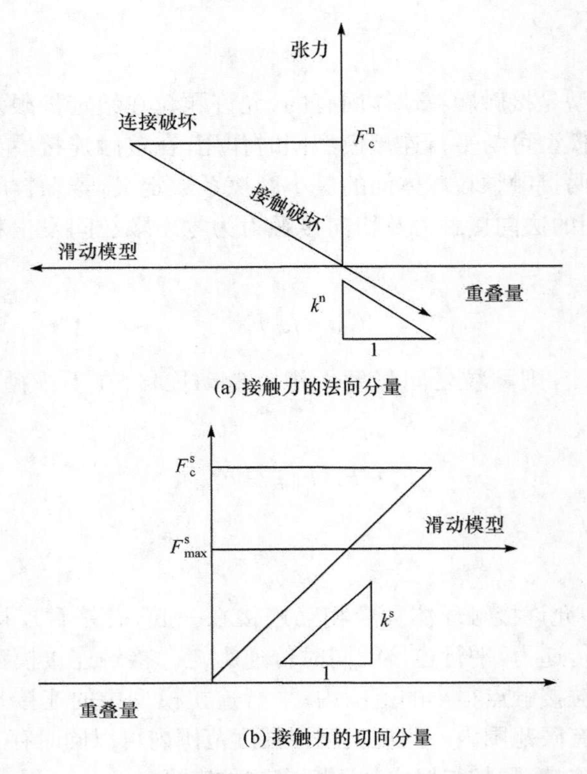

图 1.1　颗粒间的接触力大小与相对位移值的本构关系

刚度$\bar{k}^s$、切向强度$\bar{\tau}_c$、法向强度$\bar{\sigma}_c$、法向刚度$\bar{k}^n$和连接半径$\bar{R}$五个参数定义。接触颗粒间的相对位移将在连接处产生相互作用力和力矩。与平行连接相对应的总接触力和力矩用$\overline{F}_i$(式(1.20))和$\overline{M}_3$表示。将接触总力沿接触面分解为切向分量和法向分量(图 1.2),即

$$\overline{F}_i=\overline{F}_i^n+\overline{F}_i^s \tag{1.20}$$

式中,$\overline{F}_i^n$为法向分量;$\overline{F}_i^s$为切向分量。

法向分量$\overline{F}_i^n$可由标量$\overline{F}^n$表示,即

$$\overline{F}_i^n=(\overline{F}_j n_j)n_j=\overline{F}^n n_i \tag{1.21}$$

$\overline{F}_i$和$\overline{M}_3$初始化均为零,计算过程中一个时步Δt内,力的增量可表示为

$$\begin{aligned}&\Delta\overline{F}_i^n=(-\bar{k}^n A\Delta U^n)n_i\\&\Delta\overline{F}_i^s=-\bar{k}^s A\Delta U_i^s\\&\Delta U_i=V_i\Delta t\end{aligned} \tag{1.22}$$

式中,V_i为速度;A为接触面积。

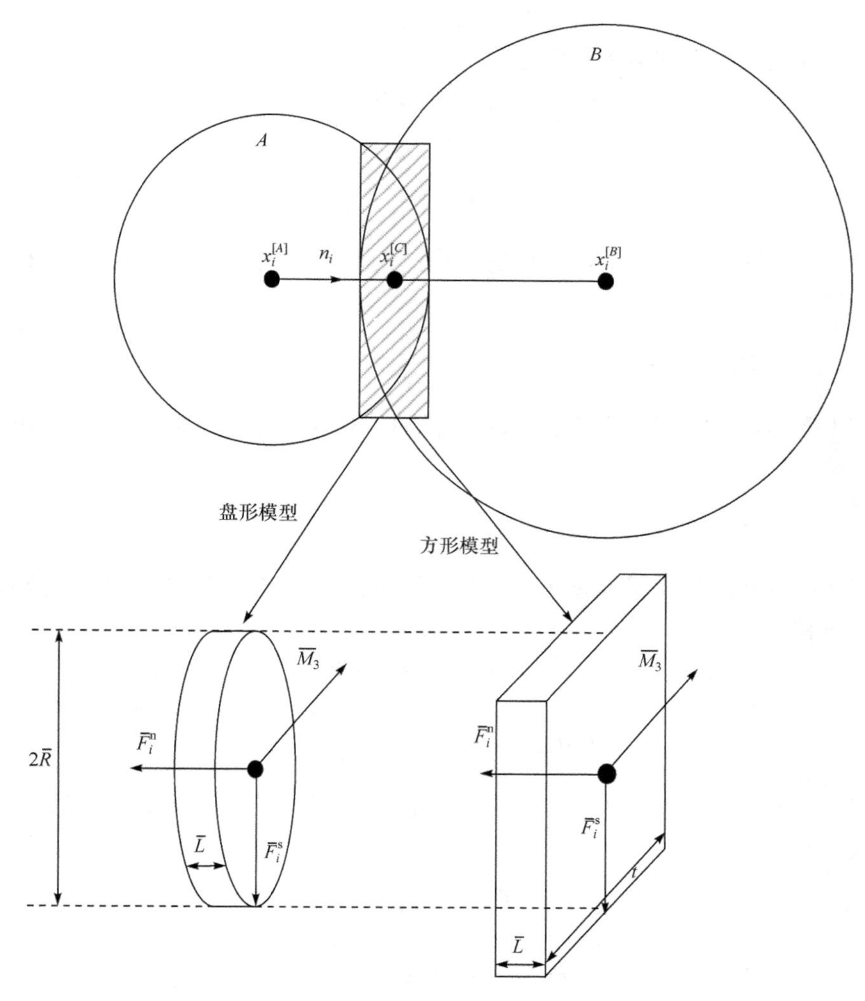

图 1.2　颗粒间平行连接模型

弹性力矩增量可表示为

$$\Delta\overline{M}_3 = -\bar{k}^{\mathrm{n}} I \Delta\theta_3$$
$$\Delta\theta_3 = (\omega_3^{[B]} - \omega_3^{[A]})\Delta t \tag{1.23}$$

式中，I 为沿 $\Delta\theta_3$ 方向轴的惯性矩。

力迭代过程为

$$\overline{F}_i^{\mathrm{n}} \leftarrow \overline{F}^{\mathrm{n}} n_i + \Delta\overline{F}_i^{\mathrm{n}}$$
$$\overline{F}_i^{\mathrm{s}} \leftarrow \overline{F}_i^{\mathrm{s}} + \Delta\overline{F}_i^{\mathrm{s}} \tag{1.24}$$

力矩迭代过程为

$$\overline{M}_3 \leftarrow \overline{M}_3 + \Delta\overline{M}_3 \tag{1.25}$$

连接最大张应力和最大剪应力为

$$\begin{aligned} \sigma_{\max} &= \frac{-\overline{F}^{\mathrm{n}}}{A} + \frac{|\overline{M}_3|}{I}\overline{R} \\ \tau_{\max} &= \frac{-|\overline{F}_i^{\mathrm{s}}|}{A} \end{aligned} \tag{1.26}$$

当最大张应力和最大剪应力分别超过法向与切向连接强度时，平行连接发生破坏。

1.3.4 阻尼模型

在 PFC3D 中引入阻尼机制消耗系统的一部分能量，包括局部阻尼和黏性阻尼。

1. 局部阻尼

局部阻尼在计算中是通过运动方程中添加阻尼力项实现的，引入局部阻尼后的运动方程为

$$\begin{aligned} F + F_i^{\mathrm{d}} &= m_i a_i, \quad i=1,2,3,4,5,6 \\ m_i a_i &= \begin{cases} m\ddot{x}_i, & i=1,2,3 \\ I\dot{\omega}_{i-3}, & i=4,5,6 \end{cases} \end{aligned} \tag{1.27}$$

式中，F、m_i 和 a_i 分别为一般力、质量和加速度；F_i 为重力等体力；F_i^{d} 为阻尼力，其表达式为

$$\begin{aligned} F_i^{\mathrm{d}} &= -\alpha |F_i| \operatorname{sgn}(v_i), \quad i=1,2,3,4,5,6 \\ \operatorname{sgn}(v_i) &= \begin{cases} 1, & v_i > 0 \\ -1, & v_i < 0 \\ 0, & v_i = 0 \end{cases} \end{aligned} \tag{1.28}$$

式中，v_i 为广义速度，其表达式为

$$v_i = \begin{cases} \dot{x}_i, & i=1,2,3 \\ \omega_{i-3}, & i=4,5,6 \end{cases} \tag{1.29}$$

局部阻尼力主要由局部阻尼常数 α 控制，在 PFC 中默认为 0.7，但在实际模拟计算时需要调整。

2. 黏性阻尼

在计算中加入黏性阻尼后，各接触位置会添加法向和切向的阻尼器。这些阻尼和已有的接触模型平行。

黏性阻尼力 D_i（i=n 为法向，i=s 为切向）的表达式为

$$D_i = C_i |V_i| \tag{1.30}$$

式中，C_i 为阻尼常数；V_i 为接触两物体的相对速度，且阻尼力的方向和相对速度相反。

阻尼常数并未直接给出，而是需要给出临界阻尼率，由此计算阻尼常数，计算公式为

$$C_i^{\mathrm{cr}} = 2m\omega_i = 2\sqrt{mk_i} \tag{1.31}$$

式中，ω_i 为添加阻尼前系统固有频率；k_i 为刚度系数；m 为有效系统质量。

当球和墙接触时，m 为球的质量；而在球与球接触时，m 为两球的平均质量。

1.3.5 热力耦合模型

PFC3D 的热模型可以模拟瞬态热传导、由颗粒组成的储热材料，以及由热变引起的热位移和热应力。热材料由储热器和热导管组成，前者由颗粒组成，后者由颗粒之间的连接组成。热传导通过连接储热器的激活管道作为导体传播。热模型还不能模拟热辐射和热对流。热拉力的产生是通过修改材料颗粒半径实现的。

热力耦合涉及的热传导参数是温度和热通量。这些变量和连续方程与 Fourier 法则有关。PFC3D 中使用由 Fourier 法则演化的差分热导方程代替 Fourier 法则，以使 PFC3D 可以在给定具体边界条件和初始条件下，解算特殊几何形状和属性的模型。

PFC3D 热力模型中主要给定的方程如下。

连续介质热导方程为

$$-\frac{\partial q_i}{\partial x_i} + q_{\mathrm{v}} = \rho C_{\mathrm{v}} \frac{\partial T}{\partial t} \tag{1.32}$$

式中，q_i 为热通量，W/m^2；q_{v} 为体积热源强度或能量密度，W/m^3；ρ 为材料密度，kg/m^3；C_{v} 为定容比热容，J/(kg · ℃)；T 为温度，℃。

根据 Fourier 法则确定的连续介质热通量与温度梯度关系为

$$q = -k\frac{\partial T}{\partial x} \tag{1.33}$$

式中，k 为热导张量，W/(m · ℃)。

温度改变量 ΔT 与颗粒半径 R 的关系为

$$\Delta R = \alpha R \Delta T \tag{1.34}$$

式中，α 为颗粒线性热膨胀系数。

颗粒连接的键力矢量可表示为

$$\Delta \bar{F}^{\mathrm{n}} = -\bar{k}^{\mathrm{n}} A \Delta U^{\mathrm{n}} = -\bar{k}^{\mathrm{n}} A(\bar{\alpha}\bar{L}\Delta T) \tag{1.35}$$

式中，$\bar{k}^{\mathrm{n}}$ 为键的法向刚度；A 为键的截面面积；$\bar{\alpha}$ 为成键部分材料的膨胀系数；$\bar{L}$ 为

键的长度；ΔT 为温度的增量。

除此之外，还有热导与热阻关系等，受篇幅所限此处不予以介绍，详见 PFC3D 用户手册。

1.3.6　边界条件施加

PFC3D 中岩体颗粒流模型边界条件的施加包含如下三种方式：

(1) 墙边界。通过指定墙单元的速度，并监测颗粒作用于墙单元上的反力，以达到给模型施加应力边界条件的目的。

(2) 颗粒边界。将处于边界范围内的颗粒进行识别，然后通过约束边界颗粒的平动和转动速度，或直接施加力来完成边界条件的施加。

(3) 混合边界。根据模型计算需要，同时施加以上两种边界条件进行计算分析。

1.3.7　一般构建过程

岩土数值分析的推荐步骤如图 1.3 所示。

图 1.3　岩土数值分析的推荐步骤

任意建模过程具体包括：颗粒的生成，边界条件和初始条件的设置，选择接触模型和材料属性，加载、解算和模型修改，结果分析。国内针对 PFC3D 建模流程研究不多，文献[3]给出了建立尾矿库模型的颗粒流实际模型步骤，如图 1.4 所示。

图 1.4 与用户手册中介绍的基本步骤基本一致，但实际操作和解算后会出现一些问题。

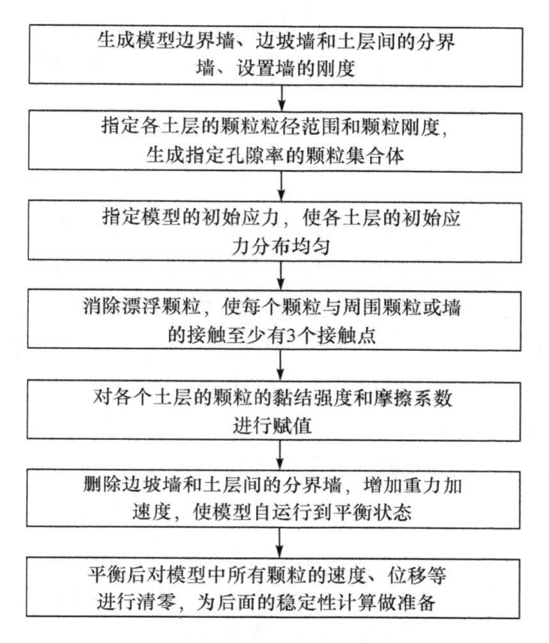

图 1.4 颗粒流实际模型建立的流程图[3]

1.3.8 计算循环实现

PFC3D 计算循环采用时步计算法则，其需要重复对每个颗粒应用运动方程，对每个接触处应用力与位移方程，对墙单元的位置进行更新。颗粒与颗粒接触或颗粒与墙接触在每个数值计算循环中自动形成或分离，计算循环如图 1.5 所示。

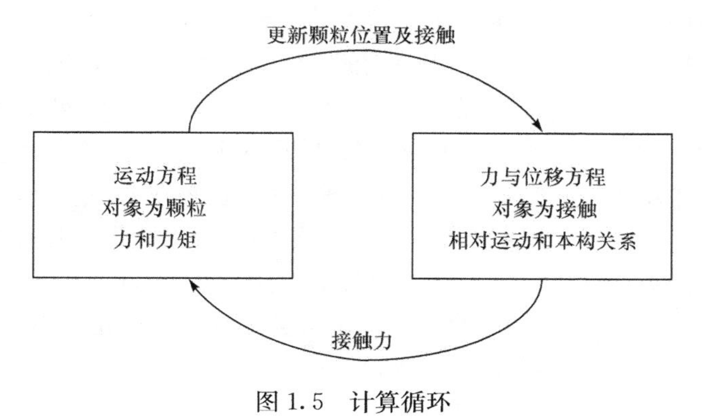

图 1.5 计算循环

在每次计算开始时，首先根据已知颗粒和墙的位置确认接触分布情况；然后将力与位移方程施加到每个接触点，根据两接触实体的相对运动情况和设置接触本构模型可对接触力进行更新。将运动方程施加于每个颗粒，根据作用于颗粒上的合力和力矩对颗粒的速度及位置进行更新。墙的位置根据给定的墙面速度进行更新。

1.3.9 细观参数标定

在颗粒流中，每个颗粒的细观参数不能直接由宏观参数一一对应地赋值，细观参数的标定过程可以理解为一个反复调整参数的过程。材料的变形、强度等特性需要对模型中颗粒进行参数调节以达到目标所期望的实际模型，即将宏观参数反映到细观上的参数标定是一个冗杂、反复、不确定的过程。因为在PFC计算平台中的颗粒单元与实际工程土材料之间存在差异，表现在形状、接触方式等方面，调整非常困难和复杂。例如，宏观上材料的变形模量在细观上与颗粒刚度有关，宏观上的内摩擦角与颗粒流程序中的摩擦系数有关，不能等量代换。这说明PFC用户想要得到与实验材料相匹配的强度需要变化多个细观参数来实现，其过程难以控制且不精确。

在颗粒流中，模型尺寸、组装方式、颗粒大小会影响模型的力学特性。而在有限单元法中，如ANSYS，材料属性和实验样本的力学属性可以在程序中直接赋值，但利用颗粒流中的物理力学参数一般不能直接得到与实际物理实验相匹配的力学参数。将宏观和细观参数联系起来，必须将细观上模型的某种力学行为反映到宏观力学或者材料属性上，即一个宏观参数的变化对应细观上一个或多个参数的变化。建立宏观和细观参数之间关系的复杂过程称为标定过程，这个标定过程费时且多变。

虽然颗粒流程序中细观参数和实验宏观参数无法一一对应，但细观参数和宏观参数是相关联的。两者之间通过反复调节参数可使宏观上的峰值强度、黏结强度、内摩擦角、变形模量和细观变形及强度参数(如摩擦系数、接触模量、刚度比等)的标定过程相匹配。材料的宏观参数有变形模量(Pa)、等效内摩擦角(°)、峰值强度(Pa)、黏结强度(Pa)。PFC中细观参数如下：平行黏结的法向刚度(Pa/m)、法向刚度与切向刚度比、颗粒之间的摩擦系数、法向强度(Pa)、切向强度(Pa)、法向强度与切向强度比(平行黏结)、半径乘子系数(平行黏结)、接触黏结的法向强度(Pa)、接触黏结的切向强度(Pa)、平行黏结的切向刚度(Pa/m)。

罗勇[141]做了很多尝试，在其细观参数标定方法的基础上通过大量的数值模拟筛选得到标定技术框图，如图1.6所示。

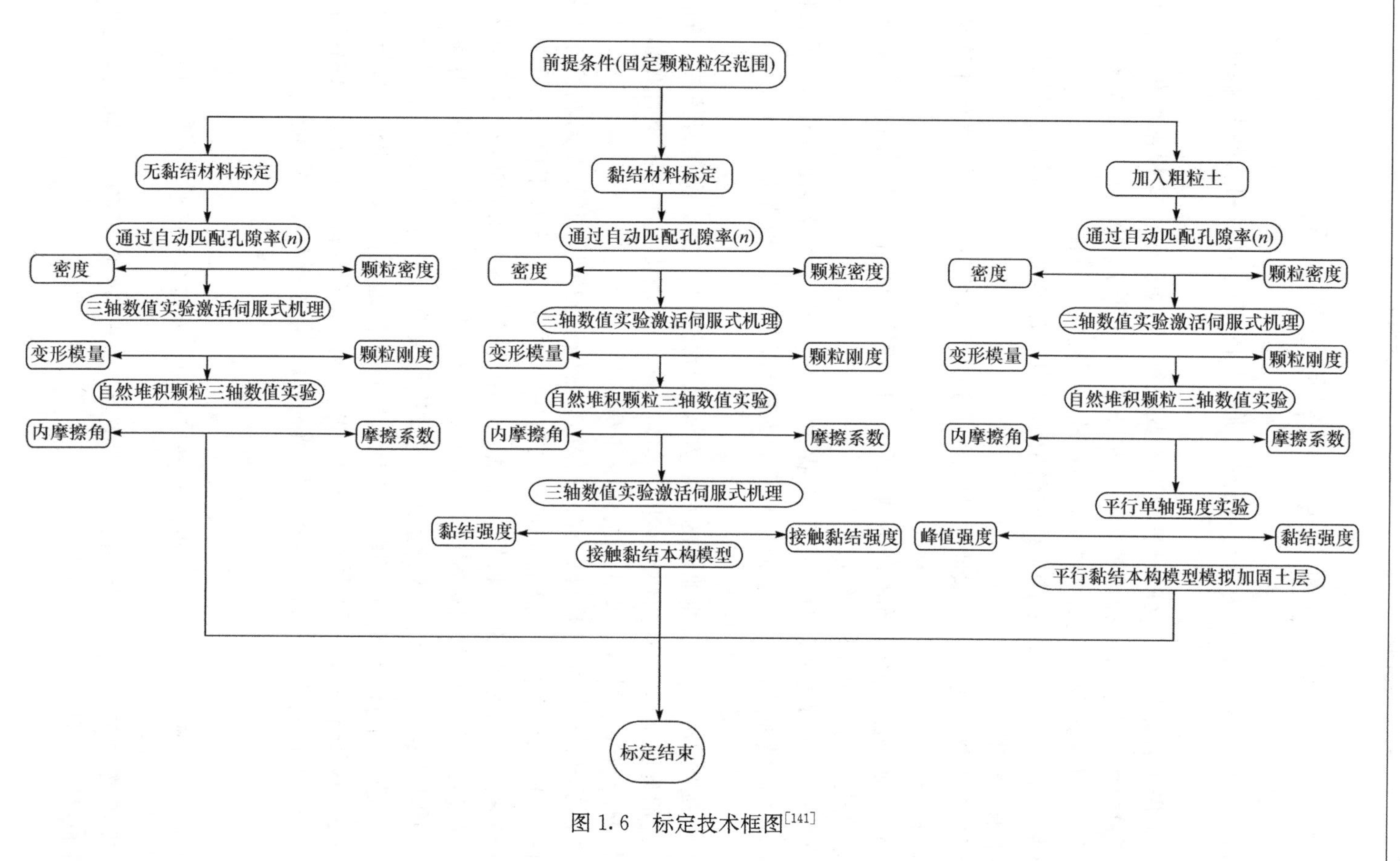

图 1.6 标定技术框图[141]

1.4 本书主要内容及研究特色

(1) 给出岩体建模方法,包括山地造形、岩体模型构建和岩体接触面建立方法。

(2) 提出岩体颗粒流爆破过程模型及其三维改进模型,主要根据能量守恒定律和能量分配等进行爆破模型颗粒流二次开发,并应用于多种工程问题分析。

(3) 对开采过程中造成的岩层运移和地表沉降进行模拟分析。

(4) 应用颗粒流理论的能量扩散模型和热力耦合模型对煤岩体自燃导致的围岩破坏进行模拟与分析。

(5) 使用颗粒流方法模拟地震对尾矿库、边坡和采空区的影响,进行非连续破坏模拟和分析。

(6) 对矿业工程中出现的冲击地压现象进行模拟和分析。从能量角度对冲击地压过程进行划分和分析,并实现模拟。

在研究上述过程的同时,根据需要提出一些模型,包括岩体地震模型、爆破模型、煤岩体自燃模型和冲击地压模型等,以及相应的颗粒流处理方法和二次开发。

本书主要研究特色为:

(1) 提出构建复杂山地地形的理论方法及程序开发;提出构建岩体模型的下落法,包括分层下落法和整体下落法及其二次程序开发;提出平行不整合和角度不整合情况的岩体建模方法及其二次程序开发。

(2) 提出岩体颗粒流爆破过程模型及其三维改进模型,主要根据能量守恒定律和能量分配等,进行颗粒流爆破模型二次开发,并应用于多种工程问题分析。

(3) 构建遗煤发火的细观模型,包括空气中氧按比例等效为颗粒、模拟氧气在遗煤内的流动、煤颗粒与氧颗粒反应;提出对应的理论模型及其二次程序开发。

(4) 对矿业工程中出现的冲击地压现象进行模拟和分析。从能量角度对冲击地压过程进行划分和分析,运用颗粒流理论实现冲击地压模拟。针对不同深度和倾角失去约束条件下煤岩体发生压应力型冲击地压过程进行模拟分析。模拟得到冲击地压发生后的飞石颗粒数量和变形颗粒数量,并进行统计和定量分析。

参 考 文 献

[1] Itasca. PFC 概况[BE/OL]. http://itasca. cn/ruanjian. jsp? sclassid = 106&classid = 18 [2010-03-10].

[2] 张龙,唐辉明,熊承仁,等. 鸡尾山高速远程滑坡运动过程 PFC3D 模拟[J]. 岩石力学与工程学报,2012,31(增 1):2603—2611.

[3] 陈宜楷. 基于颗粒流离散元的尾矿库坝体稳定性分析[D]. 长沙:中南大学博士学位论文,2012.

[4] 李识博,王常明,王钢城,等. 松散堆积物坝基渗透淤堵试验及颗粒流模拟[J]. 水利学报,2012,43(10):1163—1170.

[5] 吴顺川,周喻,高斌. 卸载岩爆试验及 PFC3D 数值模拟研究[J]. 岩石力学与工程学报,2010,29(增2):4082—4088.

[6] 刘先珊,董存军. 三维颗粒流数值模型的胶结砂岩力学特性[J]. 重庆大学学报,2013,36(2):37—44.

[7] 姜春林,李晋. 微型抗滑桩土拱效应空间特征的细观力学分析[J]. 岩土力学,2012,33(6):1754—1760.

[8] 周健,黄金,张姣,等. 基于三维离散-连续耦合方法的分层介质中桩端刺入数值模拟[J]. 岩石力学与工程学报,2012,31(12):2564—2571.

[9] 毛先成,赵莹,唐艳华,等. 基于 TIN 的地质界面三维形态分析方法与应用[J]. 中南大学学报(自然科学版),2013,44(4):1493—1499.

[10] 张燕,纪洪广,王金安. 开采扰动下不整合面附近岩土体变形特征[J]. 湖南科技大学学报(自然科学版),2012,27(2):13—17.

[11] 于福生,张芳峰,杨长清,等. 龙门山前缘关口断裂典型构造剖面的物理模拟实验及其变形主控因素研究[J]. 大地构造与成矿学,2010,34(2):147—158.

[12] 廖杰,周蒂,赵中贤,等. 珠江口盆地白云凹陷裂后异常沉降的数值模拟[J]. 中国科学:地球科学,2011,41(4):504—517.

[13] 陈朝玉,黄文辉,陈国勇. 爆破模拟对柔弱夹层顺层边坡的稳定性诊断[J]. 湖南科技大学学报(自然科学版),2010,25(3):55—58.

[14] 王建国,栾龙发,张智宇,等. 爆破震动对高陡边坡稳定影响的数值模拟研究[J]. 爆破,2012,29(3):119—122.

[15] 钟冬望,吴亮,陈浩. 爆炸荷载下岩质边坡动力特性试验及数值分析研究[J]. 岩石力学与工程学报,2010,29(增1):2964—2971.

[16] 刘磊. 岩质高边坡爆破动力响应规律数值模拟研究[D]. 武汉:武汉理工大学博士学位论文,2007.

[17] 谢冰. 岩体动态损伤特性分析及其在基础爆破安全控制中的应用[D]. 武汉:中国科学院武汉岩土力学研究所博士学位论文,2010.

[18] 周登辉,伍永平,解盘石. 大倾角坚硬顶板深孔超前预爆破研究与应用[J]. 西安科技大学学报,2009,29(5):510—514.

[19] 伍永平,李开放,张艳丽. 坚硬顶板综放工作面超前弱化模拟研究[J]. 采矿与安全工程学报,2009,26(3):273—277.

[20] 张杰. 浅埋煤层顶板深孔预爆强制初放研究[J]. 采矿与安全工程学报,2012,29(3):339—243.

[21] 高魁,刘泽功,刘健,等. 深孔爆破在深井坚硬复合顶板沿空留巷强制放顶中的应用[J]. 岩石力学与工程学报,2013,32(8):1588—1594.

[22] 张春雷,张勇,李立,等. 大倾角大采高综采工作面坚硬顶板控制技术[J]. 辽宁工程技术大学学报(自然科学版),2014,33(9):1172—1177.

[23] 曹胜根,姜海军,王福海,等. 采场上覆坚硬岩层破断的数值模拟研究[J]. 采矿与安全工程学报,2013,33(2):205—210.

[24] 熊炎飞,董正才,王辛. 爆破飞石飞散距离计算公式浅析[J]. 工程爆破,2009,15(3):31—34.

[25] 吴春平,刘连生,窦金龙,等. 爆破飞石预测公式的量纲分析法[J]. 工程爆破,2012,18(2):26—28.

[26] 刘庆,张光权,吴春平,等. 基于BP神经网络模型的爆破飞石最大飞散距离预测研究[J]. 爆破,2013,30(1):114—118.

[27] 周磊. 台阶爆破效果评价及爆破参数优化研究[D]. 武汉:武汉理工大学博士学位论文,2012.

[28] 杨佑发,徐晓核,崔波. 爆破地震波模拟研究[J]. 自然灾害学报,2010,19(2):155—160.

[29] 张东明,何洪甫. 预裂爆破在隧洞施工中的应用[J]. 自然灾害学报,2010,19(2):68—73.

[30] 何涛,刘长武,叶定阳,等. 不同采空区处理方式上覆岩层活动规律研究[J]. 金属矿山,2014,456:145—149.

[31] 黄艳利,张吉雄,张强,等. 充填体压实率对综合机械化固体充填采煤岩层移动控制作用分析[J]. 采矿与安全工程学报,2012,29(2):162—167.

[32] 白国良. 膏体充填综采工作面地表沉陷规律研究[J]. 煤炭科学技术,2014,42(1):102—105.

[33] 王启春,郭广礼,查剑锋,等. 厚松散层下矸石充填开采地表移动规律研究[J]. 煤炭科学技术,2013,41(2):96—103.

[34] 苏仲杰,黄厚旭,赵松,等. 基于数值模拟的充填开采地表下沉系数分析[J]. 中国地质灾害与防治学报,2014,25(2):98—102.

[35] 王家臣,杨胜利,杨宝贵,等. 长壁矸石充填开采上覆岩层移动特征模拟实验[J]. 煤炭学报,2012,37(8):1256—1262.

[36] 甯瑜琳,宋嘉栋. 急倾斜矿体充填法开采的地表沉陷特性研究[J]. 矿业研究与开发,2012,32(5):57—59.

[37] 张普纲. 采空区高速公路路基破坏的数值模拟分析[J]. 煤矿开采,2012,17(3):73—76.

[38] 吴盛才,贺跃光,徐鹏,等. 概率积分法预计高速公路采空区地表变形[J]. 安全与环境工程,2010,17(5):119—122.

[39] 童立元,邱钰,刘松玉,等. 高速公路与下伏煤矿采空区相互作用规律探讨[J]. 岩石力学与工程学报,2010,29(11):2271—2276.

[40] 杨鹏. 采场上覆岩层采动裂隙演化规律相似模拟研究[J]. 煤炭科学技术,2014,42(8):121—124.

[41] 荣海. 复杂特厚煤层重复开采条件下上覆岩层变形数值模拟分析[J]. 煤炭与化工,2014,37(1):36—39.

[42] 廖孟柯. 回采上覆岩层裂隙演化相似性模拟研究[J]. 矿业安全与环保,2013,40(1):

21—25.

[43] 付玉平. 浅埋厚煤层大采高工作面顶板岩层断裂演化规律的模拟研究[J]. 煤炭学报,2012,37(3):366—371.

[44] 刘桂丽. 煤矿采空区上覆岩层裂隙发育数值模拟试验[J]. 矿业研究与开发,2012,32(5):75—80.

[45] 梁赛江. 工作面推进过程中上覆岩层冒落的数值模拟[J]. 山东科技大学学报(自然科学版),2011,30(6):15—19.

[46] 轩大洋,徐家林,冯建超,等. 巨厚火成岩下采动应力演化规律与致灾机理[J]. 煤炭学报,2011,36(8):1252—1257.

[47] 靳钟铭,徐林生. 煤矿坚硬顶板控制[M]. 北京:煤炭工业出版社,1994.

[48] 钱鸣高,缪协兴,许家林. 岩层控制中关键层的理论研究[J]. 煤炭学报,1996,21(3):225—230.

[49] 钱鸣高,缪协兴,许家林,等. 岩层控制的关键层理论[M]. 徐州:中国矿业大学出版社,2000.

[50] 王金安,赵志宏,侯志鹰. 浅埋坚硬覆岩下开采地表塌陷机理研究[J]. 煤炭学报,2007,32(10):1051—1056.

[51] 肖江,任奋华,王金安,等. 高位巨厚岩浆岩断裂失稳机理研究[J]. 西安科技大学学报,2008,28(1):1—5.

[52] 谢广祥,王磊. 采场围岩应力壳力学特性的工作面长度效应[J]. 煤炭学报,2008,33(12):1336—1340.

[53] 李学良. 基于 FLAC3D 的采动区覆岩破坏高度数值模拟研究[J]. 煤炭科技,2012,31(10):83—85.

[54] 付玉平,宋选民,邢平伟,等. 浅埋厚煤层大采高工作面顶板岩层断裂演化规律的模拟研究[J]. 煤炭学报,2012,37(3):366—371.

[55] 戴华阳,邓智毅,闫跃观,等. 唐山矿深部开采覆岩离层与法向裂缝分布规律研究[J]. 煤矿开采,2011,16(2):8—11.

[56] 赵娜,王来贵,李建新. 急倾斜煤层开采地表移动变形数值模拟[J]. 哈尔滨工业大学学报,2011,43(增 1):241—244.

[57] 袁志刚,王宏图,胡国忠,等. 急倾斜多煤层上保护层保护范围的数值模拟[J]. 煤炭学报,2009,34(5):594—598.

[58] 张艳伟,邢望. 急倾斜煤层工作面应力分布与破坏特征数值模拟[J]. 煤矿安全,2013,44(1):28—30.

[59] 朱强,高明中,孙超,等. 急倾斜煤层开采地表移动规律数值模拟研究[J]. 安徽理工大学学报(自然科学版),2012,32(3):71—74.

[60] 王来贵,赵尔强,初影. 急倾斜煤层开采诱发地表裂缝数值模拟[J]. 哈尔滨工业大学学报,2011,43(增 1):245—247.

[61] 秦涛,刘永立,冯俊杰,等. 急倾斜煤层巷帮变形失稳数值模拟[J]. 辽宁工程技术大学学报(自然科学版),2013,32(5):582—586.

[62] 刘伟,秦跃平,郝永江,等."Y"型通风下采空区自然发火数值模拟[J]. 辽宁工程技术大学学报(自然科学版),2013,32(7):874—879.

[63] 林立峰. 采空区遗煤氧化自燃规律的模拟研究[D]. 阜新:辽宁工程技术大学硕士学位论文,2010.

[64]题正义,张春,李宗翔. 复杂沟通条件下遗煤自燃规律的数值模拟[J]. 辽宁工程技术大学学报(自然科学版),2012,31(5):577—580.

[65] 李林,姜德义,Beamish B B. 基于绝热实验活化能解算煤自然发火期[J]. 煤炭学报,2010,35(5):802—805.

[66] 周季夫. 基于快速氧化实验的巷道周边煤体自燃数值模拟研究[D]. 大连:大连理工大学博士学位论文,2013.

[67] 张春,题正义,李宗翔. 极限平衡区顶煤自燃三维非均质动态数值模拟[J]. 中国安全科学学报,2012,22(5):37—43.

[68] 杨永良,李增华,高思源,等. 煤实验最短自然发火期定量测定方法研究[J]. 采矿与安全工程学报,2011,28(3):456—461.

[69] 杨永良. 煤最短自然发火期测试及煤堆自燃防治技术研究[D]. 北京:中国矿业大学博士学位论文,2009.

[70] 张春,题正义,李宗翔. 内含瓦斯抑制条件下极限平衡区顶煤自燃模拟[J]. 中国矿业大学学报,2013,42(1):57—61.

[71] Rosa D, Maria I. Coal preparation plant fires; Analysis of mine fires for all US underground and surface coal mining categories, 1990-1999[J]. Bulletin of the Chemical Society of Japan, 1999, 42(9):2413—2416.

[72] 武鹏. 陈家沟煤矿综放面采空区煤自然发火预测研究[D]. 西安:西安科技大学硕士学位论文,2010.

[73] Yuan L, Smith A C, Brune J F. Computational fluid dynamics study on the ventilation flow paths in longwall gobs[C]//Proceedings of the 11th U. S. /North American Mine Ventilation Symposium, University Park, PA, 2007.

[74] Salinger A G, Aris R, Derby J J. Modeling of spontaneous ignition of coal stockpiles[J]. AIChE Journal, 1994, 40(6):991—1004.

[75] 徐精彩. 煤自燃危险区域判定理论[M]. 北京:煤炭工业出版社,2001.

[76] 刘乔,王德明,仲晓星,等. 基于程序升温的煤层自燃发火指标气体测试[J]. 辽宁工程技术大学学报(自然科学版),2013,32(3):363—366.

[77] 谭波,牛会永,和超楠,等. 回采情况下采空区煤自燃温度场理论与数值分析[J]. 中南大学学报(自然科学版),2013,44(1):381—387.

[78] 谭波,朱红青,王海燕,等. 煤的绝热氧化阶段特征及自燃临界点预测模型[J]. 煤炭学报,2013,38(1):38—43.

[79] 宋万新. 含瓦斯风流对煤自燃氧化特性影响的理论及应用研究[D]. 北京:中国矿业大学博士学位论文,2013.

[80] 高兴生,纪玉龙,辛海会,等. 准东二矿井煤自燃特性及其红外分析[J]. 中国安全科学学报,

2012,22(10):101—106.

[81] 赵文彬,张守勇,王金凤,等.鑫安煤矿复杂地质构造3号煤自燃规律研究[J].煤炭学报,2012,37(2):346—350.

[82] 王毅,王来贵.用ANSYS分析煤体在燃烧前后边坡稳定性[J].辽宁工程技术大学学报,2007,26(11):110—112.

[83] 王来贵,白羽,牛爽.残煤自燃过程中温度场与应力场耦合作用[J].辽宁工程技术大学学报(自然科学版),2009,28(6):865—868.

[84] 白羽.海州露天矿边坡残煤自燃诱发滑坡的数值模拟研究[D].阜新:辽宁工程技术大学硕士学位论文,2009.

[85] 田军,李海洲,夏冬.新疆白砾滩露天煤矿烧变岩特征及边坡稳定性分析[J].煤矿安全,2009,44(7):233—235.

[86] 张晓曦,何思明,周立荣.基于非线性破坏准则的边坡稳定性分析[J].自然灾害学报,2012,21(1):53—60.

[87] 郭子红,刘新荣,舒志乐.基于变分法对边坡最不利滑裂面的分析[J].自然灾害学报,2011,20(6):51—56.

[88] 熊盛青,于长春.地下煤层自燃区岩石磁性增强特征及机理研究——以内蒙古乌达和宁夏汝萁沟煤矿为例[J].地球物理学报,2013,56(8):2827—2836.

[89] 余明高,杜海刚,褚廷湘,等.特厚易燃煤层初采期自燃危险区域判定研究[J].河南理工大学学报(自然科学版),2013,32(4):385—390.

[90] 路青,朱令起,郭立稳.自燃火灾发展阶段预测与控制实验[J].河北联合大学学报(自然科学版),2013,35(3):4—8.

[91] 张玫润,杨胜强,程健维,等.一面四巷高位瓦斯抽采及浮煤自燃耦合研究[J].中国矿业大学学报,2013,42(4):513—518.

[92] 王海燕,李凯,高鹏.氧浓度对煤绝热氧化过程特征的影响[J].中国安全科学学报,2013,23(6):58—62.

[93] 余明高,晁江坤,贾海林.综放面采空区自燃“三带”的综合划分方法与实践[J].河南理工大学学报(自然科学版),2013,32(2):131—135,150.

[94] 陈殿强.尾矿坝加高过程稳定性研究[D].阜新:辽宁工程技术大学硕士学位论文,2008.

[95] 杨庆华,姚令侃,杨明.地震作用下松散堆积体崩塌的颗粒流数值模拟[J].西南交通大学学报,2009,44(4):580—584.

[96] 刘汉龙,杨贵.土石坝振动台模型试验颗粒流数值模拟分析[J].防灾减灾工程学报,2009,29(5):479—484.

[97] 杨坤,韩浩,马智超.渗流影响下尾矿库动力反应的数值模拟研究[J].山东科技大学学报(自然科学版),2012,31(6):46—51.

[98] 邓涛,万玲,魏作安.温庄尾矿库堆坝模型试验及坝体稳定性分析[J].岩土力学,2011,32(12):3647—3652.

[99] 宋宜祥.尾矿坝地震液化及稳定性分析[D].大连:大连理工大学博士学位论文,2012.

[100] 王会芬.细粒尾矿坝的地震动力反应分析及液化评价[D].昆明:昆明理工大学硕士学位

论文,2011.

[101] 田小甫,孙进忠,刘立鹏,等.结构面对岩质边坡地震动影响的数值模拟研究[J].地质与勘探,2012,48(4):484—486.

[102] 刘远.宝鸡地区黄土边坡地震动力超载稳定性分析[D].北京:中国地质大学博士学位论文,2012.

[103] 徐光兴.地震作用下边坡工程动力响应与永久位移分析[D].成都:西南交通大学博士学位论文,2010.

[104] 阮永芬.复杂高边坡的动力和静力稳定性分析及空间变异性研究[D].昆明:昆明理工大学博士学位论文,2011.

[105] 左雅娅,冯文凯.土质边坡震裂机制物理模拟研究[J].工程地质学报,2011,19(1):21—28.

[106] 徐伟.映秀地区百花大桥顺层岩质边坡动力稳定性研究[D].武汉:中国地质大学硕士学位论文,2012.

[107] 樊晓一,张友谊,杨建荣.地震滑坡地形剖面线多重分形特征及其在稳定性判别中的应用[J].自然灾害学报,2012,21(3):144—149.

[108] 罗渝,何思明,吴永,等.地震作用下滑坡永久位移预测[J].自然灾害学报,2012,21(1):118—122.

[109] 刘云鹏,邓辉,黄润秋,等.反倾软硬互层岩体边坡地震响应的数值模拟研究[J].水文地质工程地质,2012,39(3):30—37.

[110] 杨长卫,张建经.双面高陡边坡的地震滑坡响应分析[J].西南交通大学学报,2013,48(3):415—422.

[111] 陈晓利,李杨,洪启宇,等.地震作用下边坡动力响应的数值模拟研究[J].岩石学报,2011,27(6):1899—1908.

[112] 言志信,张森,张学东,等.顺层岩质边坡地震动力响应及地震动参数影响研究[J].岩石力学与工程学报,2011,30(增2):3522—3528.

[113] 杜晓丽,宋宏伟,魏京胜.地震对软弱夹层边坡稳定性影响数值模拟研究[J].三峡大学学报(自然科学版),2010,32(1):39—42.

[114] 谭儒蛟,李明生,徐鹏逍,等.地震作用下边坡岩体动力稳定性数值模拟[J].岩石力学与工程学报,2009,28(增2):3986—3992.

[115] 步向义,倪国葳,吕桂林.大幺姑边坡治理工程中的抗滑桩应用分析[J].水电能源科学,2014,32(2):132—134.

[116] 向柏宇,姜清辉,周钟,等.深埋混凝土抗剪结构加固设计方法及其在大型边坡工程治理中的应用[J].岩石力学与工程学报,2012,31(2):289—302.

[117] 朱卫东.基于强度折减法的格构锚杆边坡治理方案研究[J].施工技术,2015,44(9):115—118.

[118] 章梦涛.冲击地压失稳理论与数值模拟计算[J].岩石力学与工程学报,1987,6(3):197—204.

[119] 布霍依诺.矿山压力和冲击地压[M].北京:煤炭工业出版社,1985.

[120] 赵本钧.冲击地压及其防治[M].北京:煤炭工业出版社,1995.
[121] 刘晓斐.冲击地压电磁辐射前兆信息的时间序列数据挖掘及群体识别体系研究[D].徐州:中国矿业大学博士学位论文,2008.
[122] 煤炭部冲击地压科技情报分站.冲击地压机理研究与防治经验文集[C]//全国冲击地压会议,德阳,1985.
[123] Salamon M D G. Stability,instability and design of pillar workings[J]. International Journal of Rock Mechanics and Mining Sciences & Geomechanics Abstracts,1970,7(6):613—631.
[124] 金立平.冲击地压的发生条件及预测方法研究[D].重庆:重庆大学硕士学位论文,1992.
[125] Cook N G W. A note on rock bursts considered as a problem of stability[J]. Journal of the South African Institute of Mining and Metallurgy,1965,65:437—446.
[126] Cook N G W. The failure of rock[J]. International Journal of Rock Mechanics and Mining Sciences & Geomechanics Abstracts,1965,2(4):389—403.
[127] Bieniawski Z T,Denkhaus H G,Vogler U W. Failure of fractured rock[J]. International Journal of Rock Mechanics and Mining Sciences & Geomechanics Abstracts,1969,6(3):323—330.
[128] Bieniawski Z T. Mechanism of brittle fracture of rocks[J]. International Journal of Rock Mechanics and Mining Sciences & Geomechanics Abstracts,1967,4(4):395—406.
[129] 章梦涛,徐曾和,潘一山.冲击地压和突出的统一失稳理论[J].煤炭学报,1991,16(4):48—53.
[130] 王耀辉,陈莉雯,沈峰.岩爆破坏过程能量释放的数值模拟[J].岩土力学,2008,29(3):790—794.
[131] 姚高辉,吴爱祥,王洪江,等.程潮铁矿岩爆倾向性分析及其能量预测[J].北京科技大学学报,2009,31(12):1492—1497.
[132] 蔡美峰,冀东,郭奇峰.基于地应力现场实测与开采扰动能量积聚理论的岩爆预测研究[J].岩石力学与工程学报,2013,32(10):1973—1980.
[133] 裴佃飞,苗胜军,龙超,等.基于多种判据和能量聚集的岩爆倾向性研究[J].中国矿业,2014,23(2):79—83.
[134] 王学滨,潘一山.不同侧压系数条件下圆形巷道岩爆过程模拟[J].岩土力学,2010,31(6):1938—1942.
[135] 李莎莎,崔铁军,王来贵,等.卸载所致岩爆颗粒流模型的实现与应用[J].中国安全科学学报,2015,25(11):64—70.
[136] 吴顺川,周喻,高斌.卸载岩爆试验及 PFC3D 数值模拟研究[J].岩石力学与工程学报,2010,29(增2):4082—4088.
[137] 马春驰,李天斌,陈国庆,等.硬脆岩石的微观颗粒模型及其卸荷岩爆效应研究[J].岩石力学与工程学报,2015,34(2):217—227.
[138] 吴凯.循环荷载作用下路基粗粒土宏细观力学特性的离散元模拟[D].湘潭:湘潭大学硕士学位论文,2015.

[139] 朱存金. 土与土工合成材料界面作用细观机理研究[D]. 西安:西安科技大学硕士学位论文,2013.
[140] 罗伟韬. 基于离散元方法的堰塞体堆积性质研究[D]. 北京:清华大学硕士学位论文,2014.
[141] 罗勇. 土工问题的颗粒流数值模拟及应用研究[D]. 杭州:浙江大学硕士学位论文,2017.

第2章 岩体建模方法

岩体建模是岩土工程模拟的基础，适当的岩体建模方法有利于模型建立，更有利于模拟过程实现。本章介绍复杂山地造形方法、岩体建模方法和岩体接触面建模方法，可为后续模拟研究提供基础。

2.1 山地造形方法

地质灾害较多发生在地质结构复杂的区域，这些区域往往是崇山峻岭，在遇到地震、暴雨、洪水后易发生灾害。为保证事先对这些灾害进行预警，需进行有效分析。复杂地质条件下的灾害很难用解析手段进行处理，一般对这种问题采取模拟手段较为有效。这些灾害与山体形状有密切关系，因此山形的有效描述对模拟至关重要[1]。

对于山体中有裂隙和节理分布的岩层，其完整岩块可以看成连续介质，岩块之间的裂隙是非连续介质，这种情况使用 PFC3D 模拟的效果较为明显。但 PFC3D 建模时要考虑模拟的精确性和计算量，要着重考虑那些运动的岩体部分，将其模拟成颗粒；那些不动或相对运动很小的岩体部分可模拟成面并设置摩擦等相关参数。这样既保证了精确反映岩体运动又降低了计算成本。因此，如何能根据山地的实际情况使用 PFC3D 的面单元进行山地造形就成为该类模拟的关键技术。文献[2]中明确使用了山地造形（图 2.1），但并未说明造形的具体过程，本节将解决该问题。

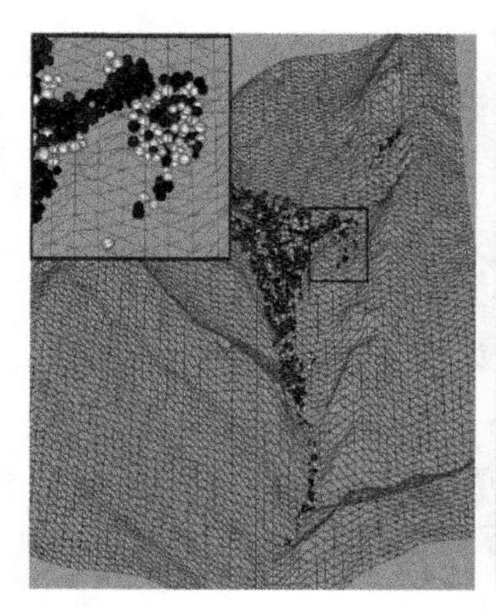
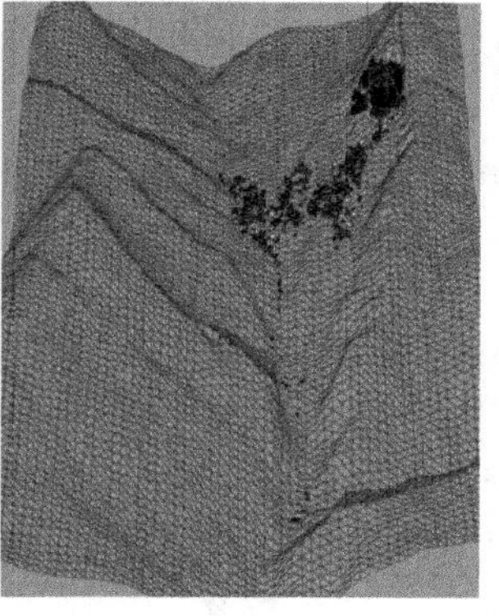

图 2.1　文献[2]中出现的山地造形

2.1.1　山形构建方法

由于 PFC3D 自身的 FISH 语言局限性，必须借助 MATLAB 和 Excel 工具处理一些问题，山形构建的流程如图 2.2 所示。

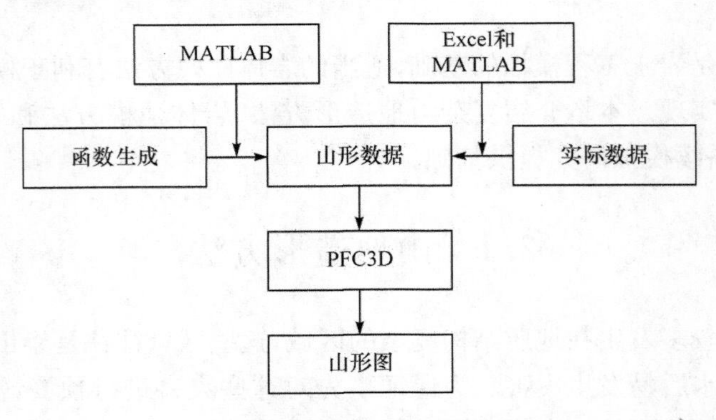

图 2.2　山形构建流程图

2.1.2　山形网格构建

这里主要使用 PFC3D 已有的工具构建山形网格，以往构建 PFC3D 模型时使用的墙是四边形的，但山形复杂，四点很可能不属于同一平面，因此使用三角形面构建山形网格。图 2.3 为网格的具体划分措施。

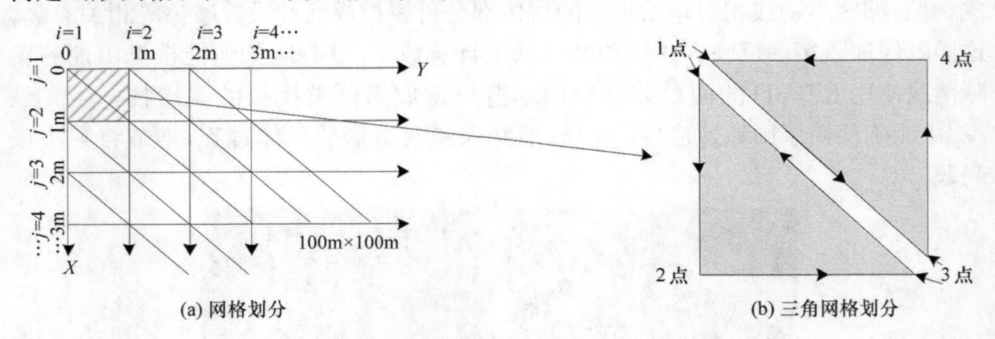

图 2.3　网格的划分方法

如图 2.3(a)所示，为说明方便，将网格大小定为 100m×100m，划分为 10000 等分，每个网格为 1m×1m。图中的 i 和 j 为程序实现时使用的变量。为使编程方便并考虑使用三角形面，对网格进一步划分。网格拆分为沿正对角线对称的两部分三角形，这样保证了三点确定唯一平面的几何特性。使用 FISH 语言进行网格构建时可将 1m×1m 的网格作为一个循环单元，如图 2.3(b)所示；以每个单元的 1 点作为标志判断是否已建立了单元网格。在单元网格中，构造两个三角形网格，即构建两个有界三角形面。由于 PFC3D 中的面是单侧受限的，因此根据面的法线方向使用右手定则判断点的轴向，即下三角形构造点序为 1 点→2 点→3 点，上三角形的点序为 1 点→3 点→4 点。每个点在三维坐标系中由三个值表示，即(x, y, z)。

2.1.3　山形数据处理

由 FISH 程序可知，网格建立的关键是获得有效的 xtable 表(PFC3D 中的一种数据结构)。在 FISH 语言中没有有效的数组表达形式，无法像 MATLAB 那样方便地操作数组。xtable 是 FISH 语言中的关键字，可表示一个二维数组。根据 2.1.2 节构造的网格特点，X 方向和 Y 方向是等距划分的，间隔 1m，可以用线性数值表示(不必使用数组)。Z(高程)方向的数据是杂乱的，因此要使用 xtable 存储。问题在于 FISH 语言中无法方便地进行赋值，如构造的山形需要 $100 \times 100 = 10000$ 个毫无规律的数值，不可能全部人工赋值。

考虑两种山形数据：一种是有一定规律的山形，可以使用 MATLAB 通过曲面函数构造；另一种是完全来源于地理信息系统的数据，可将这些数据导入 Excel 进行处理。这些数据是点的高程 Z，因为 X 和 Y 是线性的。使用 MATLAB 中 peak (100)函数值作为山形高程，并以 FISH 语言能使用的形式保存到 text 文件中；然后使用 2.1.2 节定义的方法构造出 MATLAB 中 peak 形状的山形。

2.1.4　山形模型构建

图 2.4 为构建完成的山形图，图 2.4(a)为俯视图，图 2.4(b)为水平方向正视图。

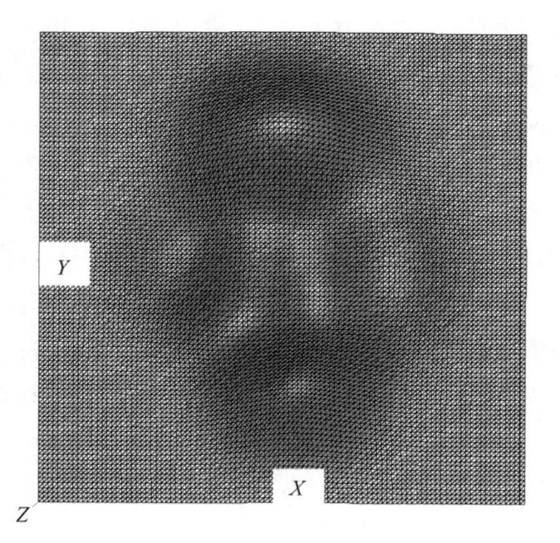

(a) 俯视图

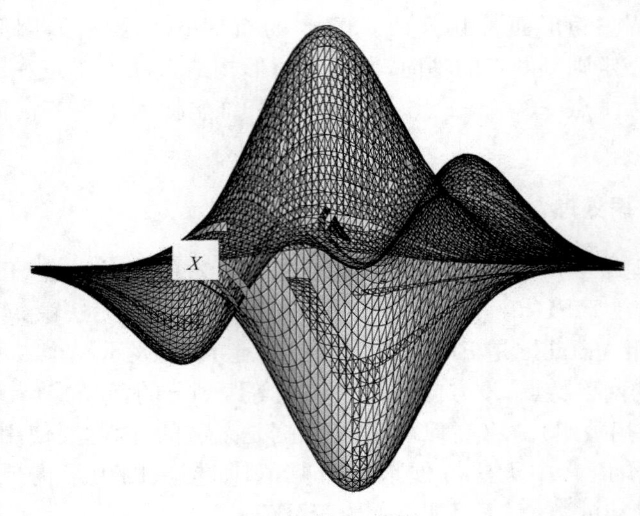

(b) 水平方向正视图

图 2.4　构建完成的山形图

图中，使用 PFC3D 中的三角形面构建了水平尺寸为 100m×100m 的山地表面，使用 MATLAB 处理了算法问题。该方法可为使用 PFC3D 进行复杂山地模拟提供参考。

2.2　下落法构建岩体模型

根据 PFC3D 用户手册提供的建模步骤，建模会出现一些问题，如半径放大系数确定困难、不同性质颗粒边界的接触程度难以保证、删除墙体和土层间的分界墙后颗粒飞出、在指定孔隙率后确定半径放大系数时不考虑模型形状的影响等。这些问题使模型构建不精确，计算时变形较大导致返工。

具有颗粒性质的岩体是由风化、沉积等作用使颗粒在竖直方向从下到上逐层堆积形成的，并经过了自然压实过程。按照该思想提出下落法(particles fall method，PFM)来构造初始应力场。该方法根据颗粒岩体的自然形成过程，在规定区域内使颗粒自然下落堆积、压实和充分接触；然后通过删除规定形状外的颗粒进行构型，计算至平衡得到初始地应力场。与经典步骤相比，该方法不用计算半径放大系数，不用建立边界墙和土层间的分界墙，不用消除悬浮颗粒；但增加了颗粒下落计算和构型过程。本节介绍整体下落法(overall particles fall method，OPFM)和分层下落法(hierarchical particles fall method，HPFM)[3]。

2.2.1　尾矿库模型构建

尾矿库是指筑坝拦截谷口或围地构成的、用以储存金属和非金属矿山进行矿石选别后排出尾矿或工业废渣的场所。尾矿是矿山选矿生产中通过对矿石进行破碎、磨细、分选，对有用矿物提取之后剩余的排弃物，一般以矿浆状态排出。

某尾矿库属于山谷型尾矿库，采用上游式筑坝法修筑，初期坝采用岩石风化料和块碎石组合堆砌而成，为透水坝，坝基建于弱透水的碎石混黏性土和微透水的基岩之上。目前，该主坝区坝顶堆积标高已达 194.0m，总坝高 85.5m，该尾矿库设计最终堆积坝坝顶标高 280m，最终总坝高 171.5m。尾矿库设计总库容约 2 亿 m^3，汇水面积约 $3km^2$。图 2.5 为该尾矿库鸟瞰图。

图 2.5　尾矿库鸟瞰图

模型中心(0,0,0)点为坝体最高点且竖直向下 86m，即为与水平基岩的交点。在尾矿坝的左、右和下方延伸，初期坝坝角向左延伸 50m(相对中心－270m)，基岩向下延伸 10m(相对中心－10m)，从堆积坝最高点向右延伸 100m。初期坝坝高 20m，坝顶宽度 20m，内外坡度分别为 1∶2.0 和 1∶1.8，坝高 86m，模型总长 370m。考虑计算速度及研究要求，设模型宽度为 20m。依据钻孔资料及合理概化得到尾矿坝边坡剖面，模型如图 2.6 所示，对各层材料赋予相应的参数，如表 2.1 所示。

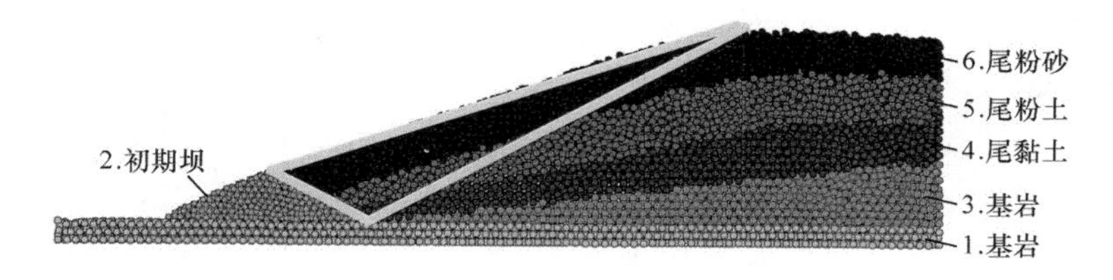

图 2.6　尾矿库模型图

表 2.1　各层力学参数取值

编号	成分	密度 ρ/(kg/m^3)	最小粒径 R_{min}/m	最大粒径 R_{max}/m	接触模量 E_c/Pa	法向刚度 k_n/(N/m)	切向刚度 k_s/(N/m)	摩擦系数 μ	黏结法向强度 σ_n/Pa	黏结切向强度 σ_s/Pa	内锁应力 σ_c/Pa	孔隙率 n	阻尼 λ
1	基岩	2700	0.2	0.4	4×10^{10}	8×10^{10}	4×10^{10}	0.5	3×10^{8}	3×10^{8}	1×10^{3}	0.1	0.3
2	初期坝	2100	0.11	0.22	7×10^{6}	1.4×10^{7}	7×10^{6}	0.4	1.5×10^{5}	1.5×10^{5}	1×10^{3}	0.15	0.21
3	基岩	2700	0.25	0.45	4×10^{10}	8×10^{10}	4×10^{10}	0.5	3×10^{8}	3×10^{8}	1×10^{2}	0.15	0.3
4	尾黏土	1850.0	0.094	0.1880	9.1×10^{6}	1.82×10^{7}	9.1×10^{6}	0.12	5×10^{4}	5×10^{4}	1×10^{3}	0.05	0.15
5	尾粉土	2050	0.097	0.1940	3.9×10^{6}	7.8×10^{6}	3.9×10^{6}	0.3	1.10×10^{5}	1.10×10^{5}	1×10^{3}	0.1	0.17
6	尾粉砂	2020	0.1	0.2	1.0×10^{7}	2.0×10^{7}	1.0×10^{7}	0.4				0.16	0.19

2.2.2 PFC3D 模型构建

1. 半径放大系数的确定

模型构建第一步是产生颗粒，有 BALL 和 GENERATE 命令。BALL 命令一般用于规则结构，GENERATE 用于岩土体，其中参数 rad r_1 r_2 表示颗粒的半径在[r_1，r_2]内随机分布或按某一规律分布。颗粒半径和填充空间尺寸决定了颗粒数量。在使用 PROP 设置颗粒密度、剪切模量和弹性模量后，初始化颗粒半径放大系数。现在的问题是如何确定半径放大系数，如果半径放大系数较小，那么指定空间内填充不满，PFC3D 将自动扩大半径放大系数继续计算。在实际工程问题中颗粒较多，时间成本很高。如果半径放大系数较大，那么 PFC3D 将自动缩小半径放大系数继续计算，但密度、剪切模量和弹性模量已设定，在分界墙和最初半径放大系数的限制下，颗粒球将产生弹性变形。这时指定空间可以容纳颗粒，但颗粒积攒弹性能，即使执行 solve 命令后也难以消除。删除分界墙后，颗粒就会向分界墙的限制方向飘逸，这是由于调整半径放大系数的过程中，分界墙对颗粒一直施加作用力。如果调整半径放大系数的过程中不使用分界墙，那么模型的形状和分层岩体形状将难以保证。如果使用分界墙，那么在最后计算初始地应力平衡前必须删除，以保证不同岩层的充分接触。半径放大系数较大或较小都存在这个问题，难以避免。根据 2.2.1 节中提到的步骤和文献[4]、[5]中的数据，构造的删除分界墙前和删除分界墙后计算 100 步时，尾矿库的模型分别如图 2.7 和图 2.8 所示。

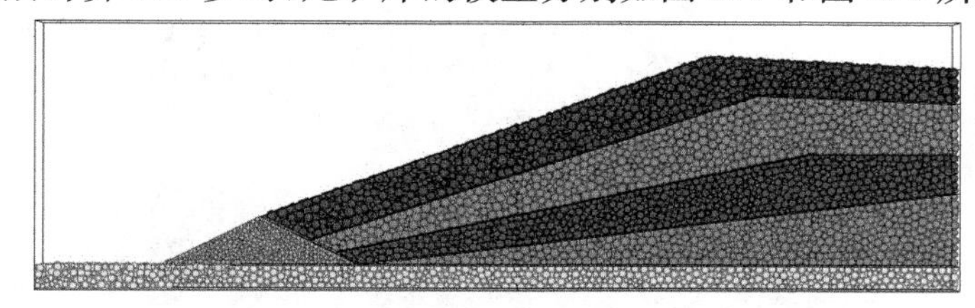

图 2.7　删除分界墙前的尾矿库模型

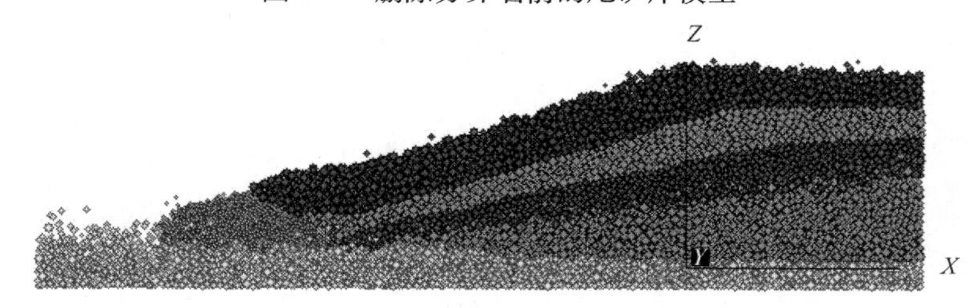

图 2.8　删除分界墙后进行平衡计算 100 步时的尾矿库模型

2. 不同性质颗粒边界的接触

根据 2.2.1 节所述步骤和 PFC3D 用户手册的相关内容，分别产生不同属性的颗粒。如图 2.7 所示,不同属性岩层的形状不同,要构造规定形状的岩土层,就要使用分界墙,但使用分界墙会存在问题。如上所述,颗粒半径和填充空间尺寸决定了颗粒数量。其实,分界墙组成的空间形状也影响了颗粒数量和孔隙率等相关参数。当空间形状倾斜较小的角度时就会出现无法填充的问题。图 2.9 为图 2.7 中初期坝背侧放大图。

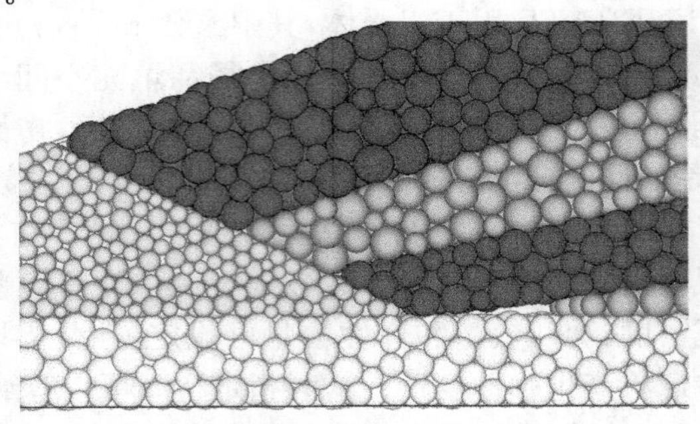

图 2.9 初期坝背侧放大图

图 2.9 中岩层尖端处没有颗粒填充。颗粒越小,这个问题越不明显,但计算成本呈指数上升。从另一方面来看,该现象可认为在去掉分界墙前,各层岩体颗粒之间的接触程度难以保证,这显然不对,如图 2.10 所示。如果去掉分界墙,那么未填充的空间在重力作用下其上部颗粒向下移动;同时,与分界墙接触受限制的颗粒失去墙的约束会向反方向移动,使模型严重变形,造成图 2.8 所示的现象。

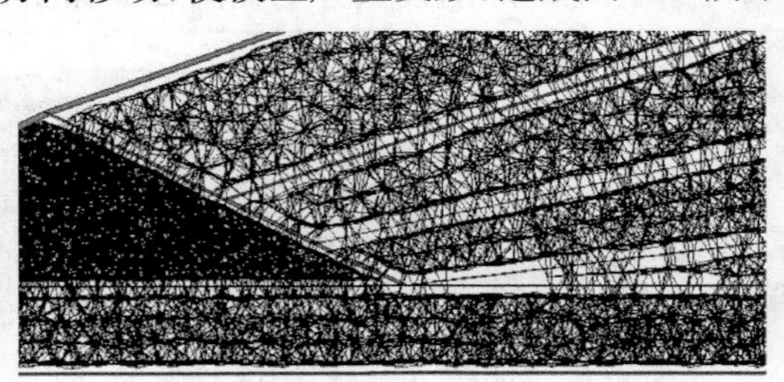

图 2.10 初期坝背侧区域接触情况

3. 孔隙率问题

在实际工程问题中,颗粒体的一个重要参数就是孔隙率。在 PFC3D 中经常要构建指定孔隙率的颗粒体。PFC3D 中孔隙率 n 定义为

$$n=1-\frac{V_{\mathrm{p}}}{V} \tag{2.1}$$

式中,V_{p} 为分界墙构建模型内容纳的颗粒体积;V 为分界墙构建模型体积。

PFC3D 中给出了构建指定孔隙率模型的方法,推导过程为

$$nV = V - \sum \frac{4}{3}\pi R^3 \Rightarrow \frac{\sum R^3}{\sum R_{\text{old}}^3} = \frac{1-n}{1-n_{\text{old}}} \xlongequal{R=mR_{\text{old}}} m^3 \Rightarrow m = \left(\frac{1-n}{1-n_{\text{old}}}\right)^{1/3} \quad (2.2)$$

式中,R 为颗粒半径;R_{old}为上一次计算得到的颗粒半径;n_{old}为上一次计算得到的模型孔隙率;m 为半径放大系数。

但式(2.2)存在问题,推导的第一步认为模型中非空隙的部分全部是颗粒球体的体积。这是理想情况,没有考虑球体弹性变形,更严重的是未考虑图 2.9 中的模型尖端空隙部分。这种理想情况导致应被球体填充的空间未被填充,使 V_p 减小,n 增加,m 增加。最终的半径放大系数大于使用的半径放大系数,进而使球体产生更大的变形,删除分界墙后颗粒的飘逸现象更严重。形状越复杂,半径放大系数越不准确。

2.2.3　下落法建模过程

下落法通过使颗粒在竖直方向从下到上逐层堆积并压实的过程构造模型。下落法分为分层下落法 HPFM 和整体下落法 OPFM,其流程分别如图 2.11 和图 2.12 所示。

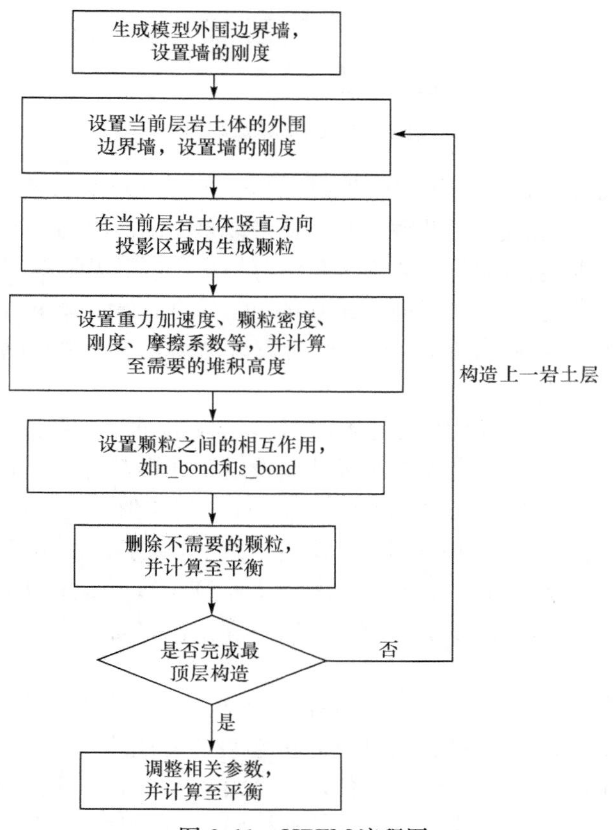

图 2.11　HPFM 流程图

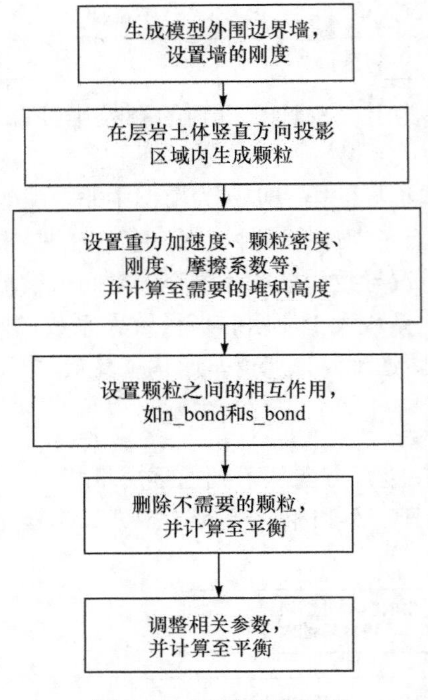

图 2.12　OPFM 流程图

图 2.13 所示为 HPFM 构建尾矿库第三岩层的过程(见 2.2.1 节)。由于模型构建不使用半径放大系数,因此颗粒的半径可以是实际测量值,即可通过颗粒散体半径直接测量得到;也可测量岩体中裂隙发育情况,使用裂隙间距作为颗粒半径范围$[r_1,r_2]$。由于考虑和研究问题的重点不同,不同区域的颗粒半径也可分别设置,如主要研究区域颗粒可细化,非主要研究区域可设置较粗的颗粒或设置为界面,以减小计算量。

图 2.13 显示了 HPFM 构建尾矿库第三岩层的过程。图 2.13(a)是初始状态,图 2.13(b)在第三层竖直投影区域按照设定生成颗粒并下落,图 2.13(c)为下落稳定后的颗粒堆积状态,图 2.13(d)根据实际的岩层形状对该层进行造形。

从实质上讲,上述 OPFM 和 HPFM 是一致的,区别在于 HPFM 的岩体属性设置和平衡计算是分步的,更接近实际情况;而 OPFM 是通过 FISH 语言定向判断每个球所在的土层,然后赋值。前者平衡计算消耗时间较多,后者属性设置消耗时间较多。

需要说明的是,两种方法中,删除不需要颗粒的方法都是 FISH 语言。但具体实现又分为两种方法,这两种方法可以简单地表述为删除指定区域内的颗粒和判断颗粒在指定删除区域后删除,前者使用命令流 range 定位,后者使用 FISH 语句 find_ball(id)定位。前者的效率较高,但不精确,后者相反。岩层形状越复杂,两

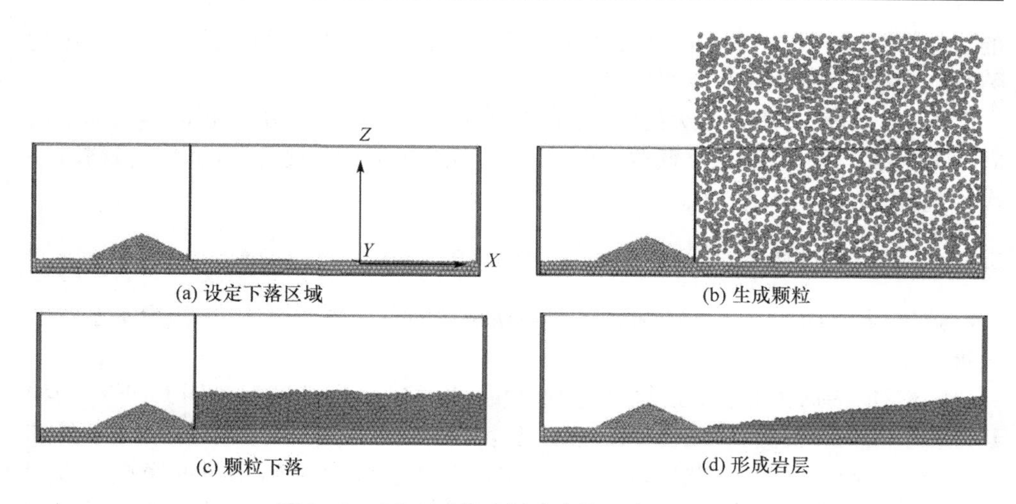

(a) 设定下落区域　(b) 生成颗粒

(c) 颗粒下落　(d) 形成岩层

图 2.13　HPFM 构建尾矿库第三岩层的过程

者的效率越接近。图 2.13 中模型使用后者进行颗粒删除。使用 HPFM 构造的尾矿库最终计算至平衡的模型，如图 2.14 所示。模型的接触力示意图如图 2.15 所示。

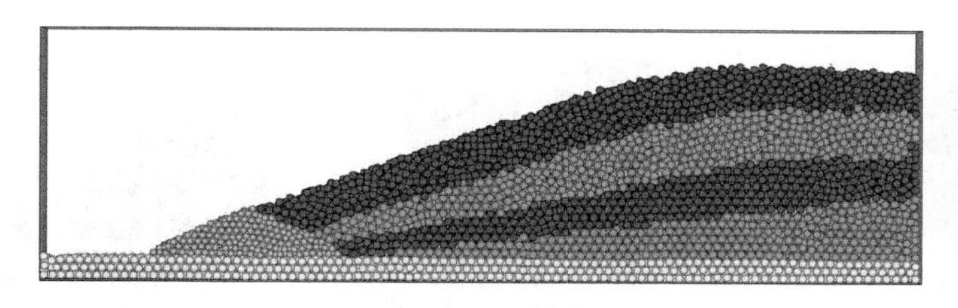

图 2.14　尾矿库最终模型

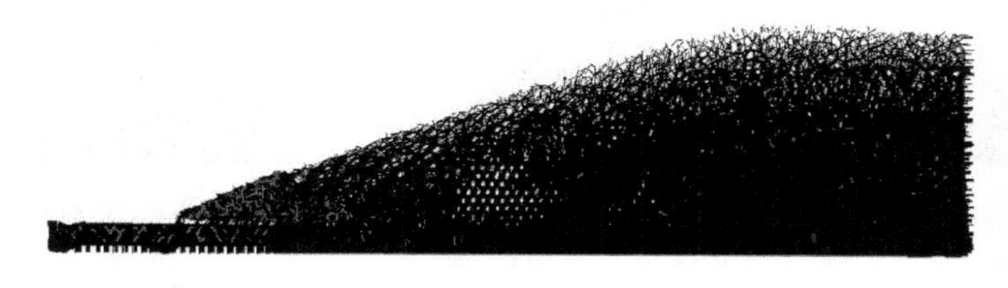

图 2.15　模型的接触力示意图

与图 2.7 相比，图 2.14 外包络线和不同性质岩层分界线不是平滑的，而是粗糙的，符合实际情况。图 2.14 与图 2.8 相比，图 2.8 只计算到 100 步就出现严重的颗粒飘逸现象，且不同岩层的颗粒已进入其他岩层，这是错误的，导致整个模型严重变形。图 2.14 已计算到平衡状态，未出现图 2.8 中的错误现象，唯一出现的明显变形是最下层基岩左端被尾矿库重力挤压隆起。图 2.15 显示了模型中颗粒的接触情况，与图 2.10 相比其接触性有了较大改进。颗粒之间的拉压应力作用均匀且联通于各颗粒之间，说明接触是充分的。

下落法与经典建模方法相比，其优点是不用计算 mul，不用建立边界墙和土层间的分界墙，不用消除悬浮颗粒，可以直接应用实际测量的粒径范围生成颗粒，一次模型构建的成功率较高。

2.2.4 煤堆模型构建

这里通过实例对 OPFM 和另一种删除颗粒的方法进行论述，该例为某工厂的煤堆。

FPC3D 特别适用于对该煤堆进行分析，通过建立煤堆模型说明 OPFM 的构建过程。相关参数为：煤堆顶面距地面高(坡高)30m，坡长 38.5m。受硬件条件和分析要求的限制，模型的宽度取 0.5m。地面摩擦系数为 0.3，颗粒的摩擦系数为 0.3，煤的密度为 1400kg/m^3，弹性模量和剪切模量为 $1\times10^8\text{Pa}$，颗粒半径范围为 0.05～0.15m。开挖部分是高度为 3.5m、宽度为 3m 的斜三角形，如图 2.16(e)所示。

图 2.16 显示了使用 OPFM 构造煤堆的过程，并进行开挖，得到开挖后各场的矢量图。

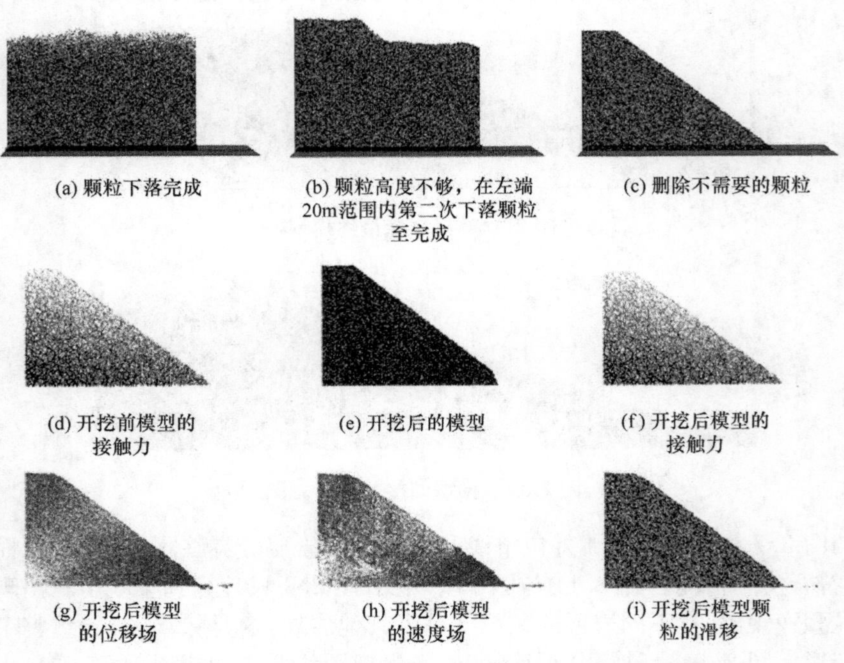

(a) 颗粒下落完成　(b) 颗粒高度不够，在左端20m范围内第二次下落颗粒至完成　(c) 删除不需要的颗粒

(d) 开挖前模型的接触力　(e) 开挖后的模型　(f) 开挖后模型的接触力

(g) 开挖后模型的位移场　(h) 开挖后模型的速度场　(i) 开挖后模型颗粒的滑移

图 2.16　使用 OPFM 构造的煤堆及其开挖后的重要参数图示

本节提出并实现了下落法对 PFC3D 岩体模型的构造。根据颗粒岩体的自然形成过程,使颗粒自然下落堆积、压实和充分接触,然后删除颗粒进行岩层构型,计算至平衡得到初始地应力场模型。

2.3　岩体中不整合面构建

在进行地下工程可行性及安全性分析时,多数情况下工程所在区域地质条件并不相同,可能包含各种地质构造现象。目前人类活动主要集中在第四纪地质活动不剧烈的地区,这些地区地表一般是由沉积—剥蚀—再沉积的方式形成的,加之断层错动,岩土层内形成一些不同形式的接触面。接触面的上下两套岩层性质不同,接触面又使两套岩层的连接性削弱,因此接触面的存在对岩体的模拟有直接影响[7]。

使用 PFC3D 对接触面进行模拟主要考虑以下两点:

(1) 有利于接触面复杂几何特征的构造。人类活动于第四纪岩土层,地表经受大的构造运动、小的断裂及挤压,以及环境的风化等,岩石很难保持原生状态,形成各类节理和裂隙。这些构造影响工程和研究中对岩石性质的判断。这些节理和裂隙可能是连续的或不连续的,可呈二维或三维状态分布,使用传统的基于连续理论的方法来构造很困难。例如,可利用 FLAC3D 模拟接触面,但复杂的接触面构建利用 FISH 语言控制是困难的。另外,实际的岩体接触面也不符合 FLAC3D 接触面表面粗糙度为零的特性,这将直接影响直剪实验的结果,这是因为不能体现剪切过程中接触面的机械咬合现象。使用 PFC3D 可以完全解决该问题,FISH 语言可控制颗粒级精确模型构建,也能通过颗粒之间的接触设置模拟机械咬合现象。

(2) 有利于岩体模型参数的精确赋值。FLAC3D 可使用 range 或 id 定位目标块体,但复杂接触面两侧的岩体力学参数可能相差较大,使用 range 精确定位不现实,使用 id 由于可视性和数量受限也比较困难。

针对上述问题可结合下落法分层构造岩体,同一岩层连续 id 性质相同,同时结合形状曲线建立岩层的接触形状,从而达到模拟含有接触面岩体的目的。本节将模拟整合、平行不整合、角度不整合的接触情况,并验证构建模型的正确性。

2.3.1　岩层接触形式

从接触形式上看,岩层的接触大体可分为整合与不整合两大类。文献[8]从层序地层学的角度指出,不整合是一个重要的时间间断面[8],具有剥蚀、削截和地表暴露性质。不整合是沉积间断—剥蚀—再沉积的集合体,沉积作用控制了不整合上覆岩层的形态,构造作用控制了不整合下层岩体的特征。任何不整合都受到沉积和构造作用的双重控制。

不整合一般分为角度不整合和假整合(又称平行不整合)两种类型。前者是两套地层呈一定角度接触,中间为一侵蚀面(即不整合面)。说明在前一套地层沉积后,有一次大的构造运动和海陆变化,然后地壳再次下沉又沉积了后一套地层。后者是两套地层大体呈平行接触,中间为一侵蚀面(即不整合面),说明在前一套地层沉积过程中有一次较大的地壳上升或海退运动以后地壳再次凹陷,沉积了后一套地层。识别和鉴定不整合的证据如下:①地层自然记录缺失的间隔证据,包括古生物自然记录的间断和地层自然记录的间断;②侵蚀的证据,包括构造不一致和地形不规则;③古陆表面的证据,包括风化面、古土壤、底砾岩等。不整合研究具有普遍意义,它是建立造山幕或构造旋回划分、岩石地层单位划分的重要依据。

2.3.2 接触面构造方法

岩层之间的接触关系一般可分为整合、平行不整合和角度不整合,如图 2.17 所示。

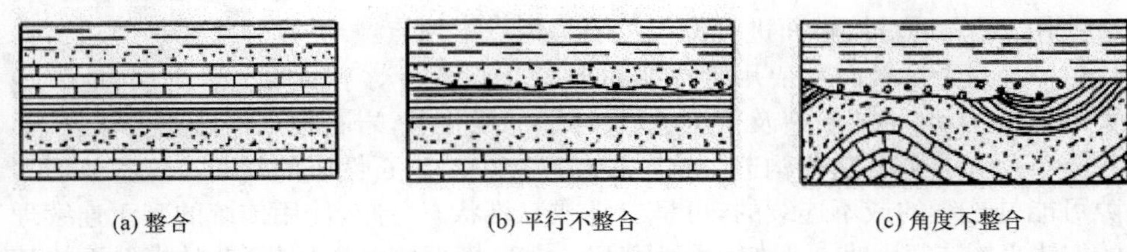

(a) 整合　(b) 平行不整合　(c) 角度不整合

图 2.17　岩层之间的接触关系

整合接触关系的特点是接触面线型基本是线性的和平行的,如图 2.17(a)所示。平行不整合接触关系的特点是接触面线型为非线性的和局部不平整的,如图 2.17(b)中由上至下第二个接触面。角度不整合接触关系的特点是接触面线型为二次或三次曲线,也可能夹杂着平行不整合现象,如图 2.17(c)所示。

针对上述接触面线型特点,本节提出夹杂接触面的岩体模型构建方法及步骤。

(1) 定义岩体坐标系。定义三维坐标系,以便进行线型的拟合。

(2) 确定接触面走向的关键坐标点。根据接触面走向特点(线性、二次或三次曲线)确定能够用于拟合走向曲线的坐标点。

(3) 使用 MATLAB 拟合这些走向曲线并得到曲线参数。对于整合面可将其拟合为一次曲线。对于平行不整合面,由于其线型变化没有明显规律,将线型分解为多个子线性线型,每个子线型可用一次函数表示,从而构造出适合的平行不整合面。对于角度不整合面可将其拟合成二次或三次曲线,并配合平行不整合面的构造方法即可实现模型构建。拟合后得到的拟合曲线参数用于 FISH 语言对岩层几何形状的造形。

上述 3 个步骤是建模的预备工作,确定了将要构建模型内部接触面及岩层的几何特征,下面介绍的使用下落法构造模型是基于上述拟合曲线实现的。

(4) 使用下落法构造岩层。构造的岩层几何尺寸要满足使用 FISH 语言对该层进行造形的需要。如果接触面较简单(如整合),那么可以使用 del range 命令对接触面进行造形,无须经过步骤(5)。

(5) 使用 FISH 语言根据拟合的曲线参数形成接触面。根据步骤(3)得到曲线参数,使用 FISH 语言构造这些曲线。考虑到下落法构造模型的特点,某层岩体只对上层接触面进行造形,即根据曲线参数使用 FISH 语言形成该岩层上部接触面曲线。使用语句 find_ball(id)定位位置在该曲线以上的颗粒,并进行删除,已达到构造接触面的目的。

步骤(4)和(5)为 PFC3D 模型的构造过程,每循环一次步骤(4)和(5)便可构造一层岩体,循环多次可实现整个模型由下部岩层向上部岩层的构造,直至完成整个模型。

2.3.3 接触面模型构建

使用下落法构建如图 2.17 所示的夹杂接触面岩体。图 2.17(a)所示的夹杂整合面的岩体构造较为简单,使用下落法和 FISH 语言中的 range 可以直接构建。这里主要论述图 2.17(b)和(c)的构造,两模型坐标建立如图 2.18 所示。模型长(X)100m,高(Y)55m,厚(X)2m。沿长度方向每隔 5m 进行一次关键点采样,采样点为图中虚线与接触面的交点坐标。虚线上方数字代表点号,下方数字代表实际坐标。

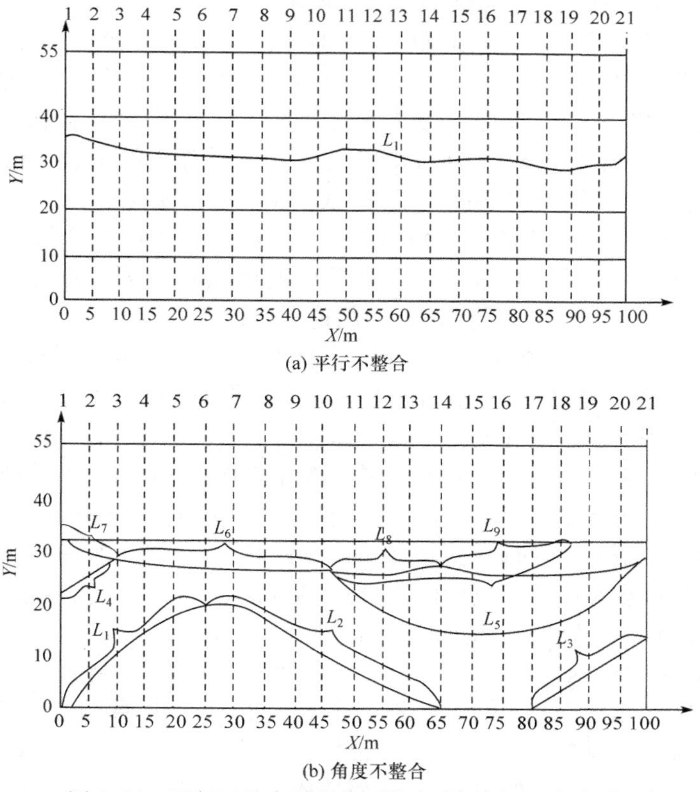

图 2.18　平行不整合及角度不整合岩层剖面坐标标定

曲线为不同岩层分界线。图 2.18(a)、(b)分别对应图 2.17(b)和(c)

PFC3D相关参数设置如下:关于颗粒半径,设置过大影响模拟效果,过小会增加系统负担,同时要尊重实际情况,这里设置为0.25m;密度取平均值为2500kg/m^3;重力加速度为9.8g/s^2;法向刚度$k_n=1\times10^8$N/m,切向刚度$k_s=1\times10^8$N/m,表示颗粒的变形能力,刚度设置是为了保证颗粒的变形微小;颗粒法向黏结强度n_bond=3×10^{8}Pa,颗粒切向黏结强度s_bond=3×10^{8}Pa,两者共同表示由颗粒组成岩体的整体性,值越大整体性越强。上述两个值的切向值和法向值相同,说明岩体各向同性;颗粒表面摩擦系数为0.45。这些参数供下落法构造模型时使用,本节主要论述各岩层几何形状的确定。

坐标标定后进行关键点采集及MATLAB拟合,拟合曲线包括图2.18(a)中L_1和图2.18(b)中$L_1\sim L_9$。图2.18(a)中L_1和图2.18(b)中L_6属于平行不整合,将这两条平行不整合线型分解为多个子线性线型。这里将上述两条线型沿x方向每隔5m进行分段,每个子线型可由一次函数表示,确定该一次函数的两点为分段的两个端点(对应于图2.2的关键点)。图2.18(b)中$L_1\sim L_5$和$L_7\sim L_9$为有一定规律的二次或三次曲线,可将曲线范围内的多个关键点一起拟合形成曲线。关键点坐标及拟合方式信息总结如表2.2所示。

上述处理完成了2.3.2节步骤(1)~(3),接下来执行步骤(4)。使用下落法构造初始岩层模型,参见2.2节。步骤(5)对已形成的该岩层模型进行造形,形成接触面的形状,即删除预定接触面上方的颗粒。由于下落法是由下至上地构造岩体模型,因此只关注某层岩体上接触面的线型即可。使用FISH语言在程序中构建相应的函数$y(x)$,使用语句find_ball(id)找到某颗粒的x坐标和y坐标,y坐标与$y(x)$比较,若$y>y(x)$,则将该颗粒删除,其余保留,即构建符合拟合曲线的接触面线型。反复执行步骤(4)和(5)可由下至上逐层构建岩体模型。图2.19和图2.20分别为图2.18(a)和图2.18(b)的造形过程图。

图2.19和图2.20中显示了平行不整合及角度不整合的构造过程。图2.19(a)、(b)、(c)、(e)、(f)中模型使用下落法配合del range命令即可完成,图2.19(d)中模型最上层接触面使用步骤(5)完成。图2.20(a)、(c)、(e)、(g)、(h)模型使用下落法配合del range即可完成,图2.20(b)、(d)、(f)中模型最上层接触面使用步骤(5)完成。

另外,图2.19(g)和图2.20(j)显示了模型中的Contact Bonds,表示颗粒间的连接状态,在图中岩层内的颗粒是连接的(设置Contact Bonds);不同岩层之间接触面上的颗粒是不连接的(不设置Contact Bonds)。这可模拟实际岩体中同一岩层岩石完整性及不同岩层岩体之间的离散性。图2.19(h)和图2.20(i)显示了模型中的Cforce Chains,表示重力等的连续性和传递性等特征。从图2.19和图2.20中可以看出,Cforce Chains下层密集而粗大,上层稀疏而短小,符合重力分布特点。通过这两个特性可以看出,使用该方法构建的模型既体现出岩体中接触面作用特性又保留了模型重力场,从而使构造的夹杂接触面的岩体模型更接近实际岩体的应力-应变特征。

表 2.2　关键点坐标及拟合方式

关键点号	1	2	3	4	5	6	7	8	9	10	11	12	13	14	15	16	17	18	19	20	21	拟合方式
实际坐标 x/m	0	5	10	15	20	25	30	35	40	45	50	55	60	65	70	75	80	85	80	95	100	
L_1[图 2.18(a)]	36	35	33	32	33	31.5	32	32	31.5	32.5	34	33	32	31.8	32	31.5	31	30	30.5	31	32	使用平行不整合拟合方式
L_1[图 2.18(b)]	−4	6.5	12	16	19	21																$y=-0.0269x^2+1.5299x-0.7342$
L_2						21	20	17	14	10	7	4.5	2	0								$y=0.0003x^3-0.0384x^2+0.9892x+16.6461$
L_3																	0	3	6	9	13	$y=0.0057x^2-0.3886x-5.4$
L_4	23	27	29.5																			$y=0.0042x^2+0.7792x+23$
L_5										27	23	20	17	16	15	15	16	17	19	25	29	$y=0.0176x^2-2.5307x+105.57$
L_6			29.5	29	29	28	27.5	27.5	27	27												使用平行不整合拟合方式
L_7	35	32	29.5																			$y=-0.0292x^2-0.4542x+35$
L_8									27	27	26	26	27	27.5								$y=0.0114x^2-1.2171x+58.5$
L_9														27.5	26	26	27	29	35			$y=0.0304x^2-4.325x+180$

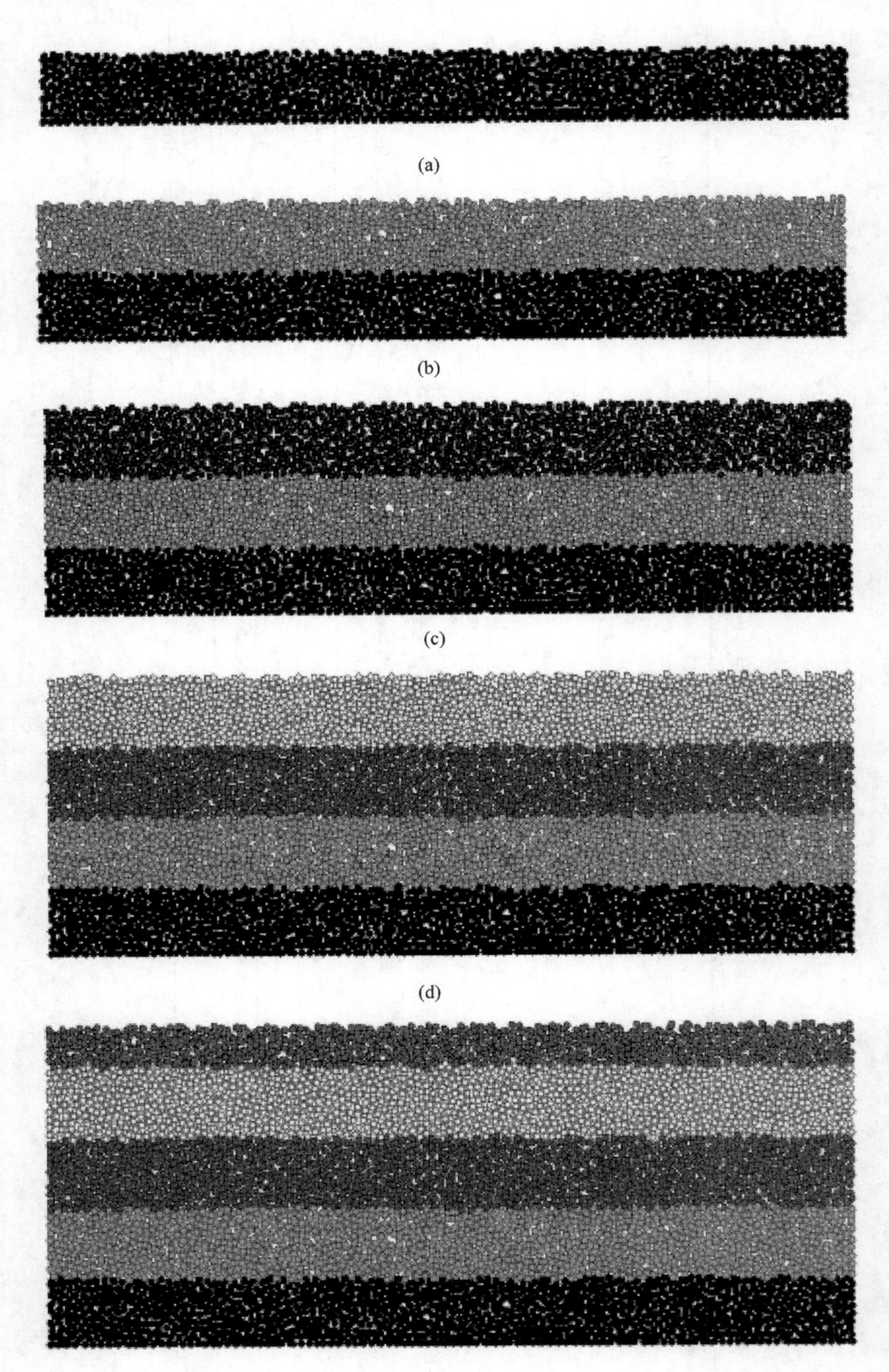
(a)
(b)
(c)
(d)
(e)

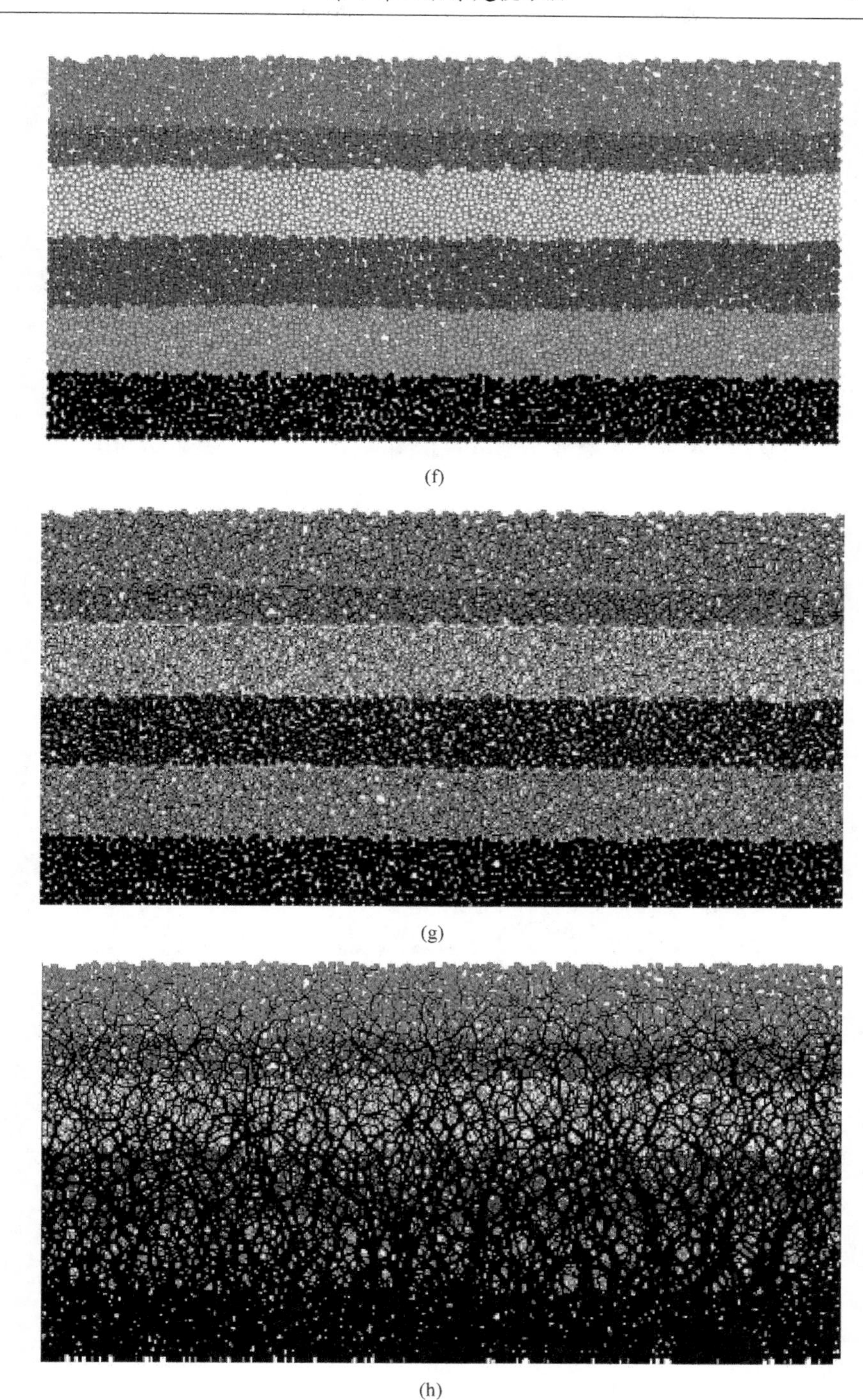

图2.19　平行不整合构造过程图

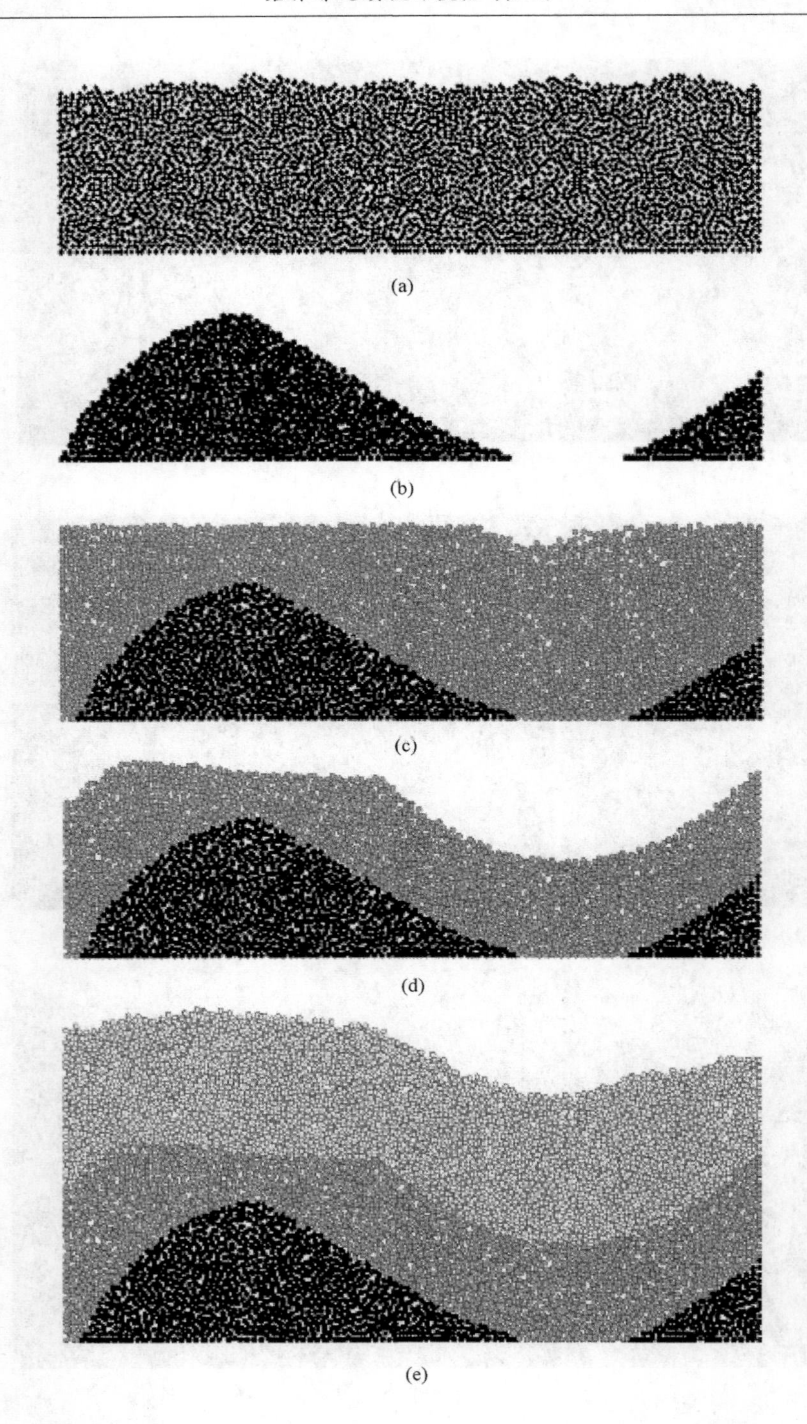

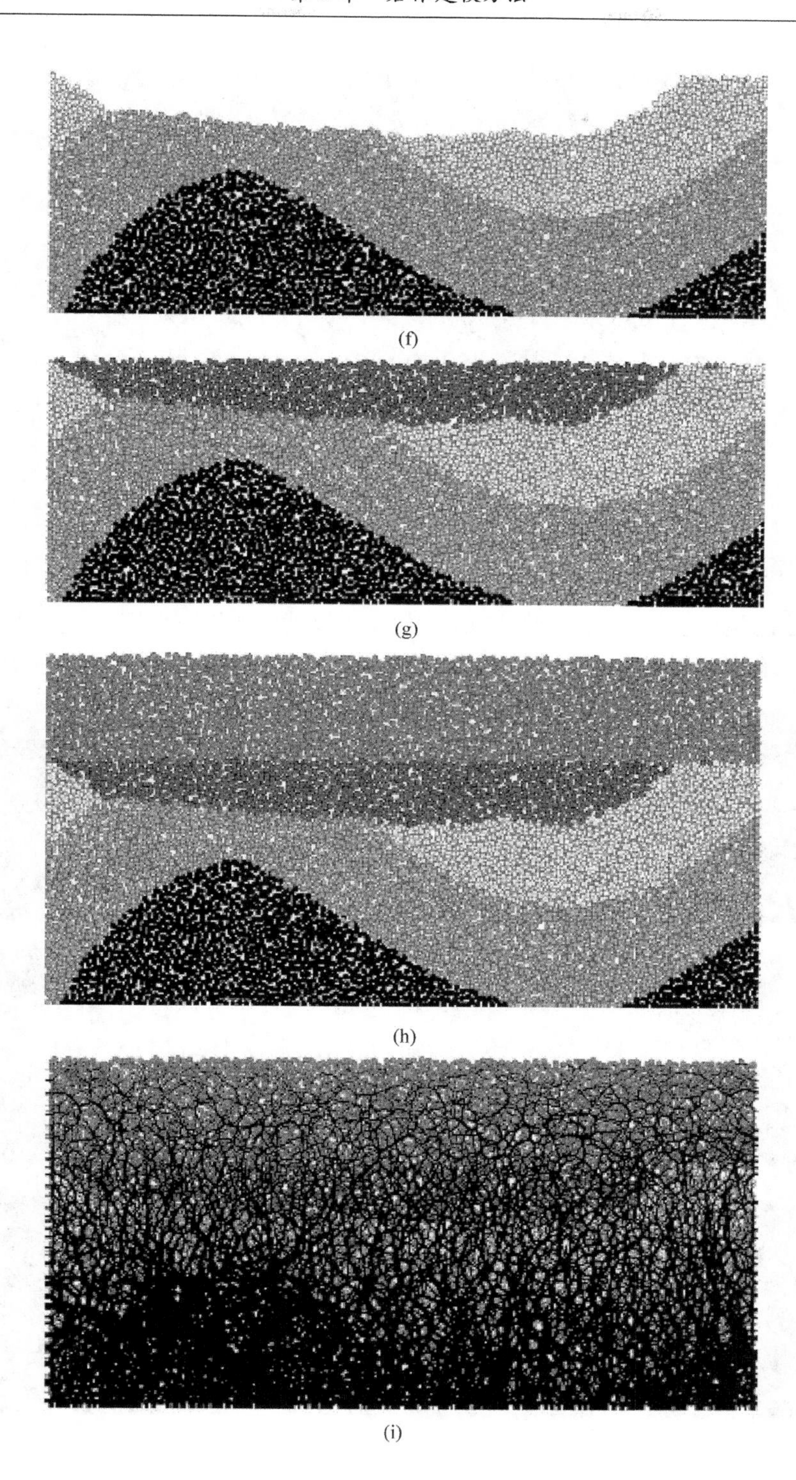

(f)

(g)

(h)

(i)

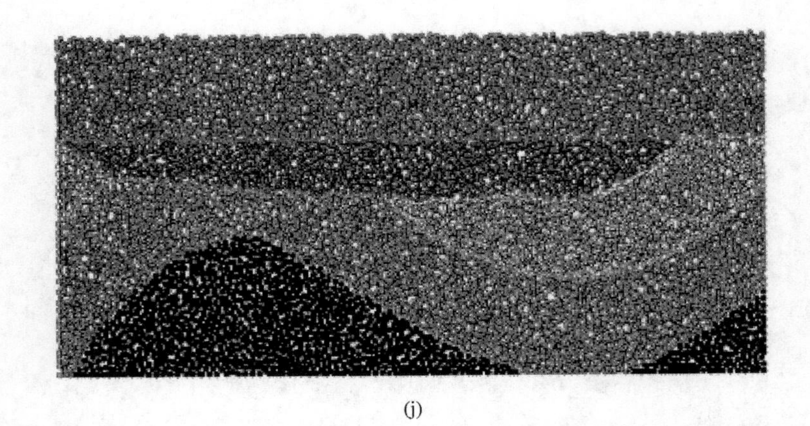

(j)

图 2.20 角度不整合构造过程图

2.3.4 模拟与结果分析

使用上述构建后的地层模型模拟地层错动。错动的作用应力 $F_1=F_2=2\times10^5\,\text{Pa}$，作用范围详见 4.3 节，如图 2.21(a)所示。

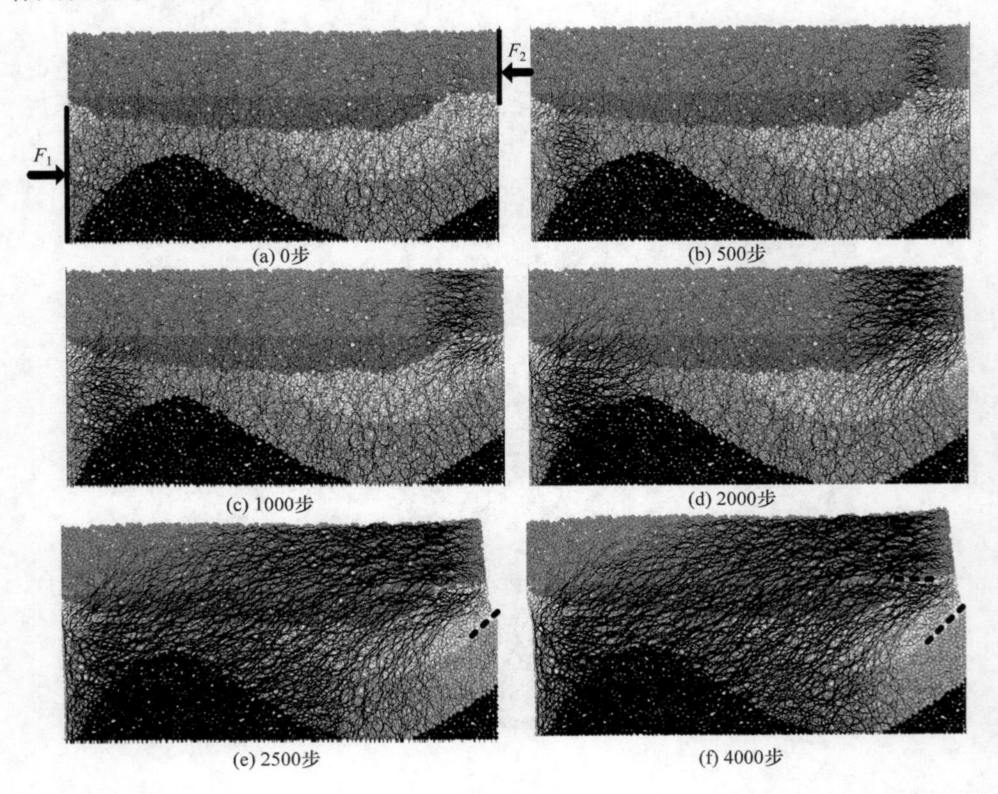

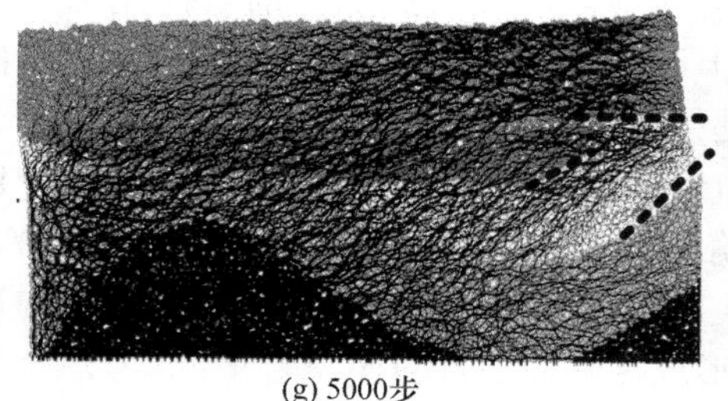

(g) 5000步

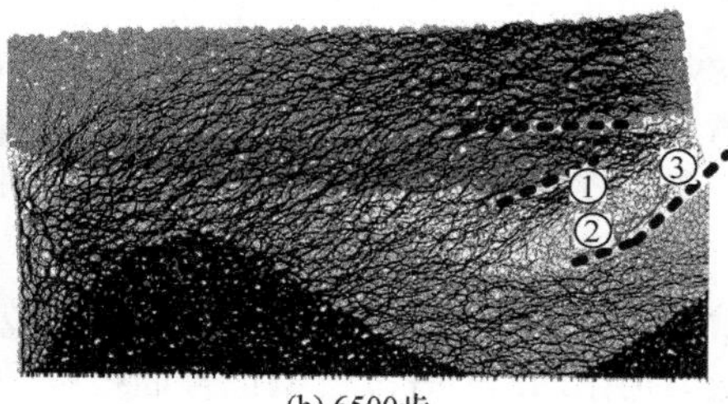

(h) 6500步

图 2.21　岩层错动过程模拟图

图(h)中:①为层顶受压应力;②为层底受拉应力;③为裂隙

如图 2.21 所示,在岩层错动过程中由于相同岩层显整体性表现为连续特征,不同岩层之间显离散性表现为非连续特征。该过程可根据是否有岩层分离划分为两个阶段。第一阶段是分离前,岩层初始受力,变形较小,各岩层内主要表现为压力。由于岩层弯曲产生的拉力较小,因此 F_1 与 F_2 在岩层中的应力扩散不接触,如 0～2000 步。随着作用时间的延长,压力迅速向岩层内部发展,模拟进行至 2400 步左右,开始出现岩层分离现象的第二阶段,如 2500 步中虚线所示。该过程中 F_1 与 F_2 在岩层中的应力扩散开始接触,与分离现象同时产生。2500 步中虚线上部岩层形状变弯曲,其上部受压,因此在偏心荷载作用下产生了弯曲。进一步模拟,岩体内部压力和拉力迅速发展,岩体间的拉压作用进一步消失,岩层分离迅速增加,岩体变形增大。6500 步中已出现 3 条明显裂缝,最先出现裂缝的上部岩层变形较大,该岩层上部几乎完全受压,下部完全受拉。若继续发展,则该层岩体下部将达到抗拉极限强度而被拉断,进而碎裂。

2.4　小　　结

本章针对模型建立的基础问题提出了一些颗粒流解决方案,包括山地造形、岩体模型建立和岩体中不整合面构建方法。

2.1 节介绍构建复杂山地地形的方法,该方法通过使用 PFC3D 的 FISH 语言,用有界三角形面构建了如 MATLAB 中的 peak 曲面。该方法主要关注线性变化的 X 和 Y 及所对应的高程 Z 的数据。高程 Z 的数据可通过 MATLAB 曲面函数获得,也可通过实际的地理信息系统获得。通过提供的方法和代码可方便地构造复杂地形,从而为研究山地灾害模拟提供有效支持。

2.2 节提出构造模型的下落法,包括 OPFM 和 HPFM。两者的区别在于:HPFM 的岩体属性设置和平衡计算是分步的,更接近实际情况;OPFM 是通过 FISH 语言定向判断每个颗粒的所在岩层,然后赋值。前者的平衡计算消耗时间较多,后者的属性设置消耗时间较多。本节同时提供了两种删除颗粒的构型方法,即删除指定区域内的颗粒和判断颗粒在指定删除区域后删除。前者使用命令流range定位，后者使用FISH语句find_ball(id)定位。前者的效率较高，但不精确；后者相反。岩层形状越复杂两者的效率越接近。

2.3节构建了岩体中的不整合面。构建方法包括两部分：前一部分主要使用MATLAB，包括定义岩体坐标系，确定接触面走向的关键坐标点，使用MATLAB拟合走向曲线并得到曲线参数；后一部分主要使用PFC3D，包括使用下落法构造岩层，使用FISH语言根据拟合曲线参数形成接触面。针对不整合情况，考虑到下落法构造模型的特点，对于某层岩体只对上层接触面进行造形。使用语句find_ball(id)定位位置在该曲线以上的颗粒，并进行删除，以达到构造接触面的目的。

综上所述，本章提出的方法可提供有效的岩体结构建模途径。同时得到尾矿库模型、煤堆模型和不整合岩体模型，为后继章节分析提供研究对象。

参 考 文 献

[1] 崔铁军，马云东，王来贵. 基于PFC3D的山地造型方法[J]. 大连交通大学学报，2015，36(6)：71—73.

[2] 张龙，唐辉明，熊承仁，等. 鸡尾山高速远程滑坡运动过程PFC3D模拟[J]. 岩石力学与工程学报，2012，31(增1)：2603—2611.

[3] 崔铁军，马云东，王来贵. 基于下落法的PFC3D岩土模型构建及应用[J]. 安全与环境学报，2016，16(3)：130—134.

[4] 陈宜楷. 基于颗粒流离散元的尾矿库坝体稳定性分析[D]. 长沙：中南大学博士学位论文，2012.

[5] 古新蕊. 尾矿坝稳定性及影响因素研究[D]. 阜新：辽宁工程技术大学硕士学位论文，2013.

[6] 冯东梅，赵磊，崔铁军. 煤堆开挖过程失稳破坏塌滑机理与模拟分析[J]. 辽宁工程技术大学学报(自然科学版)，2017，36(5)：461—467.

[7] 崔铁军，马云东，王来贵. 基于PFC3D的岩体中不整合面构建方法研究[J]. 系统仿真学报，2015，27(11)：2837—2843.

[8] 邓小力. 不整合面成图方法探讨[J]. 石油物探，2000，39(1)：111—117.

第 3 章 岩体爆破过程模拟

爆破是矿业生产的重要手段。爆破过程是一个从连续到非连续、从静态到动态的过程。本章使用颗粒流方法建立爆破过程模型并进行应用。

3.1 边坡爆破过程模拟及稳定性分析

基于能量守恒定律,假设爆炸时刻产生的能量全部由爆点周边一定范围内的岩体承受,并部分转化为动能,能量在碎裂岩块中传递、吸收,最终达到平衡,爆破过程结束。使用颗粒流方法模拟露天矿边坡内不同高度、埋深和装药量的单孔爆破过程,并对爆破后边坡稳定性进行论述[1,2]。

岩体在爆破作用下将产生破碎和损伤,其被普遍认为是爆炸冲击波、应力波和爆生气体共同作用的结果[3~5]。首先,爆炸产生的压应力将岩石压碎,随后环向拉应力与应变波使岩石破裂,最后爆生气体的膨胀使岩石裂纹扩展,由此产生对应的爆破区域,将其划分为压碎区、破裂区、振动区。压碎区半径一般为(3～7)R,而破裂区半径一般为(8～150)R,R 为炮孔半径。因此,破裂区是工程岩体在爆破时产生破坏的主要部分,在该区域中的岩体虽然没有完全粉碎,但裂纹的出现已使其承载能力下降。破裂区外围的振动区在动应力作用下虽然没有产生明显宏观裂缝,但其岩石力学性质已经产生了一定的劣化。

目前,对爆破过程的研究尚不充分,研究一般基于连续介质理论,其模拟研究难以实现爆破岩体的碎裂过程,也无法根据实际情况控制各破碎岩块的状态,更无法就宏观层面上的爆破过程进行模拟。本节对不同高度、埋深和装药量的边坡起爆点进行模拟,模拟爆炸稳定后边坡形态并分析其稳定性。

3.1.1 边坡模型构建

某露天煤田东西长 3.9km,南北宽 1.8km。地势东南高,西北低。露天矿设计开采深度为 350m。

某边坡水平(X 方向)长 271m,高(Z 方向)157m,地质条件复杂,从上至下斜向分布有砂岩、砂质泥岩、砂岩、煤层、泥岩和砂质页岩,倾角约为 $-15°$。鉴于 PFC3D 建模的特殊性,考虑到实际观测边坡(砂岩、砂质泥岩、砂岩)自由面裂缝间隔一般为 0.8～1.2m,故将颗粒半径设为 0.4～0.6m,服从正态分布。煤层根据实际调查的节理裂隙等特点将颗粒半径设为 0.5～1m，服从正态分布。考虑到泥岩和砂质页岩在矿场地平面以下的煤层下面，爆破对这两层岩体的影响较小，因此模型下边界定为煤层与泥岩的交界面。在模拟过程中，可以清晰地看到波在颗粒之间的传播过程。当波传播到煤岩层时震动已经很小，即使在不同介质接触面会有一些反射，但相比于爆破影响范围内颗粒的运动也是可忽略不计的，因此下边界及水平方向的边界设置为固定且无反射面。相关参数如表 3.1 所示。

表 3.1　物理力学参数

编号	成分	厚度 m/m	密度 ρ/(kg/m^3)	泊松比 ν	杨氏接触模量 E_c/GPa	内锁应力 σ_c/MPa	摩擦系数 μ	阻尼 λ
1	煤层	20	1200	0.40	1.43	10	0.36	0.2
2	砂岩	40	2570	0.22	23.25	19.32	0.72	0.15
3	砂质泥岩	40	2500	0.25	29.73	0.43	0.57	0.19
4	砂岩	90	2600	0.22	39.25	29.32	0.72	0.3

使用下落法构建模型，整个模型长(X 方向)337m、高(Z 方向)207m，考虑到主要研究的是边坡剖面，只在竖直(Z)方向受重力作用且受颗粒直径尺寸等因素影响，确定模型宽(Y 方向)2.5m。模型示意图如图 3.1 所示。图 3.2 表示图 3.1 中虚线框区域。

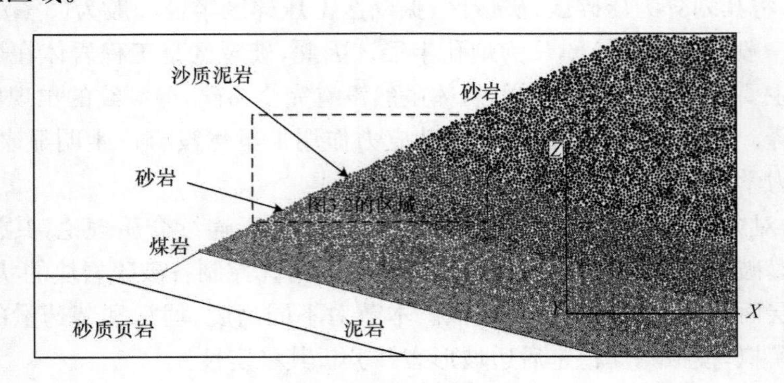

图 3.1　模型示意图

爆破点设置如图 3.2 所示。由于颗粒生成的随机性，爆破点的位置只能选择距预定位置最近的一个颗粒，作为炸药位置。爆破点 A_1、A_2、A_3 在下层砂岩内，B_1、B_2、B_3 在砂质泥岩内，C_1、C_2、C_3 在上层砂岩内，它们分别距所在层下构造面 10m 左右。A_1、B_1、C_1 距边坡自由面 5m 左右，A_2、B_2、C_2 距边坡自由面 10m 左右，A_3、B_3、C_3 距边坡自由面 20m 左右。上述 9 个爆点都进行三次爆破模拟，三次的梯恩梯(TNT)用量分别为 1kg、10kg、100kg，TNT 当量为 4230～4836kJ/kg，对于一般爆破，TNT 当量取平均值 4500kJ/kg。

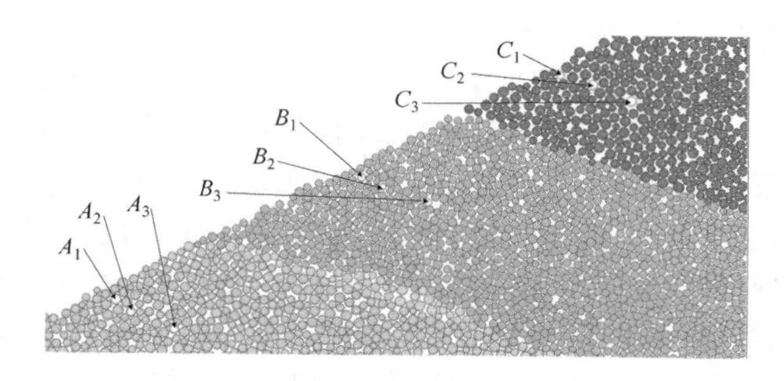

图 3.2　爆破点的设置

3.1.2　爆炸模型构建

先给出爆破计算步骤的具体框架,如图 3.3 所示。

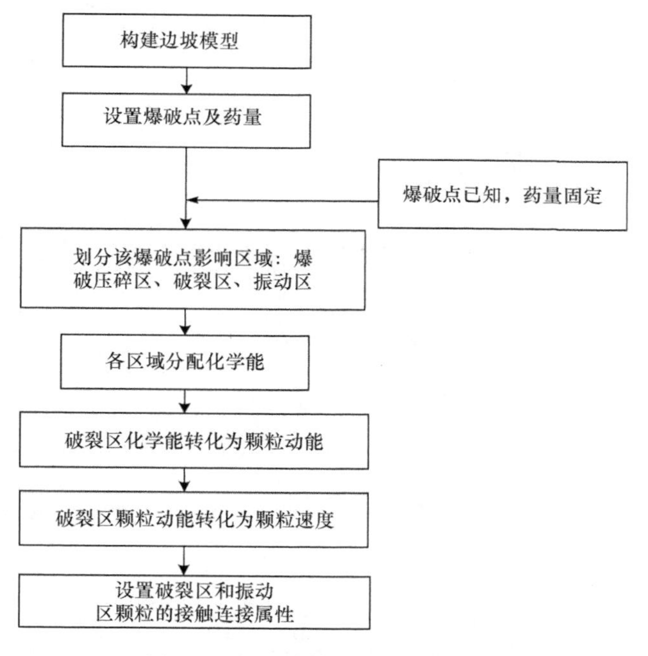

图 3.3　爆破计算步骤的具体框架

爆破区域划分为爆破压碎区、破裂区、振动区。压碎区半径 R_1 一般为(3～7)R,破裂区半径 R_2 一般为(8～150)R,其中 R 为炮孔半径。从两个方面对边坡模型中颗粒进行爆破初始瞬间状态的设置:一是考虑炸药能量转化为颗粒动能的比例;二是考虑爆炸瞬间释放的气体等冲击波对岩体造成的碎裂和劣化作用。

假设爆炸产生的化学能转化为颗粒动能。设 $R=0.07\mathrm{m}$，爆炸区域划分的 3 个区域中压缩区非常小，为[0.21m，0.59m]；振动区主要吸收残余能量，起阻尼作用，不发生断裂；破裂区主要承受爆炸能量，碎裂并飞溅，炸药化学能转化为动能。因此，设压缩区、破裂区、振动区能量分配为 10%、80%、10%，如式(3.1)所示。由于爆炸位置颗粒直径为 0.8～1.2m，因此可认为压缩区集中在爆破点颗粒内。振动区不发生破碎，所吸收的能量不转化为动能。综上所述，动能的分配主要集中在破裂区。在 PFC3D 中对颗粒施加速度比较方便。通过将炸药的化学能转化为动能，将每个颗粒得到的动能转化为爆炸瞬时的颗粒速度，实现爆炸模拟。颗粒的动能分配见图 3.4 及式(3.2)，颗粒速度的确定见图 3.4 及式(3.3)。

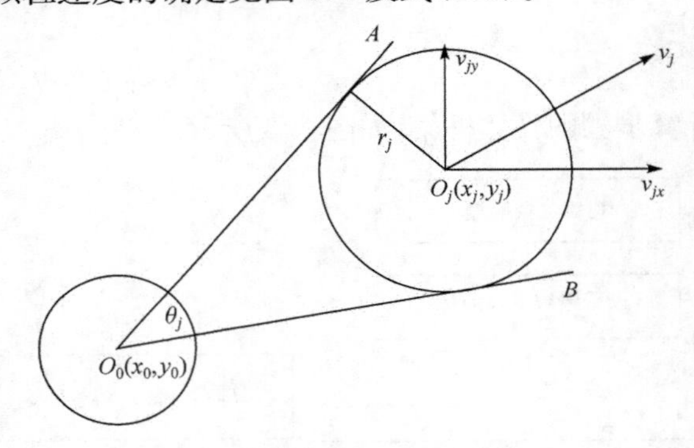

图 3.4　动能与速度转化示意图

$$\begin{cases} J=\sum\limits_{i=1}^{n}\dfrac{1}{2}m_i v_i^2 \\ J_k=J\alpha_k, \quad k=1,2,3 \\ \alpha_1+\alpha_2+\alpha_3=1 \end{cases} \tag{3.1}$$

$$\begin{cases} J_j=J_k\beta_j \\ \beta_j=\dfrac{\theta_j}{360} \\ \theta_j=2\arctan\dfrac{r_j}{\sqrt{(x_j-x_0)^2+(y_j-y_0)^2}} \end{cases} \tag{3.2}$$

$$\begin{cases} J_j=\dfrac{1}{2}m_j v_j^2 \\ v_j^2=v_{jx}^2+v_{jy}^2 \\ \dfrac{v_{jx}}{v_{jy}}=\dfrac{x_j-x_0}{y_j-y_0} \end{cases} \tag{3.3}$$

式中，J 为爆炸总能量，J；m_i、m_j 分别为颗粒 i 和 j 的质量，kg；v_i 为颗粒 i 的速度，m/s；J_k 为压缩区、破裂区、振动区分配的能量($k=1,2,3$)，J；α_k 为 3 个区域分配能量的系数，α_1、α_2、α_3 分别为 10%、80%、10%；J_j 为某区域其中一个颗粒 O_j 分配的能量，J；β_j 为 O_j 分配能量的系数；θ_j 为 O_j 对爆破点的圆心角，(°)；r_j 为 O_j 的半径，m；(x_0,y_0)为爆破点坐标；(x_j,y_j)为 O_j 的坐标；v_{jx}和 v_{jy}分别为 v_j 在 x 和 y 方向上的分量，m/s。

另外，考虑爆炸瞬间释放的气体等冲击波对岩体造成的碎裂和劣化作用，将破裂区范围内颗粒之间的连接力设为 0；并调整颗粒的接触连接和平行连接使其只承受压力，不承受拉力和剪力。针对振动区只产生劣化作用，分配其 10%的能量对岩石结构进行破坏，通过设置表征岩石抗碎裂能力的连接属性进行模拟。因此，根据颗粒位置到破裂区距离线性改变颗粒的连接属性，靠近破裂区的颗粒连接属性减小且接近破裂区内颗粒属性；远离破裂区的颗粒属性接近正常，这里规定超过 300R 的颗粒不受爆破影响。对于压缩区，由于其集中于一个颗粒，因此分配其的 10%能量未在模拟中设置，即不参加爆破过程。

3.1.3　模拟与结果分析

这里使用 A_3 爆破点(图 3.5)进行说明，A_3 点 100kg TNT 爆破过程较完整，如图 3.6 所示。

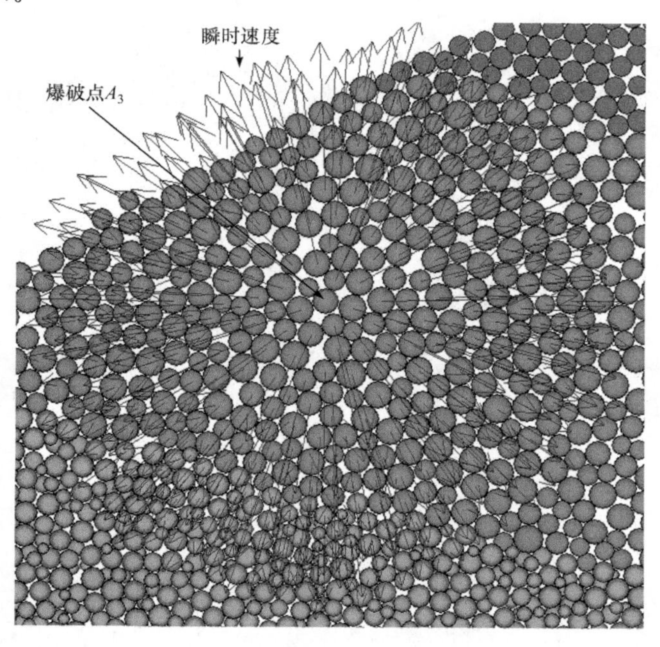

图 3.5　A_3 的爆炸初始瞬时速度

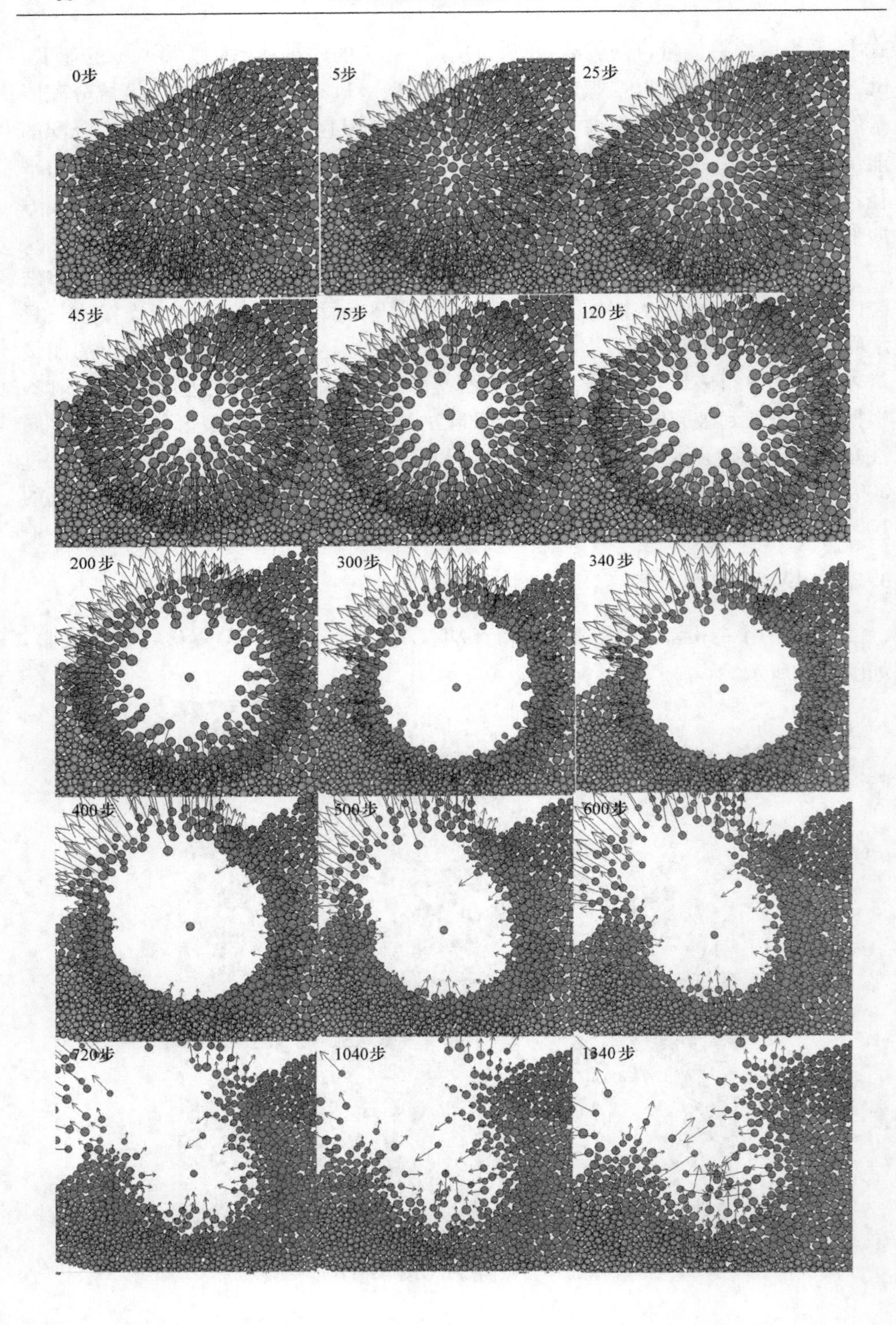
0步
5步
25步
45步
75步
120步
200步
300步
340步
400步
500步
600步
720步
1040步
1340步

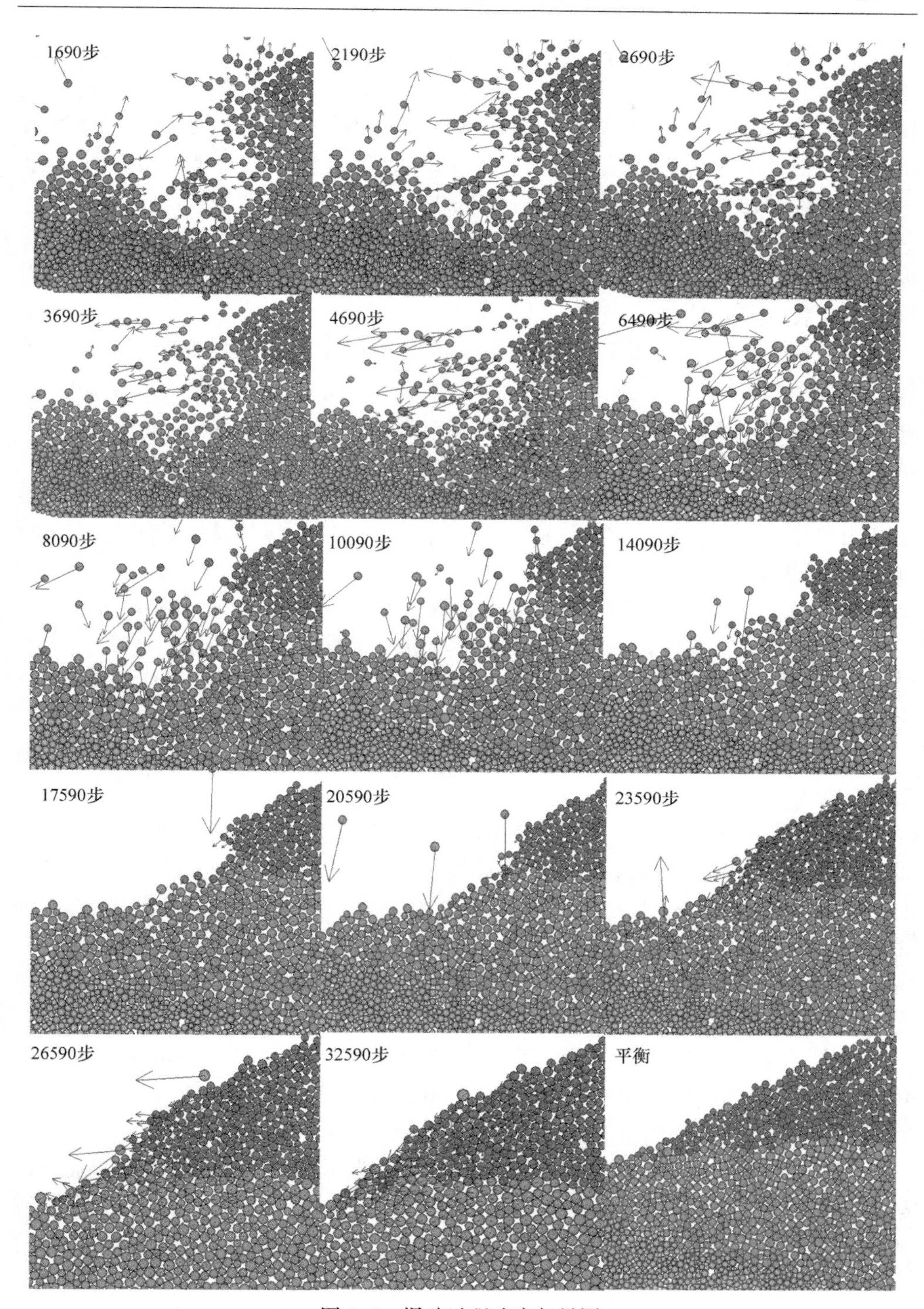

图 3.6　爆破过程速度矢量图

受篇幅所限，这里没有全景展示爆破过程，但从图 3.6 中仍可对爆破过程模拟进行论述。动力计算中 1 步约等于 1ms。0 步时对边坡内颗粒做初始量分配，见图 3.5。从爆破点 A_3 向外辐射速度矢量，接近爆破点的颗粒速度矢量大，外围颗粒的速度矢量小。这次爆炸当量较大，使用 1kg TNT 起爆后的效果截然不同，速度矢量在模拟过程中会向外扩散，然后向内集中，经过几次振荡后平衡。

200 步时，靠近边坡自由面的颗粒向外飞出，速度矢量只受重力影响，减小不明显；其余方向的颗粒速度矢量减小明显，颗粒向四周移动与外围颗粒挤压，同时向外围颗粒传递能量。

500 步时，边坡方向颗粒继续向外移动，其余方向颗粒连续向四周移动，将动能转化为弹性势能。图中显示，边坡内部颗粒速度矢量与爆炸时的速度矢量相反，这是由于压缩到达极限后，弹性势能释放转化为动能，这也是爆破过程中唯一一次速度矢量振荡。

720 步～1340 步保持了颗粒的返回振荡特征，颗粒向爆破点移动。前 1340 步主要由爆炸产生的能量促使颗粒移动产生破坏，该过程中爆炸是主导能量，由于时间较短，重力几乎不起作用。

从 1340 步开始，爆炸能量逐渐消散，爆破点上方没有飞散出去的颗粒开始由于重力作用塌方。爆炸冲击波在破裂区、振动区的振动，使原有岩体结构发生破坏，颗粒间的连接强度下降，所以颗粒的塌落不是整体性的，而是分层下落的，见图 3.6 中1340 步～8090 步。

14090 步大范围的颗粒塌落已经结束，颗粒开始进行局部调整，此时主要模拟滚石等颗粒。

20590 步中三个明显下降颗粒是爆炸时边坡附近飞散出去的颗粒掉落回来的。其他飞散颗粒有些掉落到模型的其他位置，有些飞出研究区域。26590 步显示了最后的滚石颗粒模拟，为显示清晰进行了放大，一些颗粒仍在滚落，砂岩坡脚部分已经坍塌，并有滚石出现。

后期计算达到平衡，边坡自由面重新变得平缓，可以看出下层砂岩缺失了相当一部分颗粒，这些颗粒就是被炸除的。

综上所述，爆破过程可分为三个阶段，1340 步前，主要是爆炸冲击起主导作用，有速度矢量的回荡现象；1340 步～14090 步是重力占优势的上覆岩层塌落过程；最后颗粒下滑局部调整至平衡。

使用上述模拟过程，分别对不同位置、埋深和装药量的爆破进行模拟，限于篇幅，将 27 种（9 个爆破点×3 种装药量）爆破结果总结为如下 5 种情况，如图 3.7 所示。

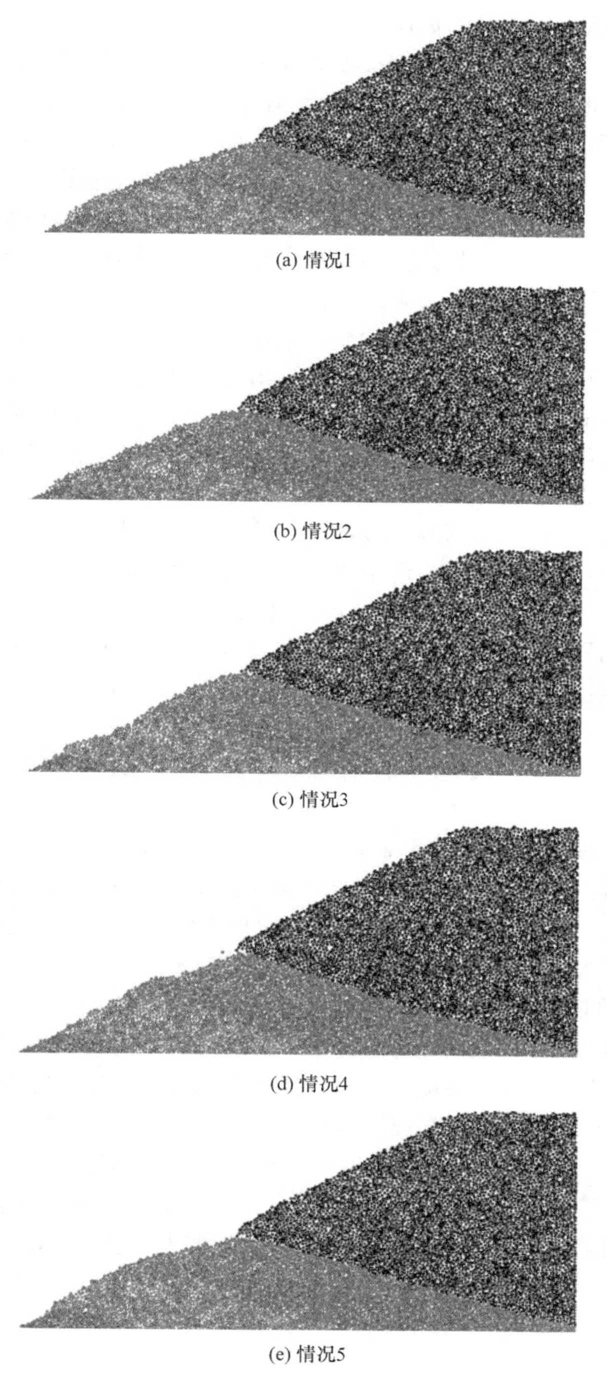

(a) 情况1

(b) 情况2

(c) 情况3

(d) 情况4

(e) 情况5

图 3.7　不同情况下爆破后边坡形态总结

由图 3.7 可知，各情况的描述如下。

图(a)描述：下层砂岩滑落坍塌，砂质泥岩滑落坍塌，上层砂岩稳定，下层砂岩和砂质泥岩形成的稳定边坡比原边坡斜率减小。原因：爆炸破坏了原岩体内颗粒的连接强度，导致新形成的边坡斜率减小。出现条件为 A_1-1、A_2-1、A_3-1、A_3-10、C_3-100，其中，A_1-1 表示爆破点 A_1 炸药量为 1kg TNT 的情况，下同。

图(b)描述：下层砂岩滑落和砂质泥岩滑落坍塌不明显，但边坡表面凹凸不平，边坡斜率不变，上层砂岩稳定。原因：爆炸使原本排列整齐的砂岩和砂质泥岩颗粒重新排列，造成体积变大。出现条件为 A_1-10、A_2-10。

图(c)描述：下层砂岩有凹陷，砂质泥岩滑落坍塌，上层砂岩稳定。原因：炸药过多使较多颗粒被炸飞散，导致体积减小。出现条件为 A_1-100、A_2-100、A_3-100。

图(d)描述：砂质泥岩凹陷，下层砂岩基本不变形，上层砂岩稳定。原因：炸药过多使较多颗粒被炸飞散，导致体积减小，上层砂岩强度较高，不发生坍塌。出现条件为 B_1-100、B_2-100、B_3-100、C_1-100。

图(e)描述：下层砂岩和砂质泥岩坍塌不明显，最终形成的边坡为圆弧形，上层砂岩稳定。原因：炸药爆炸产生能量多数被岩体吸收，颗粒飞出较少，颗粒重分布使体积增加。出现条件为除图(a)～(c)之外的其余爆破条件。

总体而言，各爆破后上层砂岩是稳定的，即坡顶是稳定的。下层砂岩和砂质泥岩会受到一定程度的破坏，但没有发生大面积滑坡，属于可控范围内的情况。

3.2 放顶爆破方案模拟

坚硬难垮落顶板控制一直是矿山压力理论和实践研究中的一项重要内容[6]。为使坚硬难垮落顶板在开采过程中容易垮落，必须改变影响坚硬顶板难垮落的因素。采用爆破手段可以减弱岩体的整体性，增加层理和裂隙，从而实现顶板顺利垮落[7]。顶板事故在煤矿事故中比例最大，尤其是在顶板坚硬、不易冒落的开采条件下，采空区大面积悬露顶板的突然垮落极易形成飓风冲击，造成人员伤亡和设备损坏[8]。

本节在特殊地质构造条件下，研究采空区上覆岩层爆破方案的合理性，并通过模拟结果研究上覆岩层运移和爆破产生裂隙的发育特点。该上覆岩层为向斜构造左翼，是急倾斜的。不但向斜存在成层岩体构造，而且岩体中存在水平裂隙发育。在这种条件下进行上覆岩层顶板爆破的相关研究不多，其岩层运移规律必定不同于一般情况，是值得深入研究的问题[9]。结合 3.1 节提出的爆炸模型模拟顶板爆破，研究爆破后上覆岩层运移和爆破产生裂隙的发展规律，为实际的采空区处理提供依据。

3.2.1 工程背景

某矿基本构造形态呈向南倾斜的单斜构造，主采煤层为两层，由岩柱隔开，岩柱自西向东逐渐变薄。两煤层平均倾角均达 87°，属于急倾斜特厚煤层。同时，由于沉积和古代风化等作用，岩层沿水平方向也存在裂隙发育。表层黄土及碎石层松散，深度约为 50m。50m 以下为向斜左翼，岩体较完整，但水平方向存在裂隙，随着深度的增加，裂隙间隔逐渐增大。岩体之间裂隙是极不平整的，存在较大的机械咬合力和摩擦力。结合该地层构造特点，考虑到夹矸单层厚度较小，而煤层较厚，可采用水平方向掘进方式进行开采[10,11]。开采后形成水平采空区，距地表 300m 左右，长度为 220m，宽度为 200m。考虑强制爆破放顶处理采空区方案，对爆破方案进行先期模拟，以判断其可行性，并研究上覆岩层运移和爆破产生裂隙的发展情况。

图 3.8 为向斜左翼分层构造地表露头。图 3.9 为急倾斜特厚煤层赋存环境[12]。表 3.2 为相关岩质物理力学参数。由于该地区地质条件复杂，岩层性质也有所差异，因此表 3.2 中列出的性质是大体上的平均值。

图 3.8　向斜左翼分层构造地表露头

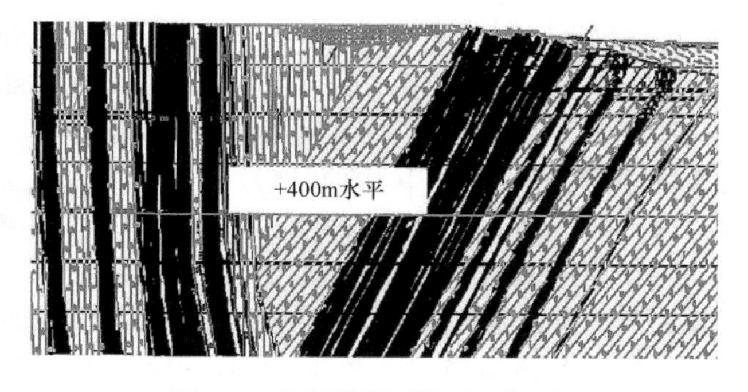

图 3.9　急倾斜特厚煤层赋存环境

表 3.2　物理力学参数

编号	成分	密度 ρ/(kg/m³)	泊松比 ν	杨氏接触模量 E_c/GPa	内锁应力 σ_c/MPa	摩擦系数 μ
1	煤层	1200	0.40	1.43	10	0.36
2	砂岩	2570	0.22	29.25	29.32	0.72
3	砂质泥岩	2500	0.25	29.73	2.16	0.57
4	砂岩	2600	0.22	39.25	29.32	0.72
5	表层黄土及松散碎石	2500	0.1	0	0.5	0.49

3.2.2　采空区模型构建

为模拟掘进过程中上覆岩层的运移，该地质剖面模型（X 方向）长 300m，高（Z 方向）300m（底面距地表 300m）。地质条件复杂，从左向右分层较多，且岩性不同，平均倾角达 87°。结合地质勘察结果，考虑到砂岩、砂质泥岩和砂岩形成的岩体，以及相互之间裂隙尺度，将颗粒半径设为 0.6～0.9m 的正态分布。

模型边界条件为上顶面自由，其余面均在 X、Y、Z 三个方向固定。同时，为了表现该模型边缘与外界岩体接触的实际效果，设固定面的摩擦系数为平均值 0.5。

为了模拟向斜左翼分层构造和水平方向存在的裂隙发育，根据发育特征使用 PFC3D 中的 JSET 来模拟这些构造。JSET 命令可以模拟岩体中节理等软弱结构面。具体而言，表层黄土和碎石中不存在裂隙发育，不设置 JSET。在模型 Z 方向的10～250m 区域（左翼岩体所在位置）内设置 JSET。对于向斜左翼的模拟，考虑到实际情况和计算量的因素，设置构造面间岩层水平方向厚度为 10m（每隔 10m 一个构造面），左翼总水平厚度为 240m，倾斜角为 87°，高度为 10～250m。对于水平裂隙的模拟，根据勘察所得，设距地表 50～100m，裂隙间距为 5m；距地表 100～150m，裂隙间距为 10m；距地表 150～210m，裂隙间距为 20m。分层的层间和水平裂隙间的法向及切向连接强度为 0，岩体内部的法向和切向连接强度为 10^8 Pa，摩擦系数均为 0.5。图 3.10 为模型示意图，图 3.11 为急倾斜构造面和裂隙示意图。

如图 3.10 所示，在 PFC3D 中使用 JSET 划分模型后，将分割模型中的颗粒。图中相同灰度的颗粒是被划分在同一块中的，称为 cluster，用以表示具有一定整体性的岩体，即表示岩体中的大块岩石。图 3.11 放大了模型，其中颗粒之间的连接线为 Contact Bonds，表示颗粒已连接为整体。不同岩石块之间不存在 Contact Bonds，即表示两块完全分离。注意，若颗粒失去所有连接，则其灰度将不同于周围颗粒。使用 JSET 模拟岩石间的裂隙优势在于可体现裂隙之间的摩擦力和机械咬合力，进而使模拟更接近实际。

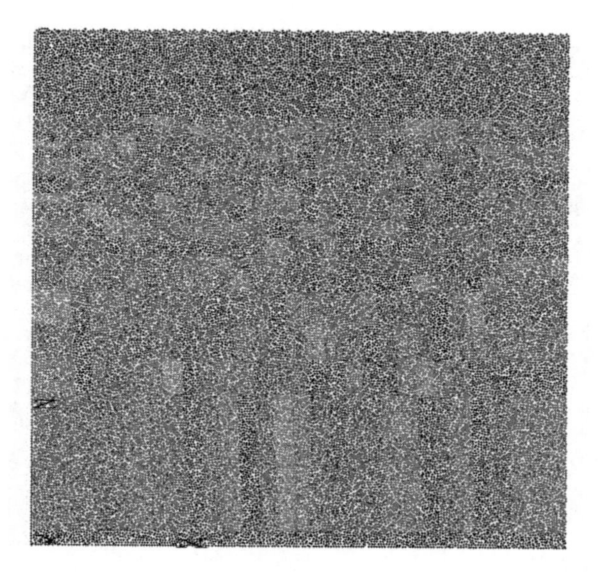

图 3.10　模型示意图

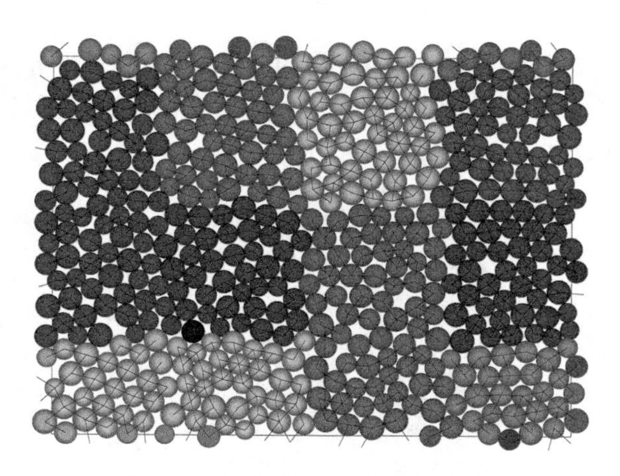

图 3.11　急倾斜构造面和裂隙示意图

为模拟实际的采空区形成过程，掘进通过删除模型底部颗粒完成，设开挖高度为 10m，每次掘进长度为 20m，共 220m 分 11 次开挖。第 11 次后形成的稳定模型即为爆破方案实施所需的基础模型，如图 3.12 所示。

对直接顶进行放顶爆破，直接顶附近岩层是急倾斜的且厚度较大，考虑使用两种爆破方案进行研究。方案一：爆破点基本呈水平排列，分布在采空区中心区域。6 个爆破点分别距起始开挖面 40m、70m、100m、130m、160m、190m。深度距直接顶约 20m，单孔爆炸能量为 10^7J。方案二：爆破点基本呈竖直排列，分布在采空区

图 3.12　稳定后采空区模型

中心竖向区域内。7 个爆破点的竖向间距约为 11.5m，与掘进起始面水平距离为 110m，单孔爆炸能量为 10^7J。两组方案如图 3.13 所示，爆破点设置具有正交性，可体现不同爆破位置带来的不同效果。

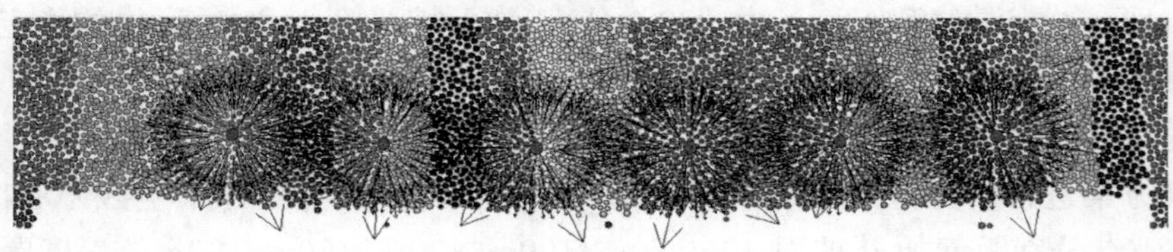

横向爆破点，由左至右分别为 x_1~x_6

(a) 爆破方案一

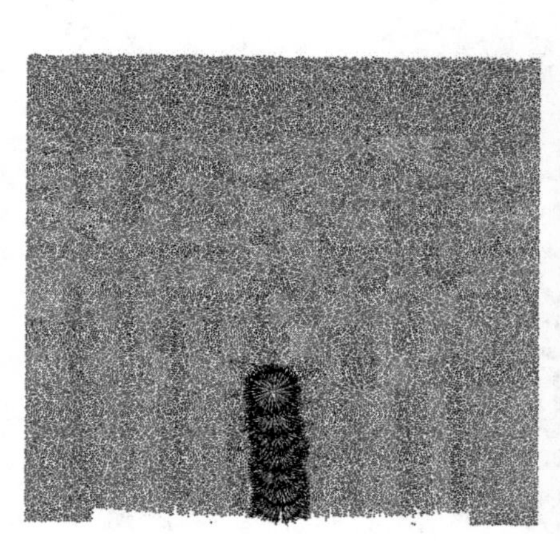

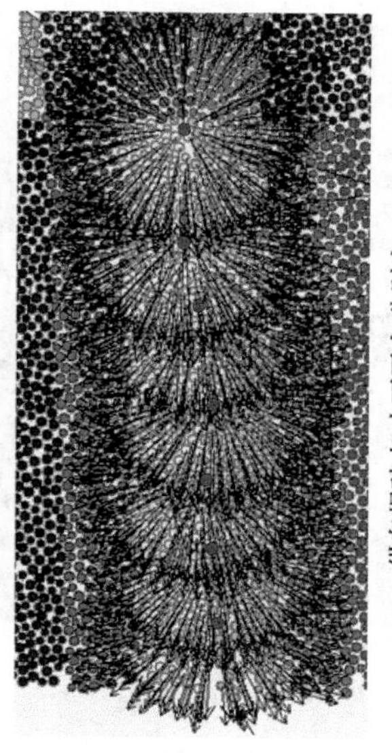

(b) 爆破方案二

图 3.13　爆破方案示意图

爆破模拟采用 3.1 节提出的爆炸模型。对应于图 3.13,爆破方案一中,工况一爆破点为 x_3、x_4;工况二爆破点为 x_2～x_5;工况三爆破点为 x_1～x_6。爆破方案二中,工况一爆破点为 y_1、y_2;工况二爆破点为 y_1～y_4;工况三爆破点为 y_1～y_6;工况四爆破点为 y_1～y_7。

3.2.3　模拟与结果分析

方案一各工况下爆破后岩层运移和直接顶爆破产生裂隙(如未特殊说明,裂隙均指爆破产生裂隙)如图 3.14 所示。方案二各工况下爆破后岩层运移和直接顶裂隙如图 3.15 所示。

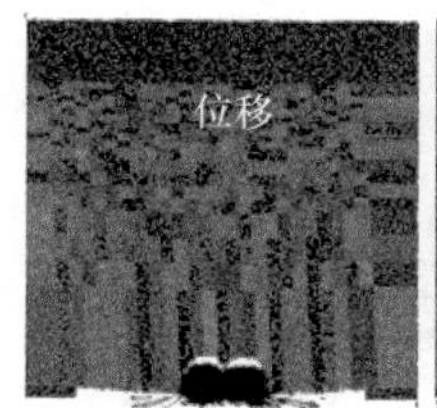

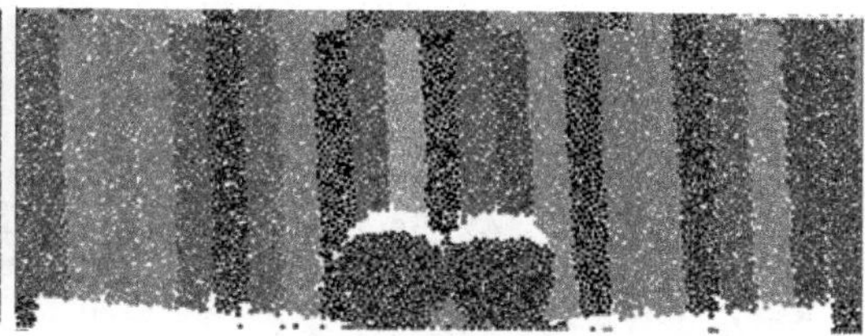

方案一工况一

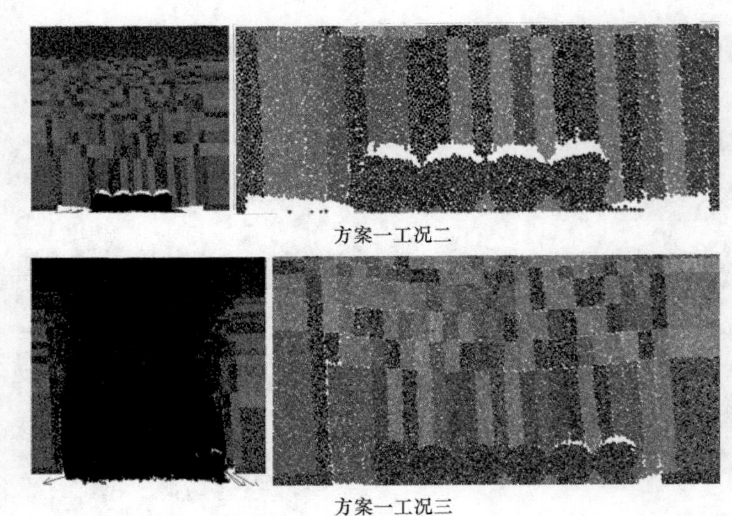

方案一工况二

方案一工况三

图 3.14　方案一的岩层运移和直接顶裂隙

方案二工况一

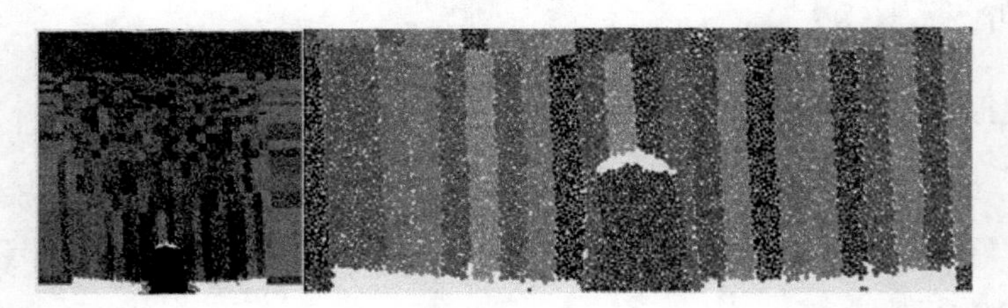

方案二工况二

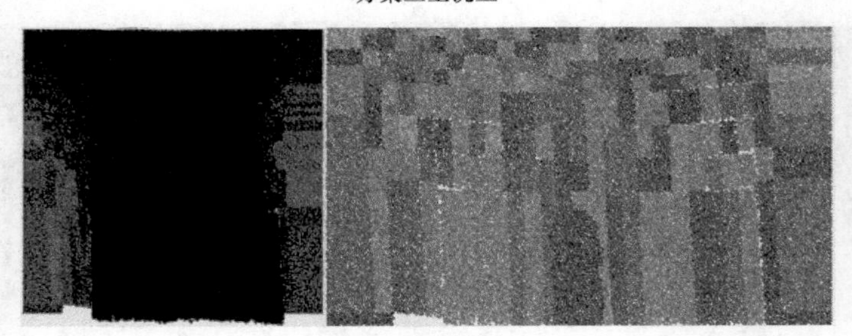

方案二工况三

图 3.15　方案二的岩层运移和直接顶裂隙

工况三与工况四效果相同,图中不给出

1. 横向方案(方案一)效果分析

采空区爆破放顶的目的是人工使上覆岩层垮落。垮落过程中岩体碎块将重新搭接使空隙增加，垮落向上发展过程中垮落的空间逐渐减小，形成三带(冒落带、裂隙带、弯曲下沉带)区域最终使地层稳定。

由图 3.14 中工况一和工况二的裂隙图可知，在横向设置爆破点的方案一中，工况一和工况二实施爆破达到稳定后，其对直接顶造成的破坏仅限于破裂区(爆炸影响半径)内。由于粉砂岩和砂质泥岩强度较大，在破裂区外的岩体未受到有效破坏。另外，直接顶上覆岩层中水平裂隙处并未分离，说明爆破影响并未发展到水平裂隙处。上覆岩层的位移图(除破裂区外位移很小)也证明了上述论断。

由图 3.14 中工况三的裂隙图可知，爆破不但使破裂区内的岩体颗粒完全脱落，而且造成直接顶上覆岩层的整体垮落。工况三裂隙图中清晰地出现了岩层分离现象，不仅出现在直接顶所在岩层，裂隙也扩散向上发展。因此，方案一工况三可达到使上覆岩层充分垮落的目的。位移图证明了上述论断，且位移已发展至地表。

上述现象说明，在该种上覆岩层构造条件下，为使其充分垮落，必须破坏直接顶所在岩层。方案一工况三是可行的。

2. 纵向方案(方案二)效果分析

由图 3.15 中工况一和工况二可知，爆破稳定后最终并未达到使上覆岩层充分垮落的目的，对直接顶造成的破坏仅限于破裂区(爆炸影响半径)内。这些现象与方案一中工况一和工况二类似，都是无效的放顶爆破。

工况三和工况四的最终爆破结果相近，这里以工况三为例说明。工况三类似于方案一工况三的爆破结果，爆破使上覆岩层充分垮落，垮落向上发展直至地面。方案二工况三是有效的爆破方案。

对比方案一和方案二中工况三爆破后结果。对于产生的裂隙，方案一工况三裂隙在采空区左侧，而方案二工况三裂隙在采空区右侧。两者裂隙向上发展均显现塌落拱的形态。就上覆岩层运移而言，方案一塌落影响范围较宽，而方案二影响范围较窄；但方案一爆破后地面沉降比方案二地面沉降大 20%。综上所述，可同时组合使用横向爆破和纵向爆破方案，模拟结果如表 3.3 所示，表中“√”表示可行的放顶方案；“×”表示不可行的放顶方案。

表 3.3　组合爆破方案

横向方案	纵向方案				
	不使用	工况一	工况二	工况三	工况四
不使用	×	×	×	√	√
工况一	×	×	×	√	√
工况二	×	×	√	√	√
工况三	√	√	√	√	√

3.3 边坡爆破高度对边坡稳定性的影响

露天矿边坡爆破是矿业生产的重要活动。露天矿边坡自由面在自然状态下原本在地表以下，但人工开采使其暴露于外界环境中，自由面上不会形成残积土层，且由于采动作用一般以碎石堆积为主。特别地，如果边坡内部节理裂隙构造复杂，各部分对动力荷载的响应不尽相同，那么可能导致边坡整体出现破坏或失稳。因此，对特殊复杂构造边坡在爆破影响下的稳定性或破坏过程进行研究是必要的[13]。

一般而言，对于边坡爆破点设置，其高度不同将导致边坡内部破坏、岩体运移形式不同等。本节针对边坡特点建立模型，模拟六种爆破方案，得到模拟结果并分析形成原因及边坡爆破高度对边坡稳定性的影响特征。本节实例与 3.2 节相同，但开采方式不同。

3.3.1 边坡模型构建

如图 3.16(a)所示，该边坡地质剖面模型(X 方向)长 170m，高(Z 方向)300m。地质条件复杂，从左向右分层较多，且岩性不同，平均倾角 87°。结合地质勘察结果，考虑到砂岩、砂质泥岩和砂岩形成的岩体性质及其相互之间裂隙尺度，将颗粒直径设为 0.6～0.9m，服从正态分布。

模型边界条件为 $x=0$m 和 $z=0$m 面固定，其余边界自由。同时，为了表现该模型边缘与外界岩体接触的实际效果，设固定面的摩擦系数为平均值 0.5。

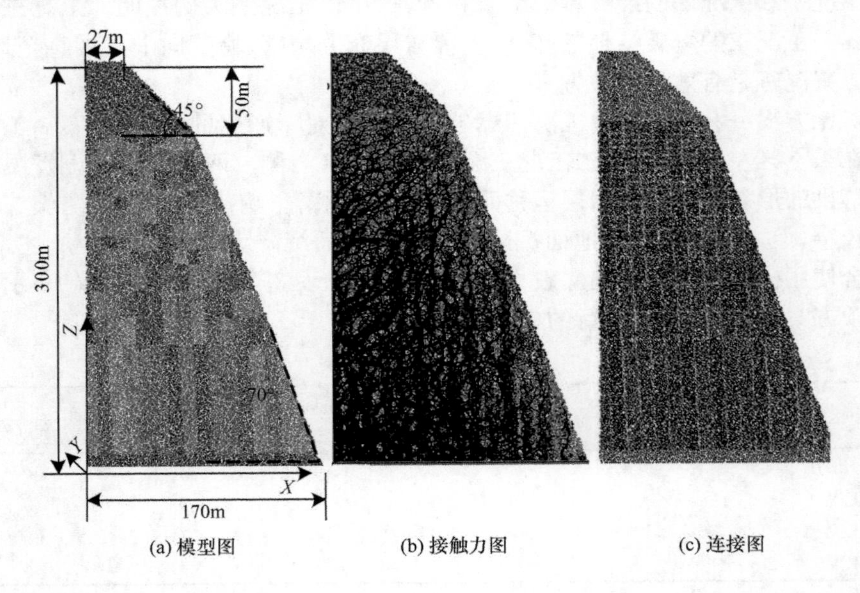

(a) 模型图　(b) 接触力图　(c) 连接图

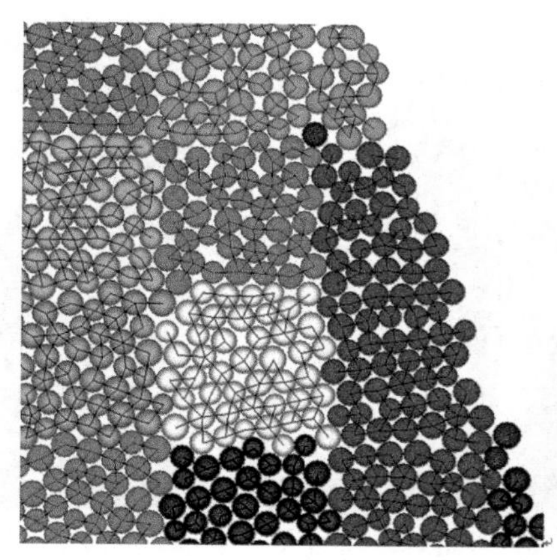

(d) 连接放大图

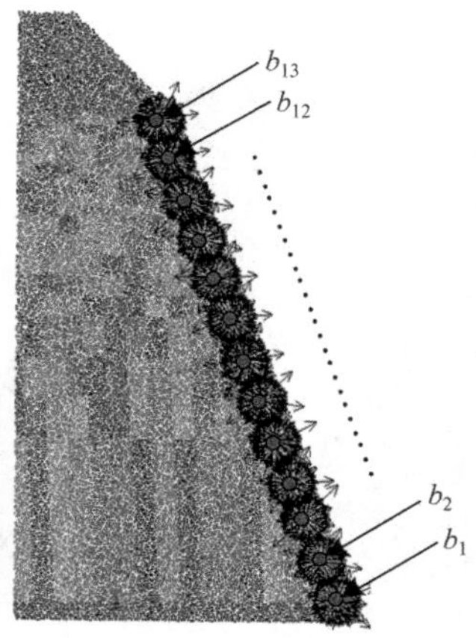

(e) 爆破点设置图

图 3.16　模型示意图

图 3.16(b)表示在模型初始应力平衡后的边坡内部应力分布情况。图中，接触力由下至上逐渐减小，这是由于接触力主要来源于重力作用，符合实际情况。为了模拟向斜左翼分层构造和水平方向存在的裂隙发育，根据发育的特征使用 PFC3D 中的 JSET 来模拟这些构造。

为了研究边坡的爆破高度与边坡爆破后稳定性的关系，沿坡面方向，距坡面 10m 左右，设置爆破点。爆破点沿竖直方向从 10～250m 均匀分布，相邻爆破点高度差约 20m，共 13 个爆破点，如图 3.16(e)所示。

爆破模拟采用 3.1 节提出的爆炸模型。爆破方案设置为六种。爆破方案一至爆破方案六的爆破点设置[图 3.16(e)]分别为：b_1、b_2；b_1、b_2、b_3、b_4；b_1、b_2、b_3、b_4、b_5、b_6；b_1、b_2、b_3、b_4、b_5、b_6、b_7、b_8；b_1、b_2、b_3、b_4、b_5、b_6、b_7、b_8、b_9、b_{10}；b_1、b_2、b_3、b_4、b_5、b_6、b_7、b_8、b_9、b_{10}、b_{11}、b_{12}、b_{13}。各方案中爆破点同时进行爆破。

通过模拟上述爆破点组成的不同爆破范围高度得到爆破后稳定的边坡模型，进而分析边坡爆破高度对边坡稳定性的影响。

3.3.2　模拟与结果分析

对上述六种爆破方案进行模拟，得到的边坡稳定后裂隙图和位移图如图 3.17 所示。

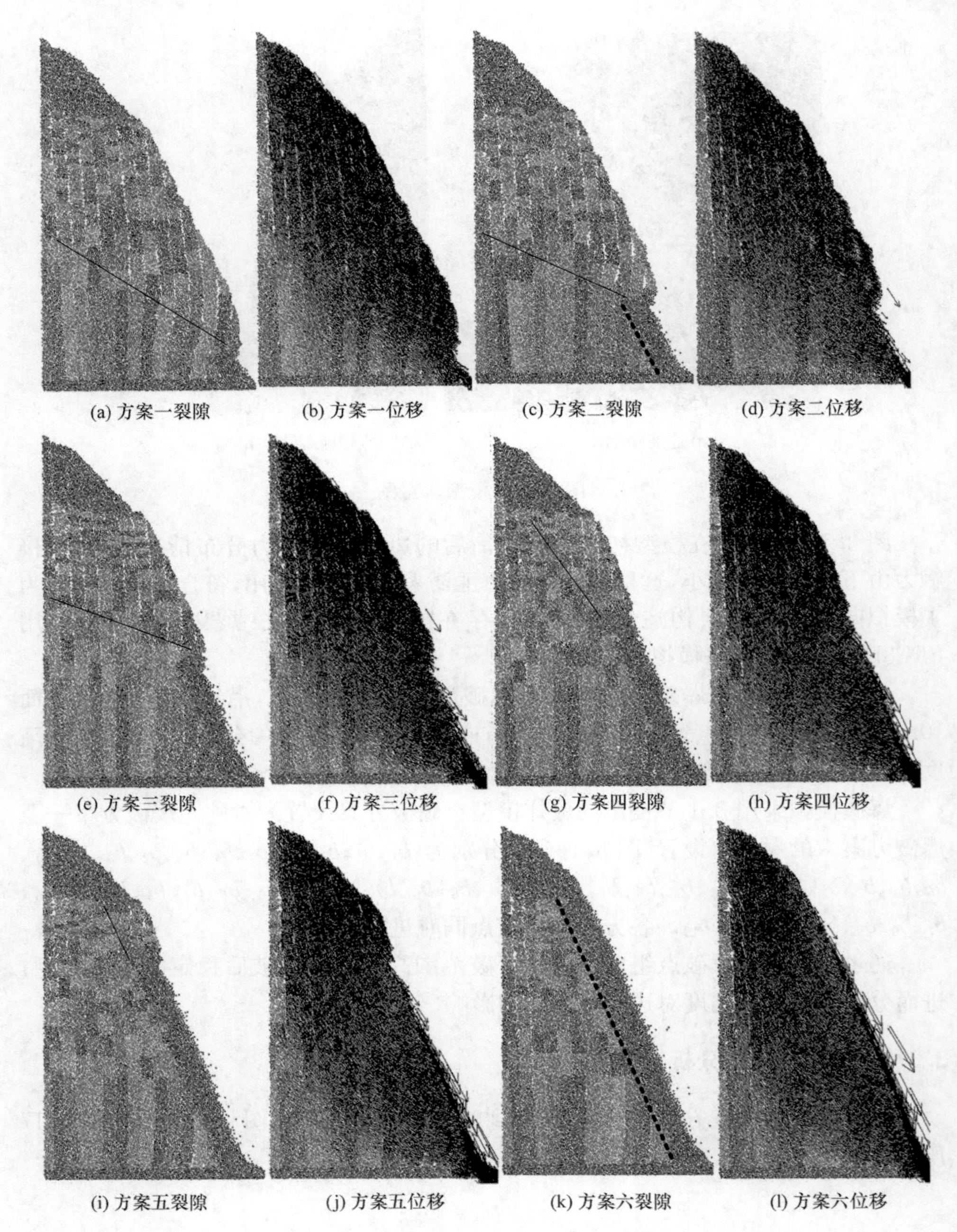

图 3.17 六种方案的模拟结果

图中所指稳定不包括飞出和滚落的颗粒，而是指边坡的主体颗粒位移速度小于 10^{-3}m/s

首先对图 3.17 进行说明。按照顺序两两成组每一组表示一种爆破方案，前者为边坡内裂隙图，后者为边坡位移图。例如，图 3.17(a)和(b)表示方案一爆破稳定后的效果图，3.17(a)表示裂隙图，3.17(b)表示位移图。裂隙图中的线分割了边坡内部裂隙较多(线的上侧)和较少的区域(线的下侧)，称为位移分界线。虚线为爆破后形成的未破碎岩体面，称为稳定面。

分析在该特殊地质构造条件下，不同边坡爆破高度与边坡稳定性的关系。

爆破方案一[图 3.17(a)和(b)]有两个最显著的特点。一是坡脚处爆炸影响区周围破坏严重。由于爆破发生在坡脚处，且爆破高度较低，爆炸影响区(爆破影响半径内的区域)内的岩体破碎塌落，使上覆岩体沿着构造面滑落。爆炸影响区左侧岩石受爆炸作用折断向坡外倾倒。二是由于坡脚受到破坏，坡脚附近岩体向坡外倾倒造成上覆岩体失去原有坡面对其的约束，随之向坡外运移，各岩层间构造面出现明显的裂隙。在这种情况下(与其他图相比)，被爆破松动的边坡岩体范围最大，即图 3.17(a)中位移分界线上方是大位移颗粒，下方颗粒位移较小或不动。同时，位移图 3.17(b)中爆炸影响区左侧岩体运移基本是水平的，方向指向坡面，而爆炸影响区以上则是圆弧滑动，与其他情况相比圆弧曲率最小。

爆破方案二[图 3.17(c)和(d)]也表现出方案一所述的两个特征，但程度不同。由于爆破高度的提高，爆炸影响区域向上发展。尽管爆破后碎裂岩石由于摩擦系数较大和爆炸影响区左侧未受爆破影响的坡面[图 3.17(c)和(k)中虚线，下面称稳定面]粗糙，仍堆积在边坡上，但上覆岩体的承载能力已被削弱。爆炸影响区上覆岩体坍塌更为明显，但图中出现明显裂隙的区域减小，稳定区域扩大，位移分界线上移，爆炸松动的边坡岩体范围减小。图 3.17(d)爆炸影响区左侧岩体运移仍以水平为主，圆弧滑动的圆弧曲率增大。

对方案三而言，其继承了前述方案模拟结果的特征。但爆炸影响区上覆岩层的破坏力开始减弱，进而使上覆残留边坡对内部岩体约束加强，内部岩体裂隙发展小于前述方案。边坡内的稳定区域继续扩大。

对于方案四和方案五，爆炸影响区上覆岩层所承载岩体进一步减少，即上覆岩体所受的压力减小。同时由于该高度岩层水平节理发育较强，岩块长宽比接近 1，因此无岩石折断现象。这部分岩体产生的裂隙相对于以上三种情况进一步减弱。边坡内的稳定区域继续扩大。

对方案六而言，是沿边坡同时起爆 13 个爆破点。瞬间形成稳定面，这意味着始终不存在大块上覆岩体，而均为碎裂状岩石。这些爆破区内碎裂状松散岩石堆积在稳定面之上，由于摩擦系数大和稳定面表面粗糙而未下滑。对于稳定面，其作用相当于压重，对于边坡内部稳定性有利。在这种情况下，边坡内部几乎很少出现明显的裂隙，边坡最稳定。

综上所述，在该地质条件下，对于同时起爆各方案爆破点而言，爆破高度越高，爆破后边坡越稳定。主要原因在于，爆破高度低，爆炸影响区上覆岩体所承受岩体压力大，导致变形破坏，进而向坡外方向倾倒。内部岩体失去约束向坡外运移，且产生大量裂隙，这时边坡内部稳定性最差。爆破高度越高，爆炸影响区上覆岩层越少，其上覆岩体受到破坏越小。爆炸影响区形成的碎裂岩石在稳定面外形成压重，进而增加边坡的稳定性。

3.4 边坡爆破与飞石距离分析

爆破飞石是爆破工程六大危害之一，可造成人员伤亡、建(构)筑物损坏、机器设备破损，其中人员伤亡是爆破飞石的最大危害[14]。统计表明，我国由爆破飞石造成的人员伤亡、建(构)筑物损坏事故占整个爆破事故的15%～20%，我国露天矿山爆破飞石伤人事故占整个爆破事故的27%[15]。可见，爆破飞石是工程爆破中最严重的事故因素之一，但产生爆破飞石的原因和飞石造成危害的因素是多方面的。为防止露天矿边坡爆破产生的飞石对周围人机系统造成破坏，本节基于颗粒流理论研究了爆破后飞石的飞出距离[16]。

3.4.1 爆破方案设置

本节实例与3.1节相同。爆破点设置如图3.18所示。爆破点位置定在距预定位置最近的一个颗粒，作为炸药位置。爆破点A_1～A_{15}垂直于岩层倾角方向的距离约为10m，A_1点距离坡脚10m，A_1～A_{15}的埋深平行于岩层倾角方向距离5m。上述垂直距离设置为10m是为了分析在不同高度爆破时飞石的飞行情况，以便进行对比；埋深为5m是针对埋深较浅时岩块获得动能较大的危险情况设定的。上述15个爆破点都进行三次爆破模拟，TNT用量分别是1kg、5kg、10kg。

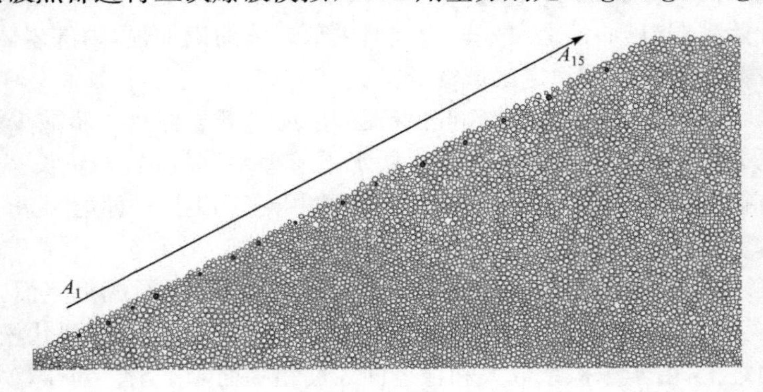

图3.18 爆破点的设置

3.4.2　飞石模拟与距离统计分析

露天矿坑底飞石落地区划如图 3.19 所示。地面分为 16 个区，1 区范围为[－287m，－237m]，沿背离边坡方向每个区的范围为前一区范围增加 50m，15 区范围为[－987m，－937m]，超过－987m 为 16 区。根据 15 个爆破点、3 种 TNT 用量使用爆破模型模拟这 45 种情况下的爆破过程，统计各区掉落颗粒数量，如表 3.4 所示。

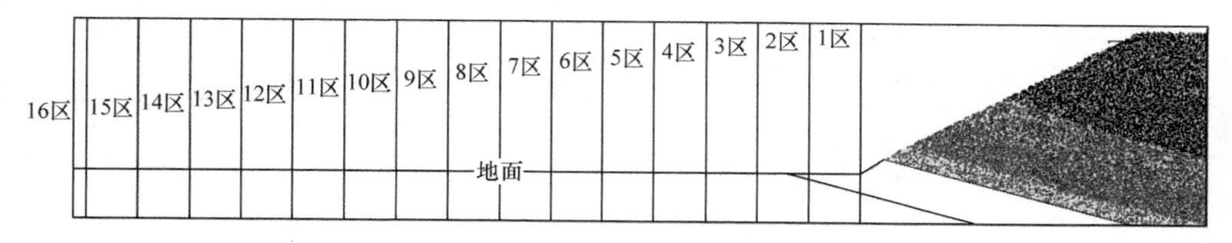

图 3.19　飞石落地区划

表 3.4　飞石落地距离统计表

爆破点	TNT 用量/kg	落在不同距离范围内的颗粒数								
		1m	2m	3m	4m	5m	6m	7m	8m	9m
A_1	1	0	0	0	0	0	0	0	0	0
	5	1	1	1	0	1	1	0	0	0
	10	0	1	1	0	0	0	1	2	0
A_2	1	1	0	0	0	0	0	0	0	0
	5	1	0	0	0	4	0	0	0	0
	10	0	1	1	0	0	0	1	2	0
A_3	1	2	0	0	0	0	0	0	0	0
	5	2	0	0	1	1	0	0	0	0
	10	3	2	0	0	0	0	0	1	1
A_4	1	1	0	0	0	0	0	0	0	0
	5	1	2	1	1	2	0	0	0	0
	10	0	1	0	3	2	0	1	1	0
A_5	1	1	0	0	0	0	0	0	0	0
	5	0	2	1	0	1	0	0	0	0
	10	0	0	0	0	2	0	1	1	0
A_6	1	1	0	0	0	0	0	0	0	0
	5	0	0	0	0	1	0	0	0	0
	10	2	2	1	0	0	0	1	0	0

续表

爆破点	TNT用量/kg	落在不同距离范围内的颗粒数								
		1m	2m	3m	4m	5m	6m	7m	8m	9m
A_7	1	1	0	0	0	0	0	0	0	0
	5	0	2	0	0	1	0	0	0	0
	10	2	0	0	0	1	0	1	0	0
A_8	1	1	0	0	0	0	0	0	0	0
	5	0	0	0	0	1	0	0	0	0
	10	0	0	0	0	1	1	0	0	0
A_9	1	0	0	0	0	0	0	0	0	0
	5	0	0	0	0	0	0	0	0	0
	10	0	0	0	0	0	0	0	0	0
A_{10}	1	0	0	0	0	0	0	0	0	0
	5	1	0	0	0	0	0	0	0	0
	10	0	0	0	0	0	0	0	0	0
A_{11}	1	0	0	0	0	0	0	0	0	0
	5	0	0	0	0	0	0	0	0	0
	10	0	0	0	0	0	0	0	0	0
A_{12}	1	0	0	0	0	0	0	0	0	0
	5	0	0	0	0	0	0	0	0	0
	10	0	0	0	0	0	0	0	0	0
A_{13}	1	0	0	0	0	0	0	0	0	0
	5	0	0	0	0	0	0	0	0	0
	10	0	0	0	0	0	0	0	0	0
A_{14}	1	0	0	0	0	0	0	0	0	0
	5	0	0	0	0	0	0	0	0	0
	10	1	0	0	0	1	1	0	0	0
A_{15}	1	1	0	0	0	0	0	0	0	0
	5	0	1	1	0	0	0	0	0	0
	10	3	0	0	1	0	0	2	0	1

注：表中数值代表落在对应区域的颗粒数。

根据表3.4，各种情况下的飞石与坡脚距离小于450m。总体上A_1～A_{15}的飞石距离（设飞石距离为坡脚到颗粒落地点的距离）逐渐减小，A_9～A_{14}的飞石距离基本上为0（飞石落在边坡上）。当TNT用量为1kg时，飞石基本落在1区，这些颗粒是爆破时岩块松动滚落造成的。当 TNT 用量为 5kg 时，飞石最远落在 6 区，但多数都落在 5 区，飞石距离在 250m 以内。当 TNT 用量为 10kg 时，飞石距离随爆破点高度增加变化明显，A_1～A_5 飞石距离在 400m 内，A_3 为 450m，A_6 和 A_7 为 350m，A_8 为 300m。从 A_1～A_8 来看，TNT 用量为 10kg 的爆破飞石距离一般比 TNT 用量为 5kg 的飞石距离大 50～150m。TNT 用量为 5kg 的飞石距离比 TNT 用量为 1kg 的飞石距离大 200m 左右。A_9～A_{14} 基本没有飞石现象，一是这些点距坡脚较远，飞石可能落在边坡上；二是爆破点上覆颗粒过多，阻碍了飞石的形成。A_{14} 和 A_{15} 点上覆颗粒较少，完整性差，爆破产生飞石多；由于其高度较高，飞石运行时间长，飞石距离较远。

3.5　厚硬岩层回采处理方案模拟

煤矿开采所实施的环境是地下煤岩体，在长期构造运动中会形成各种构造形式，使岩层扭曲或交错存在。煤层存在于岩层之中也不可避免地随着岩层的变化而变化。例如，岩层上盘和下盘的相对错动会使原本连续的煤层错开，或岩层由于挤压产生背斜和向斜构造使煤层产状起伏不定，或由于岩层断裂或侵入使原本连续的煤层中断并受厚硬岩层阻隔。这些现象严重影响了工作面回采的进行。一方面可通过先期的勘探发现这些变化，另一方面也可以在回采遇到阻碍时再进行处理，如采煤机直接割去阻碍岩层或进行爆破。前两种问题一般通过勘探可以发现，而对于煤层受岩层侵入而形成的回采阻碍，由于其随机性和范围小等特点通过勘探难以发现。因此，对于这种情况多数只能在回采期间通过机割或爆破处理。但是机割对岩层有要求，且对采煤机的损伤较大。

为解决在回采过程中所遇厚硬岩层的阻挡问题，同时保证采空区塌落后对上覆岩层运移和地表既有路基的沉降要求，采用直接切割或爆破方法，在使用充填开采的同时，应对不同充实率、爆破参数进行确定，以选择合理方案。使用爆炸模型模拟厚硬岩层爆破，同时给出模拟充填方法。对直接切割和爆破后采空区在不同充实率下的塌落后上覆岩层运移和地面沉降进行模拟，并提出合理方案[17]。

3.5.1　工程背景

对某煤矿矿区周围区域进行地质勘察，确定地下存在大范围火成岩。在一公路下方有一煤层，其煤层构造复杂：倾斜为 35°～45°，平均厚度接近 10m，有古代岩层皱褶形成的背斜和向斜构造。由于公路的存在不具备露天开采条件，且应保证开采期间及废弃后在公路设计基准期内的沉降量。

拟建矿区上覆岩层示意图如图 3.20 所示。剖面尺寸为 250m（高）×500m（宽），岩层形状极不规则，具体岩层尺寸根据图 3.20 按比例可得，这里不详细给出。上覆岩层中各层参数如表 3.5 所示。

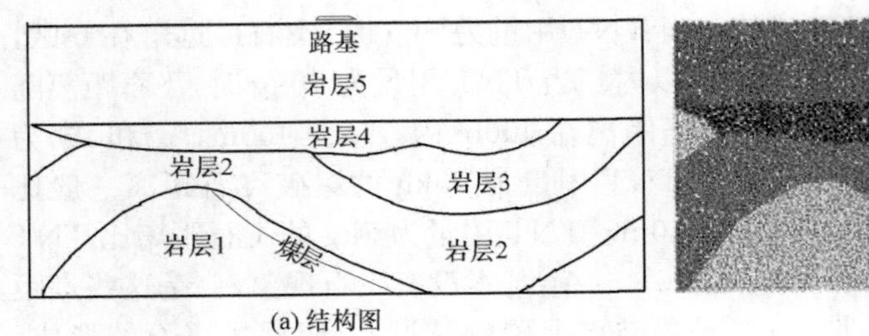

(a) 结构图

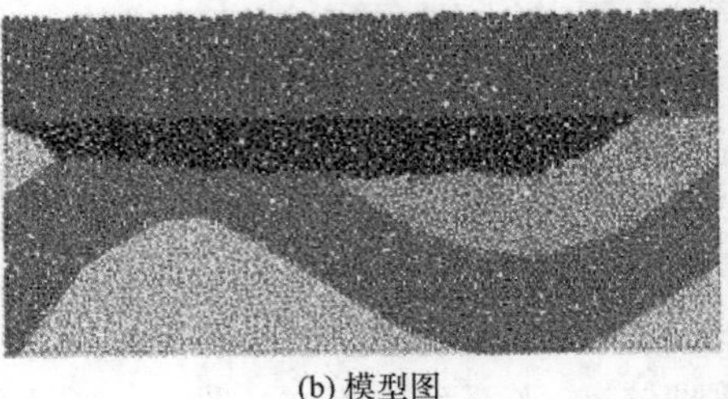
(b) 模型图

图 3.20　拟建矿区上覆岩层示意图

煤层与岩层 1 一起建立,通过将煤层位置颗粒属性进行修改以表示煤层

表 3.5　上覆岩层中各层参数

层号	岩性	勘察平均深度 H/m	密度 ρ /(kg/m³)	颗粒粒径 R/m	颗粒法向刚度 k_{bn}/GPa	颗粒切向刚度 k_{bs}/GPa	法向内聚力 n_b/MPa	切向内聚力 s_b/MPa	摩擦系数 μ
岩层 1	未风化岩层,受挤压有破碎	224	2600	2.5	14	14	6	6	0.8
岩层 2	微风化辉绿岩	191	2500	2.5	12	12	5	5	0.7
岩层 3	中风化辉绿岩	144	2400	2.5	11	11	4	4	0.6
岩层 4	侵入火成岩	110	2800	2.5	20	20	8	8	0.9
岩层 5	第四纪沉积土和砂岩、砾岩	54	2400	2.5	6	6	3	3	0.6
煤层	煤层	224	1700	2.5	4	4	2	2	0.36

为解决上述问题,制定合理的采空区处理方案,根据《公路路基设计规范》,对于公路一般路段允许工后长期沉降最大值为 0.3m。因此,规定开采稳定后引起路基范围内地面沉降量不超过 0.3m,路基地面宽 26.5m(即监测地面沉降范围)。

3.5.2　模型构建

岩体模型建立使用下落法,见 2.2 节。爆炸模型见 3.1 节。爆破模拟参数如下:厚硬岩层垂直于采空区,爆破应覆盖整个采空区范围。采空区沿岩层 1 的长度约为 186m,总长为 220m;设炮眼直径为 0.15m,那么爆破破裂区半径为 22.5m,沿采空区爆破点间距约为 30m。共 7 个爆破点,孔深为 1~2.5m(根据颗粒的具体位置而定),爆破能量为 6000kJ。模型如图 3.21 所示。

充填模拟方法实现过程如下:将煤颗粒粒径按照充实率缩小,然后修改这些颗粒的物理属性为充填体属性。充填体拟采用矸石,物理性质为:密度为 1.9t/m³、体积模量为 2.0GPa、剪切模量为 1.8GPa、内摩擦角为 5°。颗粒粒径从煤颗粒转换为充填体所乘系数是(前期研究获得充实率应大于 0.83):充实率为 0.85,系数为

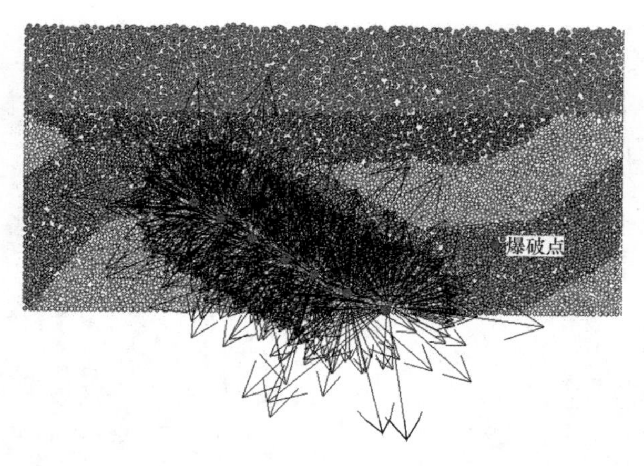

图 3.21　直接爆破厚硬岩层

0.9473；充实率为 0.9，系数为 0.9655；充实率为 0.95，系数为 0.983。充填后采空区模拟如图 3.22 所示。

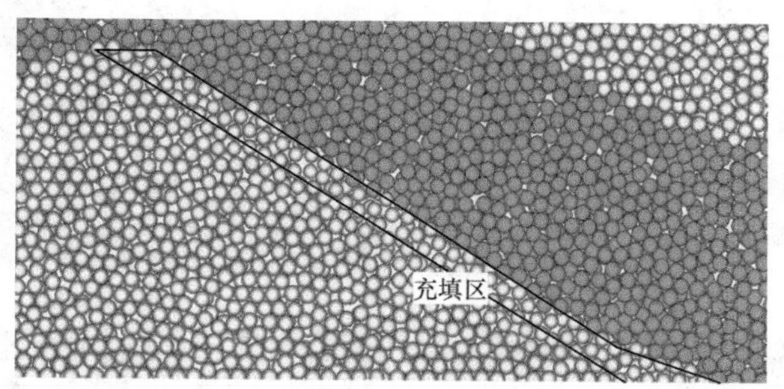

图 3.22　充填后的采空区

直接机割＋充填方案：回采遇厚硬岩层后，直接使用割煤机将该岩体挖除，工作面继续推进形成采空区并进行充填，上覆岩层自由垮落。

爆破＋机割＋充填方案：回采遇厚硬岩层后，首先对该岩层进行爆破，待岩层结构弱化后使用割煤机挖除，工作面继续推进形成采空区并进行充填，上覆岩层自由垮落。针对上述两种情况在充实率分别为 0.85、0.90、0.95 时对上覆岩层运移、应力和地面路基沉降进行模拟。

对路基下部地面颗粒进行沉降监测。监测范围为路基下颗粒，颗粒直径为 2.5m；由于排列有交错现象，因此取 11 个颗粒进行检测。路基对模型的影响极小，图中未建立。

3.5.3　模拟与结果分析

对所设置六种情况进行模拟，岩层运移及应力图如图 3.23 所示。

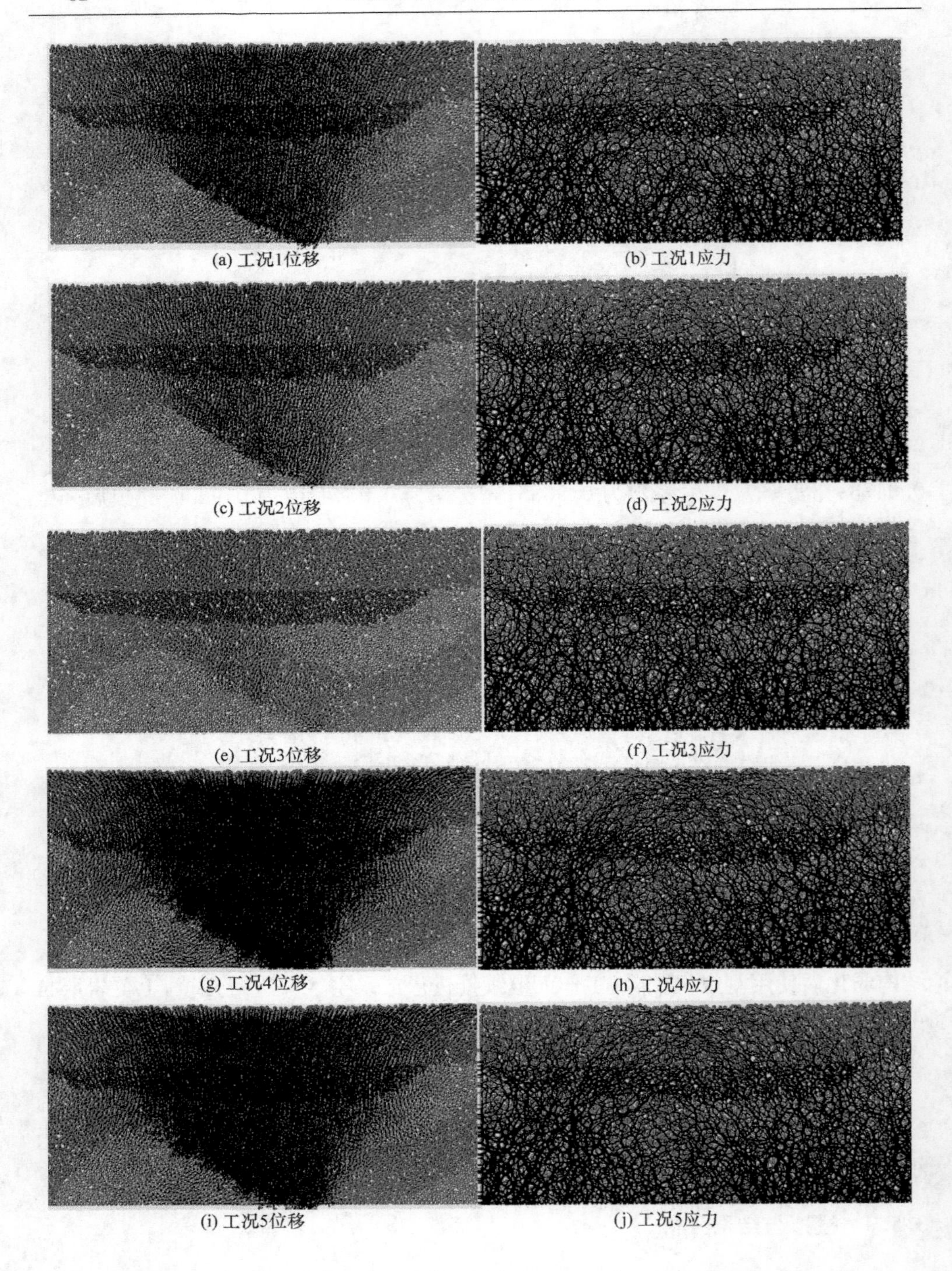

(a) 工况1位移
(b) 工况1应力
(c) 工况2位移
(d) 工况2应力
(e) 工况3位移
(f) 工况3应力
(g) 工况4位移
(h) 工况4应力
(i) 工况5位移
(j) 工况5应力

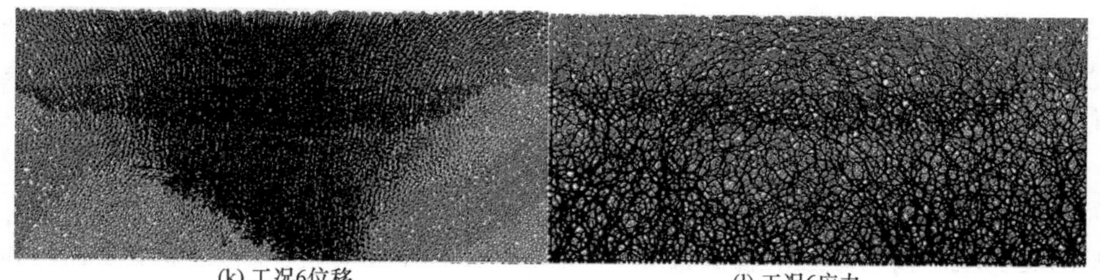

(k) 工况6位移　　(l) 工况6应力

图 3.23　岩层运移及应力图

图 3.23 对应的地表沉降值如表 3.6 所示。

表 3.6　地表沉降值　（单位：m）

方案	图号	充实率	不同颗粒 ID 对应的沉降值										
			52084	54462	52913	53175	52556	50730	51303	54067	51740	52385	52861
直接机割	(a)	0.85	0.2188	0.2100	0.2100	0.2275	0.2188	0.2275	0.2188	0.2188	0.2100	0.2100	0.2100
	(c)	0.9	0.1312	0.1225	0.1138	0.1312	0.1312	0.1312	0.1225	0.1312	0.1137	0.1225	0.1225
	(e)	0.95	0.0437	0.0437	0.0350	0.0525	0.0437	0.0525	0.0437	0.0525	0.0437	0.0437	0.0437
爆破＋机割	(g)	0.85	0.3312	0.3063	0.3063	0.3375	0.3250	0.3312	0.3250	0.3250	0.3125	0.3187	0.3125
	(i)	0.9	0.2625	0.2437	0.2437	0.2625	0.2562	0.2625	0.2562	0.2562	0.2437	0.2437	0.2437
	(k)	0.95	0.2063	0.1938	0.1938	0.2125	0.2062	0.2063	0.2000	0.2000	0.1937	0.1938	0.1938
改进爆破＋机割		0.85	0.0993	0.0922	0.0921	0.1021	0.0977	0.0997	0.0981	0.0978	0.0958	0.0956	0.0938
		0.9	0.0764	0.0739	0.0724	0.0778	0.0768	0.0786	0.0769	0.0762	0.0741	0.0735	0.0731
		0.95	0.0621	0.0571	0.0535	0.0651	0.0629	0.0617	0.0600	0.0600	0.0582	0.0581	0.0580

图 3.23 中子图按字母顺序两个图一组，前者为运移（位移）图，后者为应力图。对图中标记进行说明：位移图中箭头表示位移矢量，位移矢量衡量标准相同，取 1m［略大于最大位移整数，图 3.23（a）除外］；应力图中树状图表示拉压应力分布状态，越密越粗代表应力越大，绘制标准为 2×10^{7}Pa。

由图 3.23 可知，图 3.23（a）→（c）→（e）和（g）→（i）→（k）随着充实率的增加，岩层运移逐渐减小，表 3.6 中的路基下地表沉降值变化规律类似。图 3.23（b）→（d）→（f）中应力树状分布变化不大，但岩层 4 下部拉应力随着充实率的增加而减小，这说明岩层 4 抑制了上覆岩层 5 的运移，减小了地面路基沉降量。图 3.23（b）→（d）→（f）中岩层 2 在采空区之上部分应力树状分布逐渐均匀，这是由于充实率较小的情况下采空区塌落较大，塌落体一般只存在压力，因此图 3.23（b）中该位置树状分布较为稀疏。图 3.23（g）→（i）→（k）继承了图 3.23（a）→（c）→（e）的特点，但运移的程度增大。图 3.23（h）→（j）→（l）与图 3.23（b）→（d）→（f）有相同的分布特点，但由于爆破作用在采空区周围引起了岩石的弱化，且影响范围较大，因此在这三个图中采空区周围应力树状分布较为稀疏（只有破裂岩体自身重力产生的压力）。充实率越大，稀疏区域越小，区域越近似为圆形。

由上述分析可知，使用割煤机直接割除厚硬岩层对于采空区上覆岩层运移较为有利，且能控制地面路基沉降。但岩层强度较大，对割煤机损伤大。上述爆破＋机割过程应是较为理想的方法，但产生上覆岩层运移较大，应考虑调整炮眼孔径和爆炸能量，以达到理想效果。修改炮眼直径为 0.1m，爆破能量为 4000kJ，其他条件不变，对爆破＋机割的三种情况进行模拟，爆破速度分布如图 3.24 所示。改进后模拟所得地表路基沉降如表 3.6 所示。

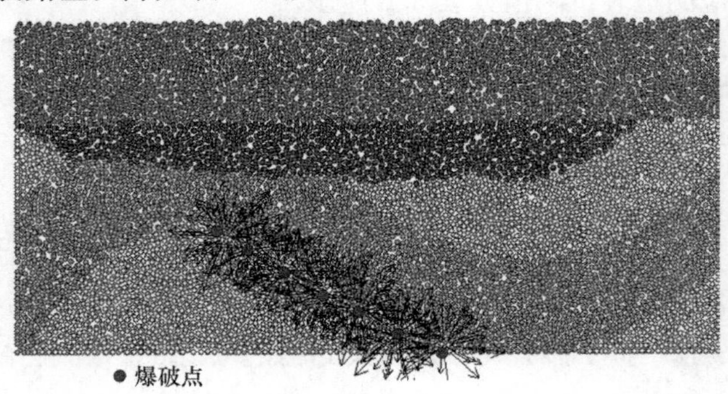

图 3.24　改进后的爆破速度分布

对比图 3.24 和图 3.23，并根据表 3.6 可知，爆破破裂区和速度矢量明显减小，爆破破裂区已覆盖全部采空区，可达到对工作面厚硬岩层的碎裂松动效果。由表 3.6 可知，改进参数的爆破模拟最后得到的沉降量虽然大于直接使用机割，但已明显小于改进前的爆破模拟沉降结果，且都小于 0.3m，符合要求。分析改进前爆破＋机割沉降较大的原因发现，一是炮眼直径过大，破裂影响区也很大，已穿过岩层 2 影响到岩层 3；二是爆破能量过大，导致破坏程度过大。因此，应从改进炮眼直径和爆破能量两方面入手，以满足既能保护采煤设备又能满足地表路基沉降的要求。

3.6　爆炸模型改进

目前关于爆炸模拟及其模型的研究已得到一定发展[18~22]，但仍存在问题，如基于连续介质理论难以实现爆破岩体的碎裂过程，无法根据实际情况控制各破碎岩块状态，无法在细观层面上模拟爆破过程等。

3.1 节提出了基于颗粒流的爆炸模型。该模型的基本原理为爆破产生的化学能转化为颗粒动能，进而颗粒动能转化为颗粒速度。在爆破的一瞬间将这些速度分配给颗粒完成爆破初始设置。由于颗粒存在速度,会破坏原始的岩体结构,然后受重力影响岩体将再一次达到平衡。上述为模拟的细观爆破过程实现原理。但是,原有模型只是二维平面模型,无法应用到实际的三维岩体中。另外一些参数的设置和能量分配情况也应进一步调整[1,2]。

本节将 3.1 节中爆炸模型从二维扩展至三维,并重新调整能量分配方式和参数设置,以进行更贴近实际的三维爆破过程细观模拟。模拟实例与 3.1 节相同。

3.6.1　三维爆炸模型构建

如 3.1 节论述,这里从两个方面对模型中颗粒进行爆破初始瞬间状态设置,一是考虑炸药的能量转化为颗粒动能如何设置;二是考虑爆炸瞬间释放的气体等冲击波造成的岩体碎裂和劣化作用。

第一个问题,假设炸药的能量转化为颗粒动能。对爆炸区域进行划分:压缩区范围较小,对颗粒构建的边坡模型一般在爆破位置颗粒范围内部;振动区主要吸收残余能量,起阻尼作用,不发生断裂,所吸收能量不转化为动能,但岩体强度产生弱化;破裂区主要承受爆炸能量,碎裂并飞溅,炸药化学能转化为动能。故设压缩区、破裂区、振动区能量分配为 a_1、a_2、a_3。综上所述,动能的分配主要集中在破裂区。在 PFC3D 中对颗粒施加速度比较方便,将炸药的化学能转化为动能,根据动能公式,将每个颗粒得到的动能转化为颗粒爆炸初始瞬间速度,即可实现对爆破的模拟。

第二个问题,考虑爆炸瞬间释放的气体等冲击波对岩体造成的碎裂和劣化作用,将破裂区范围内颗粒之间的连接力设为 0;并调整颗粒的接触连接和平行连接,使其只承受压力,不承受拉应力和剪应力。爆破过程中,化学能对振动区只产生岩体的性质劣化作用,因此只分配 10%的能量;针对岩体破坏通过设置表征岩体抗碎裂能力的连接属性进行模拟。根据颗粒位置到破裂区的距离线性改变颗粒的连接属性,靠近破裂区的颗粒连接属性减小且接近破裂区内颗粒属性,远离破裂区的颗粒属性接近正常。这里规定超过 $300R$ 的颗粒不受爆破影响。对于压缩区,由于其集中于一个颗粒,因此分配 10%的能量未在模拟中设置,即不参加爆破过程。

根据上述分析构建三维爆炸模型。3.1 节中模型主要处理对象是二维岩体,为更加接近实际将其扩展为三维模型,并对模型的构造进行改进。模型具体可表示为

$$
\begin{cases}
J = \sum_{i=1}^{n} J_i, \quad n = 3 & (3.4) \\
J_i = J\alpha_i, \quad i = 1,2,3 & (3.5) \\
\alpha_1 + \alpha_2 + \alpha_3 = 1 & (3.6) \\
J_i = \sum_{j=1}^{m} J_i^j & (3.7) \\
J_i^j = J_i \beta_i^j & (3.8) \\
\beta_i^j = \dfrac{\gamma_i^j}{\sum_{j=1}^{m} \gamma_i^j}, \quad \sum_{j=1}^{m} \beta_i^j = 1 & (3.9) \\
\gamma_i^j = \dfrac{\pi R_i^{j2}}{\frac{4}{3}\pi R_0^{ij3}} & (3.10) \\
R_0^{ij} = \sqrt{(x_0 - x_i^j)^2 + (y_0 - y_i^j)^2 + (z_0 - z_i^j)^2} & (3.11) \\
J_i^j = \dfrac{1}{2} m_i^j v_i^{j2} & (3.12) \\
m_i^j = \rho \cdot \dfrac{4}{3}\pi R_i^{j2} & (3.13) \\
v_i^{j2} = v_{ix}^{j2} + v_{iy}^{j2} + v_{iz}^{j2} & (3.14) \\
v_{ix}^j : v_{iy}^j : v_{iz}^j = |x_0 - x_i^j| : |y_0 - y_i^j| : |z_0 - z_i^j| & (3.15)
\end{cases}
$$

式中,J 为爆炸总能量,J;n 为固定值,3 为爆破区域划分理论中的 3 个区域;J_i 为 3 个区域分配的能量,$i=1,2,3$,J;α_i 为 3 个区域分配能量的系数,$\alpha_1 \sim \alpha_3$ 分别为 10%、80%、10%;J_i^j 为区域 i 中的第 j 个颗粒所分得的能量,J;m 为区域 i 中的颗粒数量;β_i^j 为区域 i 中第 j 个颗粒分配能量系数;γ_i^j 为区域 i 中的第 j 个颗粒所分得的能量权重;R_i^j 为区域 i 中第 j 个颗粒的半径,m;R_0^{ij} 为爆破点至区域 i 中第 j 个颗粒中心距,m;(x_0, y_0, z_0)为爆破点坐标;(x_i^j, y_i^j, z_i^j)为区域 i 中第 j 个颗粒的中心坐标;m_i^j 为区域 i 中第 j 个颗粒质量,kg;v_i^j 为区域 i 中第 j 个颗粒获得的速度,m/s;ρ 为结构材料的密度,kg/m^3;$v_{ix}^j, v_{iy}^j, v_{iz}^j$ 分别为 v_i^j 在 x,y,z 方向上的分量,m/s。

结合图 3.25 解释爆炸模型式(3.4)～式(3.15)。式(3.4)～式(3.6)为对压缩区、破裂区、振动区能量分配的设置,例中为 10%、80%、10%。图 3.25 为一颗粒在破裂区内接受爆炸能量产生速度的示意。

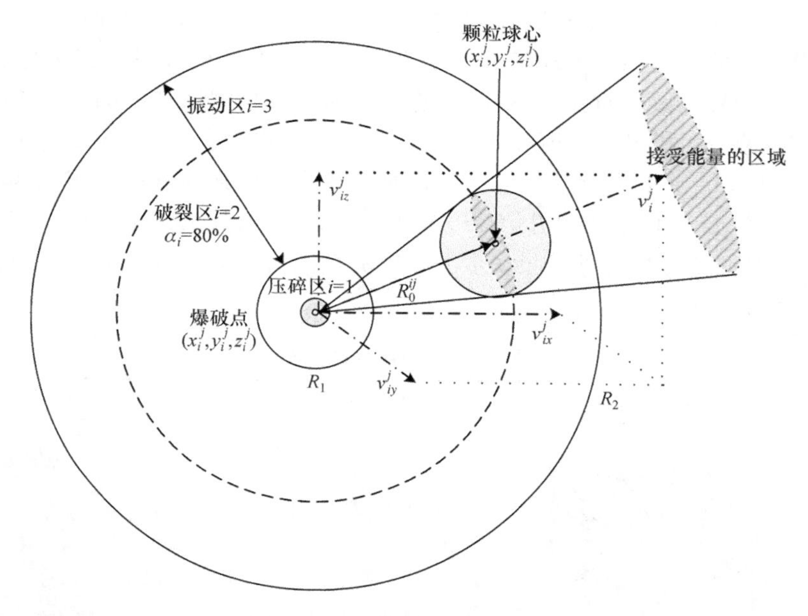

图 3.25　三维爆炸模型示意图

式(3.7)～式(3.11)为破裂区内各颗粒能量分配的确定方法。颗粒j获得的能量J_i^j是通过β_i^j分配能量系数确定的，而β_i^j是通过γ_i^j能量权重归一化后得到的系数。要保证破裂区内全部颗粒都能得到能量且能量总和等于整个爆炸分配给破裂区的能量。γ_i^j是通过颗粒j半径构成的圆面积与颗粒j到爆破点半径R_0^{ij}形成的球面面积的比值得到的。这里假设颗粒能量来源仅为图 3.25 中的接受能量的区域。即距离爆破点R_0^{ij}的球面上(图 3.25 中虚线)爆炸产生的能量强度相等，而颗粒j得到的能量是能量强度×颗粒半径得到的圆面积(图中斜纹阴影部分)。这样确定的颗粒j得到的能量要比实际大，越接近爆破点偏差越大，但是由于颗粒较小，且大部分颗粒距爆破点较远，因此这样的假设可以接受。

式(3.12)～式(3.15)为将颗粒能量转化为颗粒速度的过程。根据动能公式将得到的能量转化为速度。颗粒j的总速度v_i^j可分解为x、y、z方向上的分量v_{ix}^j、v_{iy}^j、v_{iz}^j，从而使颗粒获得初始速度。

3.6.2　模拟与结果分析

使用改进后的爆炸模型进行模拟，使用A_3爆破点 100kg TNT(图 3.4)进行说明。设$R=0.07$m，考虑到爆炸区域的划分，压缩区范围较小，为[0.21m, 0.59m]；振动区主要吸收残余能量而起阻尼作用，不发生断裂；破裂区主要承受爆炸能量，碎裂并飞溅，炸药化学能转化为动能。故设压缩区、破裂区、振动区能量分配为10%、80%、10%。由于爆炸位置颗粒直径为0.8～1.2m，因此可认为压缩区集中在爆破点的颗粒内。振动区不发生破碎，所以所吸收的能量不转化为动能。

为了进行模拟效果对比，最初拟定使用与3.1节相同计算步的状态图进行对比。但实际改进后模型计算时发现其稳定计算步(4690步)远小于3.1节中的计算步(50000步)。所以这里为了更加清晰地表现爆破的细观过程，截取了爆破后1步、50步、100步、150步、200步、250步、300步、350步、400步、450步、500步、550步、720步、1340步、2690步、4690步的速度矢量图、位移矢量图和CForce图进行对比，如表3.7所示。

表3.7　爆破过程细观图

步数	速度矢量	位移矢量	CForce
1步	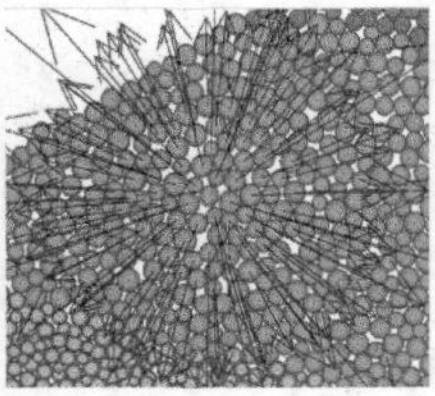	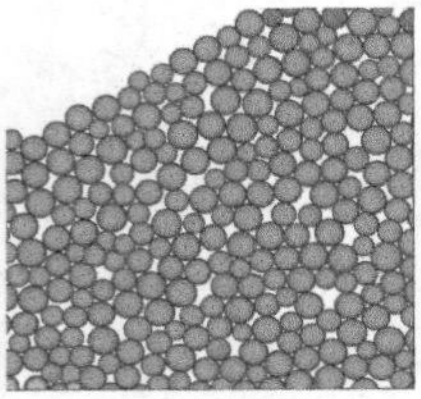	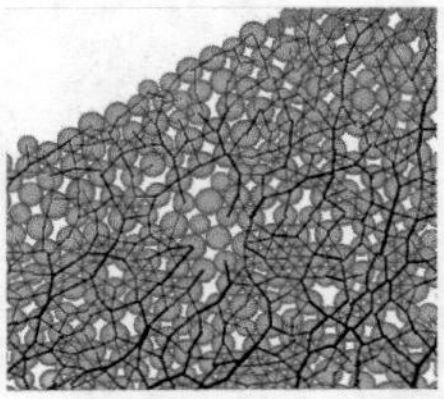
50步	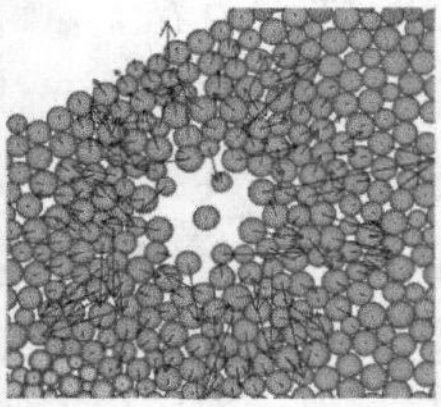	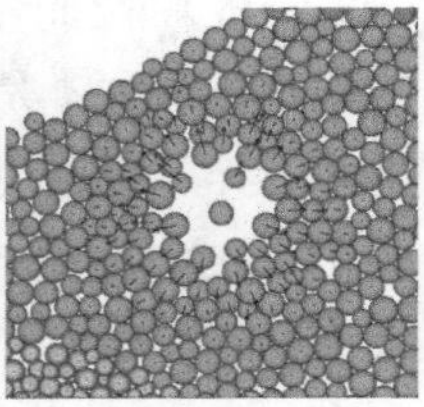	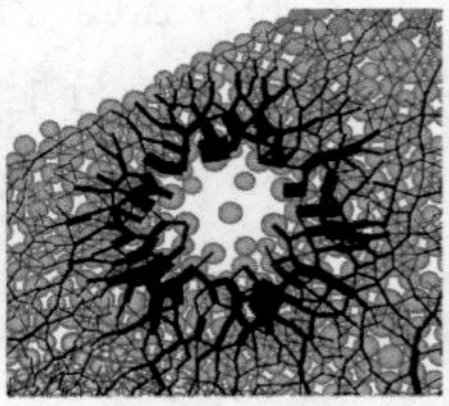
100步	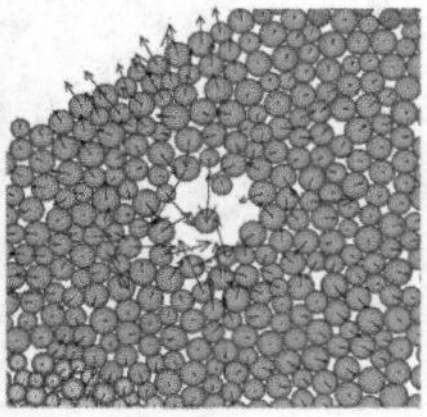	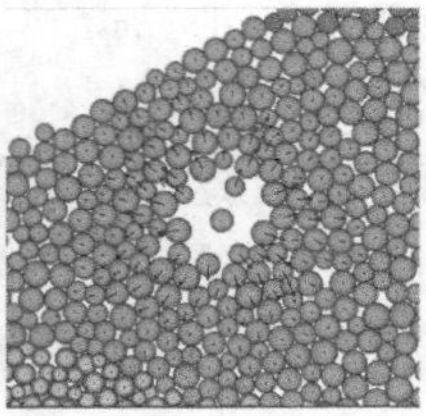	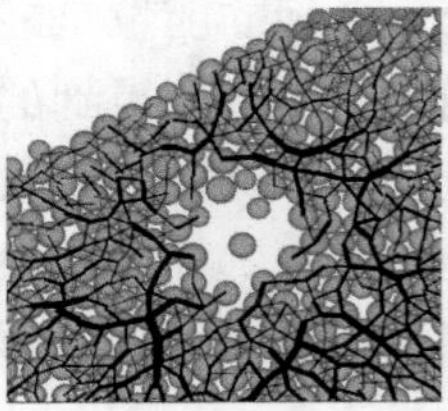
150步	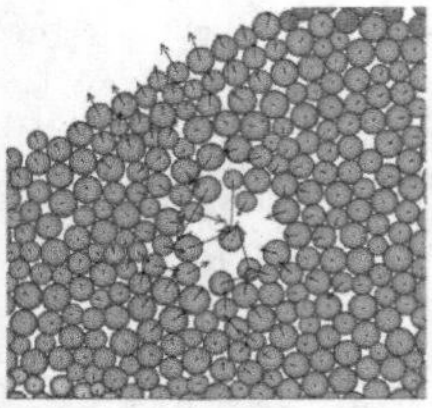	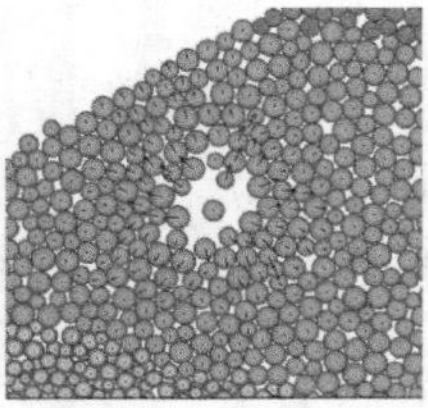	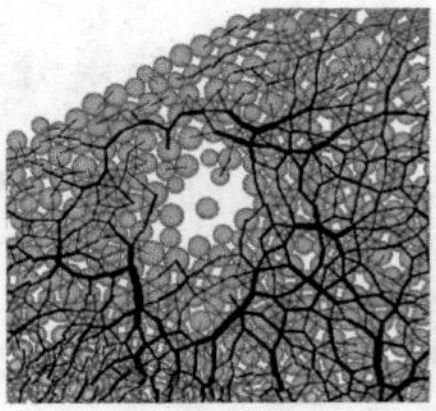

续表

步数	速度矢量	位移矢量	CForce
200 步	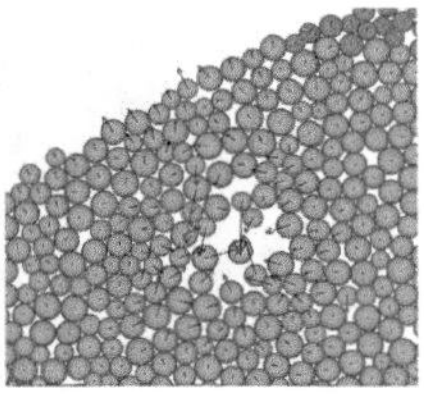	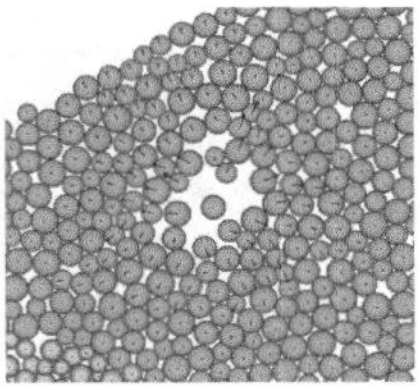	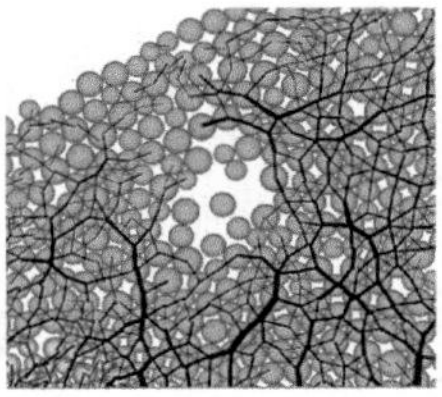
250 步	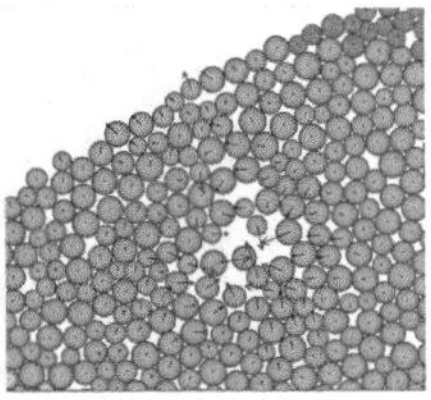	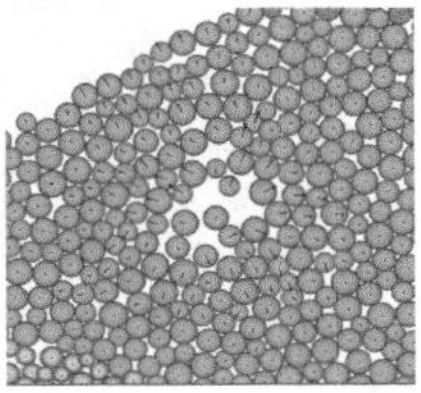	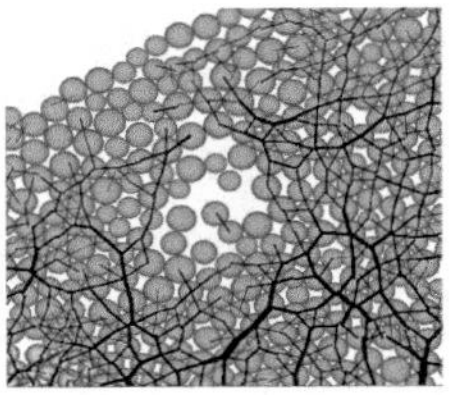
300 步	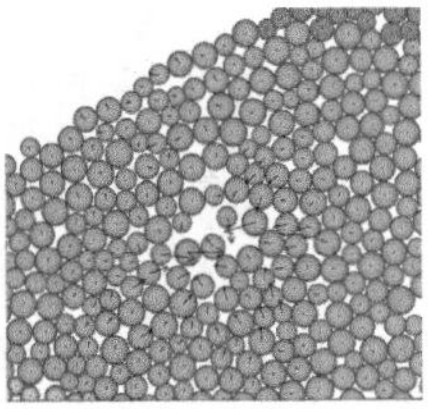	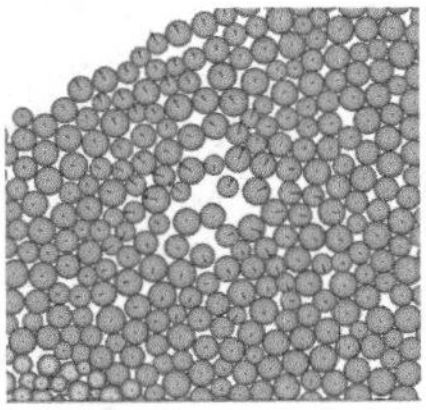	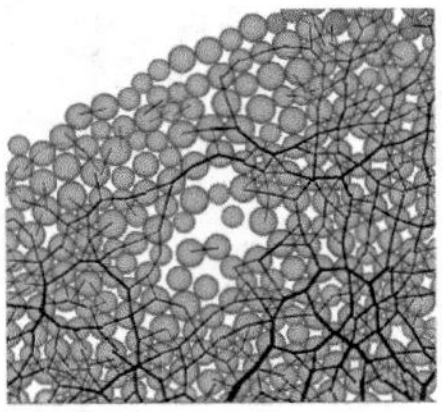
350 步	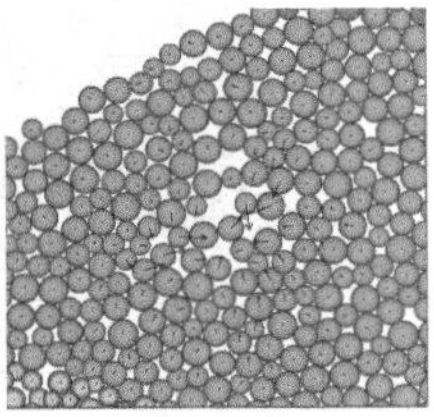	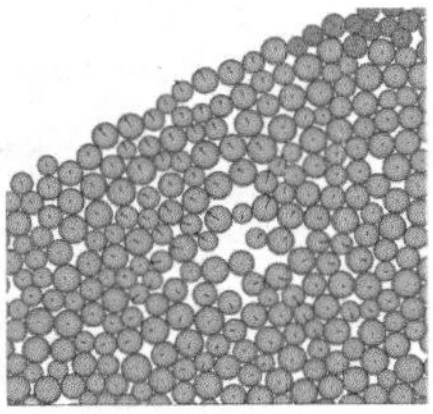	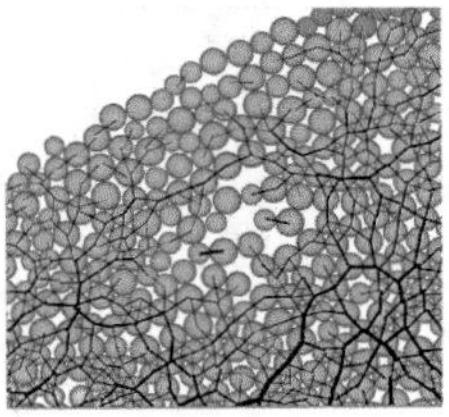
400 步	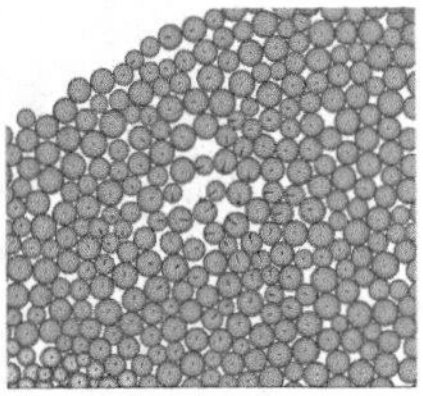	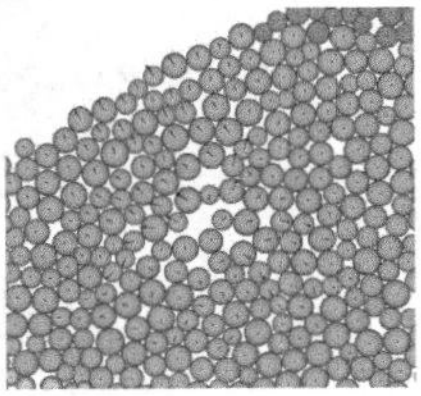	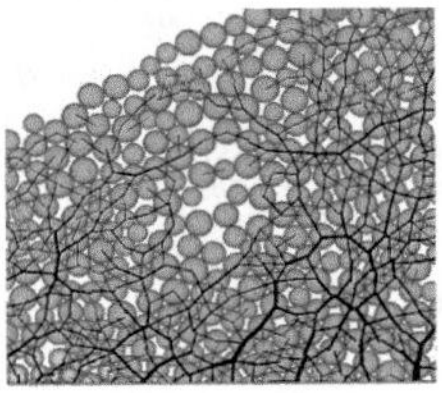
450 步	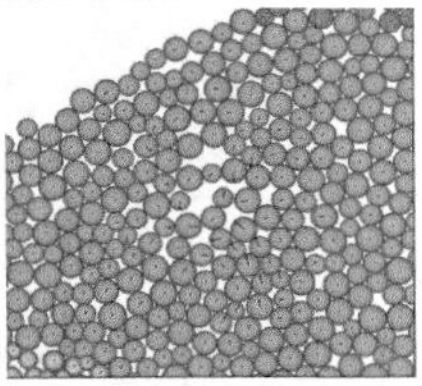	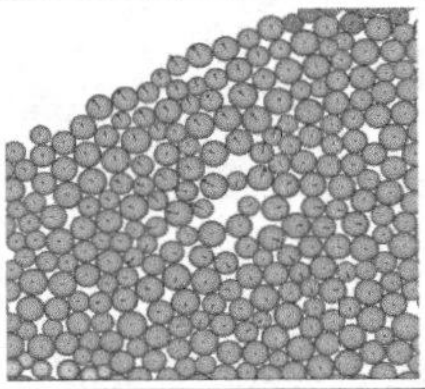	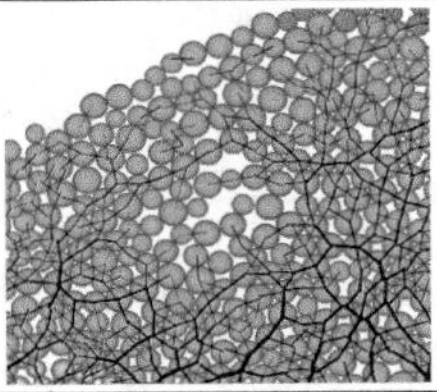

续表

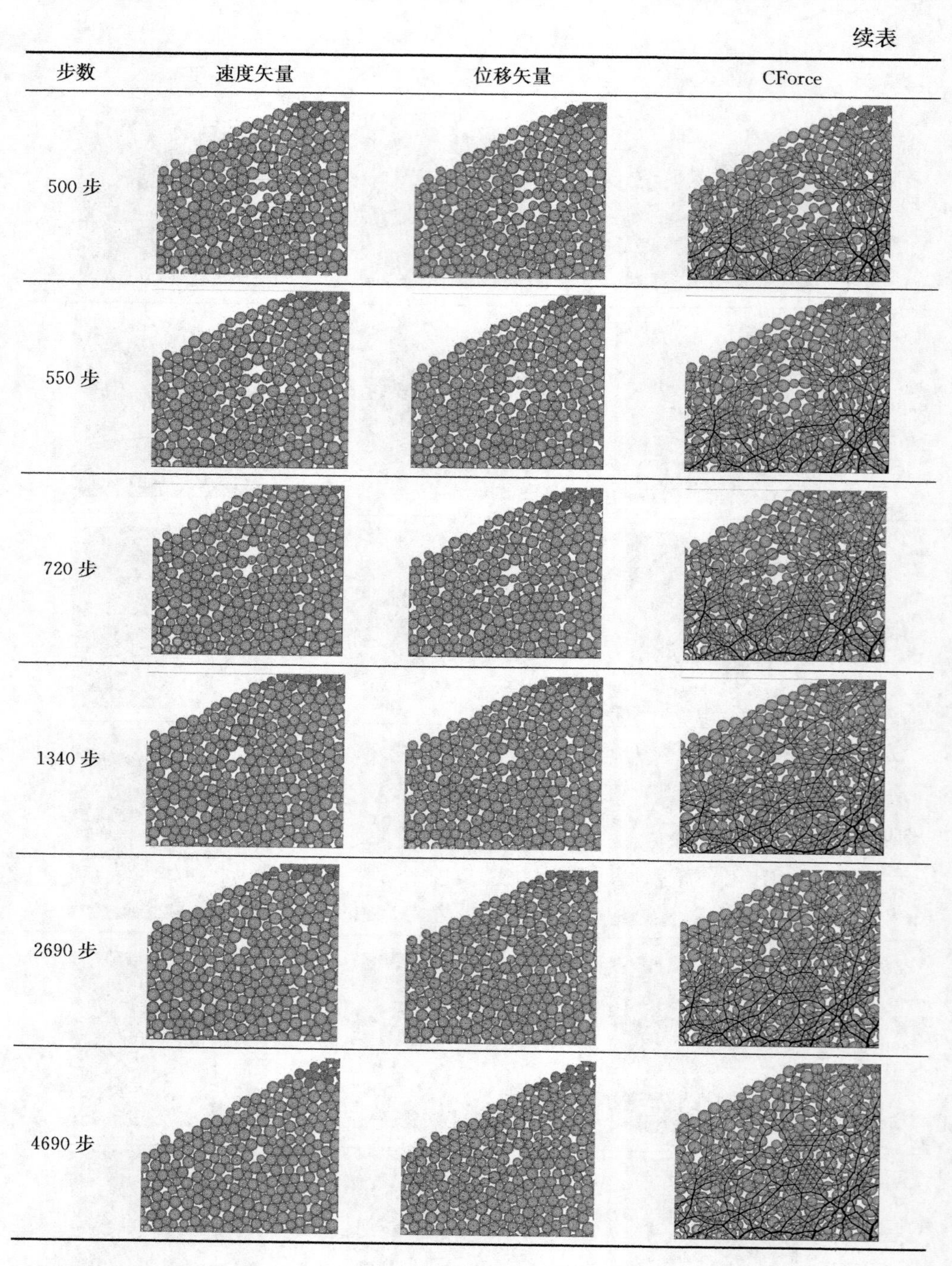

表 3.7 为不同计算步的 3 种状态图。速度矢量最为关键，因为该算法是爆炸化学能转化为动能，而动能是通过颗粒速度表示的。因此，不同状态下的速度矢量

表示爆破后颗粒的运动特征，当爆破后岩体稳定时，其速度矢量应为0。图中位移矢量表示间隔计算步期间所产生的颗粒位移，如4690步的位移矢量表示颗粒在2690步～4690步产生的位移量，同样爆破后岩体稳定时位移矢量为0。CForce图表示颗粒间的拉压应力，其可反映爆破过程中颗粒之间的受力情况。爆破开始时爆炸影响区域内的CForce分布明显集中，而稳定后为重力分布特征，即呈下密上疏分布。下面详细描述爆破过程的细观发展。动力计算中1步约等于1ms。三种图的绘制尺度各自相同，各步间可比较。

1步：主要完成模型的设置过程。根据模型式(3.4)～式(3.15)，最终计算得到爆破点A_3爆炸影响区内的颗粒速度，并对这些颗粒进行速度设置。上述是爆炸瞬间完成的，这时颗粒速度为初始速度，是最大速度；其间未产生位移；颗粒之间尚未产生相互挤压；CForce分布依然为重力分布特征。

50步：爆炸发展最明显的过程。爆破使爆破点A_3周围颗粒具有初始速度向外扩散，岩体碎裂形成较大空间。速度矢量图表明这时速度仍向外扩散，因此颗粒仍将向外运动。位移矢量表明了上述期间的颗粒位移量。CForce图在此刻最具特点，因为爆破点周围颗粒向外移动。颗粒对外围颗粒造成挤压，便显示出图中中间密实周围稀疏的CForce分布特征。这显然不是颗粒之间重力造成的，而是爆破形成的。CForce图的另一个作用是可判断这个挤压过程影响的区域。挤压影响区域一般大于破裂区域，区域半径为(150～180)R。可见，在爆破破裂区外围半径为30R范围内岩体只受挤压而未发生破碎。这期间爆破产生的影响占主导地位，重力影响可忽略。

50步以后，爆破产生的影响开始消散。明显标志是速度矢量开始明显减小；CForce应力分布也开始从爆破产生挤压应力分布特征向重力分布特征变化，爆破点周围应力集中消失；位移图中爆破形成的颗粒间空间缩小。

100步：爆破产生的影响持续消散。100步～350步变化过程具有一定的规律性。速度矢量在此期间明显减小，且其方向从一开始的向外扩散变为向内扩散，随后速度方向主要由重力支配，方向向下。位移矢量在此期间逐渐等值变化，这是由于爆破作用消失后重力起主导作用，而图之间的步距相等，即时间差相等，因此在图中所示的颗粒位移差相等。CForce应力分布从爆破作用的应力分布向重力作用的应力分布过渡。这期间伴随着爆破形成的空间逐渐缩小；爆破残余影响减弱，重力影响增强。

350步以后，3种状态的变化都进一步减小，但减小幅度比100步～350步小得多。400步～4690步是边坡岩体趋于平衡的过程。在此期间速度矢量和位移矢量的变化都很小，且接近0。随着爆破形成颗粒间空隙消失，CForce应力分布已完全呈现为重力分布特征，爆破产生的影响消失。

与3.1节模拟结果相比，上述爆破细观过程基本一致，但过程的发展时间差别很大。上述过程发展可分为三个阶段:1 步～100 步、100 步～350 步、350 步～4690 步(平衡)。3.1 节对应的三个阶段为:1 步～720 步、720 步～14090 步、14090 步～50000 步(平衡)。三个阶段不一致是模型从二维转化为三维所造成的,被分配的颗粒增加,导致颗粒所分配到的动能减小。缩小系数 $k=(2R\times 2r)/(\pi R^2)$,$R=170r$,$r$ 取 0.8～1.2m,计算得 k 为 0.085～0.128。动能的减小导致颗粒初始速度减小,那么相应爆破造成的影响区域和速度及位移变化减小,进而后期重力作用下恢复平衡所需时间缩短了很多。当然,参数的设置也加剧了减小程度。

3.7 小 结

本章提出颗粒流爆破过程模型及其三维改进模型,主要根据能量守恒定律和能量分配方法进行了颗粒流二次开发,并应用于多种工程问题分析。

3.1 节提出使用 PFC3D 结合爆炸区划理论的爆炸模型。一是考虑炸药的能量转化为颗粒动能构建模型;二是考虑爆炸瞬间释放的气体等冲击波对岩体造成的碎裂和劣化作用,调整不同区域内颗粒间的连接力、接触连接和平行连接。模拟了爆破细观发展过程,分为三个阶段:第一阶段主要是爆炸冲击起主导作用,有速度矢量的回荡现象;第二阶段是重力占优势的上覆岩层塌落过程;第三阶段中颗粒下滑局部调整最后平衡。在经历时间方面,后一个阶段比前一个阶段大一个数量级。各种爆破后上层砂岩是稳定的,即坡顶稳定。下层砂岩和砂质泥岩会受到一定程度的破坏,但没有发生大面积滑坡,在可控范围内。

3.2 节使用 PFC3D 构建了地层模型进行开挖,最终得到爆破需要的采空区模型。针对上覆岩层特点提出了两种代表性的爆破点设置方案。爆破点设置具有正交性,可体现不同爆破位置带来的不同效果。单独使用两种方案的结果表明,方案一工况三、方案二工况三和方案二工况四是有效的方顶爆破方案。对于方案的组合使用也通过模拟得到了有效组合。

3.3 节针对存在向斜层状急倾斜结构面和水平裂隙发育岩体边坡,分析了在不同爆破高度条件下的坡内裂隙发展和颗粒位移情况,及边坡爆破高度对边坡稳定性的影响特征。结合爆炸模型,对边坡在不同爆破高度的方案进行了模拟。得到该地质条件下边坡爆破稳定后的特点:一是爆炸影响区内的岩体破碎塌落,使正上方岩体沿着构造面滑落。影响区左侧岩石受爆炸作用折断向坡外倾倒。二是爆炸影响区上覆岩体向坡外倾倒造成上覆岩体失去原有坡面对其的约束,随之向坡外运移,各岩层间构造面出现明显裂隙。得到爆破高度与爆破后边坡稳定性的关系及其形成原因。对于同时起爆的各爆破点,爆破高度越高,爆破后边坡越稳定;爆破高度越低,爆炸影响区上覆岩体所承受的上覆岩体压力越大,向坡外方向倾倒越大,内部产生裂隙越多。爆破高度越高,爆炸影响区形成的碎裂岩石在稳定面外形成的压重越大，边坡越稳定。

3.4 节使用爆炸模型模拟了细观爆破过程，并对飞石距离进行了统计。使用 1kg TNT 起爆的效果与 100kg TNT 截然不同，速度矢量在模拟过程中会向外扩散，然后向内，经过几次振荡后平衡。飞石距离与炸药量、爆破点位置和上覆岩层完整性有关。

3.5 节对两种方案在不同充实率后采空区上覆岩层运移和应力，以及地表路基沉降进行了模拟与分析。对处理回采遇厚硬岩层时的两种处理方式进行了建模。引入爆炸模型和充填模型，对两种方案在不同充实率的情况下进行了模拟。爆破产生的上覆岩层运移与直接机割有明显不同，使采空区周围（主要是上部）应力树状分布稀疏。对爆破参数进行了修改，使其符合既定要求。使用割煤机直接割除厚硬岩层对采空区上覆岩层运移较为有利，对割煤机损伤较大。对炮眼直径和爆破能量进行了修改，使其模拟结果满足方案筛选要求，并分析了选择这两个参数进行修改的原因。

3.6 节研究了基于颗粒流的三维爆炸模型并进行了模拟实验。在原有模型基础上进行改进，提出了新的能量分配方式，使该模型适合于三维岩体爆破模拟。研究了速度矢量、位移矢量和 CForce 应力分布在爆破过程中的变化趋势。分析了不同效果时三种物理量所表示的意义。解释二维模型和三维模型爆破过程发展时间差别较大的原因，即是模型从二维转化为三维造成的，被分配的颗粒增加导致颗粒所分配到的动能减小（缩小系数 k 为 0.085～0.128）。这样造成影响区域、速度及位移变化相应减小，后期在重力作用下恢复平衡所需时间也缩短。

综上所述，本章主要提出了颗粒流爆破过程模型，并将其应用于边坡爆破和井下爆破问题的模拟，为同类问题的解决提供了方法和依据。

参考文献

[1] 周玉祥，宋子岭，崔铁军. 爆破模型改进及边坡爆破细观过程研究[J]. 中国安全生产科学技术，2015，11(7)：85—90.

[2] 崔铁军，马云东，王来贵. 基于 PFC3D 的露天矿边坡爆破过程模拟及稳定性研究[J]. 应用数学和力学，2014，35(7)：759—767.

[3] 高金石，张继春. 爆破破岩机理动力分析[J]. 金属矿山，1989，1(9)：7—12.

[4] Bhandari S. On the role of stress waves and quasi-static gas pressure in rock fragmentation by blasting[J]. Acta Astronautica，1979，6(3，4)：365—383.

[5] Paine A S，Please C P. An improved model of fracture propagation by gas during rock blasting—Some analytical results[J]. International Journal of Rock Mechanics and Mining Sciences & Geomechanics Abstracts，1994，31(6)：699—706.

[6] 谢和平，王家臣，陈忠辉，等. 坚硬厚煤层综放开采爆破破碎顶煤技术研究[J]. 煤炭学报，1999，24 (4)：350—354.

[7] 李春睿,康立军,齐庆新,等. 深孔爆破数值模拟及其在煤矿顶板弱化中的应用[J]. 煤炭学报,2009,34(12):1632—1636.

[8] 陈苏社. 综采工作面超深孔爆破强制放顶技术研究[J]. 煤炭科学技术,2013,41(1):44—47.

[9] 崔铁军,马云东,王来贵. 煤炭开采复杂急倾斜岩层强制放顶爆破方案模拟分析[J]. 系统仿真学报,2018,30(4) :1384—1389.

[10] 朱海龙,张新战,邹银辉,等. 急倾斜特厚煤层采场巷道围岩松动圈测试研究[J]. 煤矿安全,2013,44(12):20—22.

[11] 张新战,陈建强,漆涛,等. 急斜特厚煤层综放面瓦斯运移规律与综合治理[J]. 西安科技大学学报,2013,33(5):532—537.

[12] 张宏伟,荣海,陈建强,等. 基于地质动力区划的近直立特厚煤层冲击地压危险性评价[J]. 煤炭学报,2015,40(12):2755—2762.

[13] 崔铁军,马云东,王来贵. 边坡爆破高度对边坡稳定性的影响[J]. 安全与环境学报,2017,17(3):896—900.

[14] Gao W L,Bi W G,Zhang J Q,et al. Analysis on death accidents caused by fly rocks in blasting[J]. Blasting,2002,19(3):77—78.

[15] Baipayee T S,Rehak T R,Mowrey G L,et al. Blasting injuries in surface mining with emphasis on fly-rock and blast area security[J]. Journal of Safety Research, 2004, (35): 47—57.

[16] 崔铁军,马云东,王来贵. 露天矿边坡在爆破中的飞石距离研究[J]. 安全与环境学报,2016,12(6):70—73.

[17] 崔铁军,马云东,王来贵. 阻碍回采厚硬岩层处理方案模拟与优化[J] . 矿业安全与环保,2016,43(1) :61—64.

[18] 陈朝玉,黄文辉,陈国勇. 爆破模拟对柔弱夹层顺层边坡的稳定性诊断[J]. 湖南科技大学学报(自然科学版),2010,25(3):55—58.

[19] 王建国,栾龙发,张智宇,等. 爆破震动对高陡边坡稳定影响的数值模拟研究[J]. 爆破,2012,29(3):119—122.

[20] 钟冬望,吴亮,陈浩. 爆炸荷载下岩质边坡动力特性试验及数值分析研究[J]. 岩石力学与工程学报,2010,29(增 1):2964—2971.

[21] 刘磊. 岩质高边坡爆破动力响应规律数值模拟研究[D]. 武汉:武汉理工大学博士学位论文,2007.

[22] 谢冰. 岩体动态损伤特性分析及其在基础爆破安全控制中的应用[D]. 武汉:中国科学院武汉岩土力学研究所博士学位论文,2010.

第 4 章　岩体位移及沉降模拟

开采过程中岩体位移和沉降是普遍现象，也是岩土工程模拟的主要领域。本章使用颗粒流理论模拟不同状态开采下的岩体位移和地表沉降。

4.1　充填开采与地面路基沉降模拟

模拟不同采空区长度和充实率对路基沉降的影响，以保证在路基沉降允许值情况下确定采空区长度与充实率关系。通过 3 种充实率和 7 种假设的采空区长度组合模拟得到岩层移动和应力变化规律，同时得到满足路基沉降的充填开采方案[1]。工程背景与 3.5 节相同，模型使用下落法建立。

4.1.1　岩层模型构建

确定颗粒粒径 R，由于模拟的岩层较完整，强度大，且考虑计算性能的影响，岩层颗粒粒径均取 2.5m。煤层位于岩层 1 与岩层 2 的背斜至向斜区间。建模时煤层与岩层 1 共同建立，后对煤层范围内颗粒进行参数修改以表示煤层。对充填体的模拟是首先将煤颗粒粒径按照充实率缩小，然后修改这些颗粒的物理属性为充填体属性。充填体物理性质与表 3.5 中充填体相同。煤颗粒转换为充填体颗粒所乘系数为：充实率为 0.7，系数为 0.8879；充实率为 0.8，系数为 0.9283；充实率为 0.9，系数为 0.9655。对路基下部地面颗粒进行位移监测，如图 3.21 所示。由于煤层在所建模型中与岩层 1 接触长度约为 186m，对假设的 7 种采空区长度进行分析，如图 4.1 所示。假设 1 不包括在 186m 内，采空区长度假设 2～7 分别为 30m、60m、90m、120m、150m、186m。

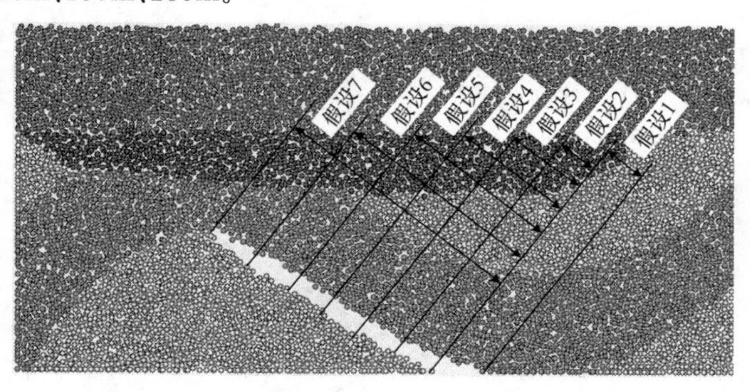

图 4.1　采空区假设长度示意图

4.1.2 模拟与结果分析

根据假设的 7 种采空区长度和 3 种充实率组合情况，对该岩体进行模拟。监测路基下部地面处 11 个颗粒的沉降量，如果有一个颗粒沉降量超过规定的 0.3m，那么就认为对应的采空区长度和充实率不适合充填开采。

1. 上覆岩层运移及应力分析

对 3 种充实率而言，充实率为 0.7 时岩层运移和应力更具代表性（稳定性最差），因此这里仅对该情况下 7 种采空区长度的模拟结果进行详细分析，如图 4.2 所示。

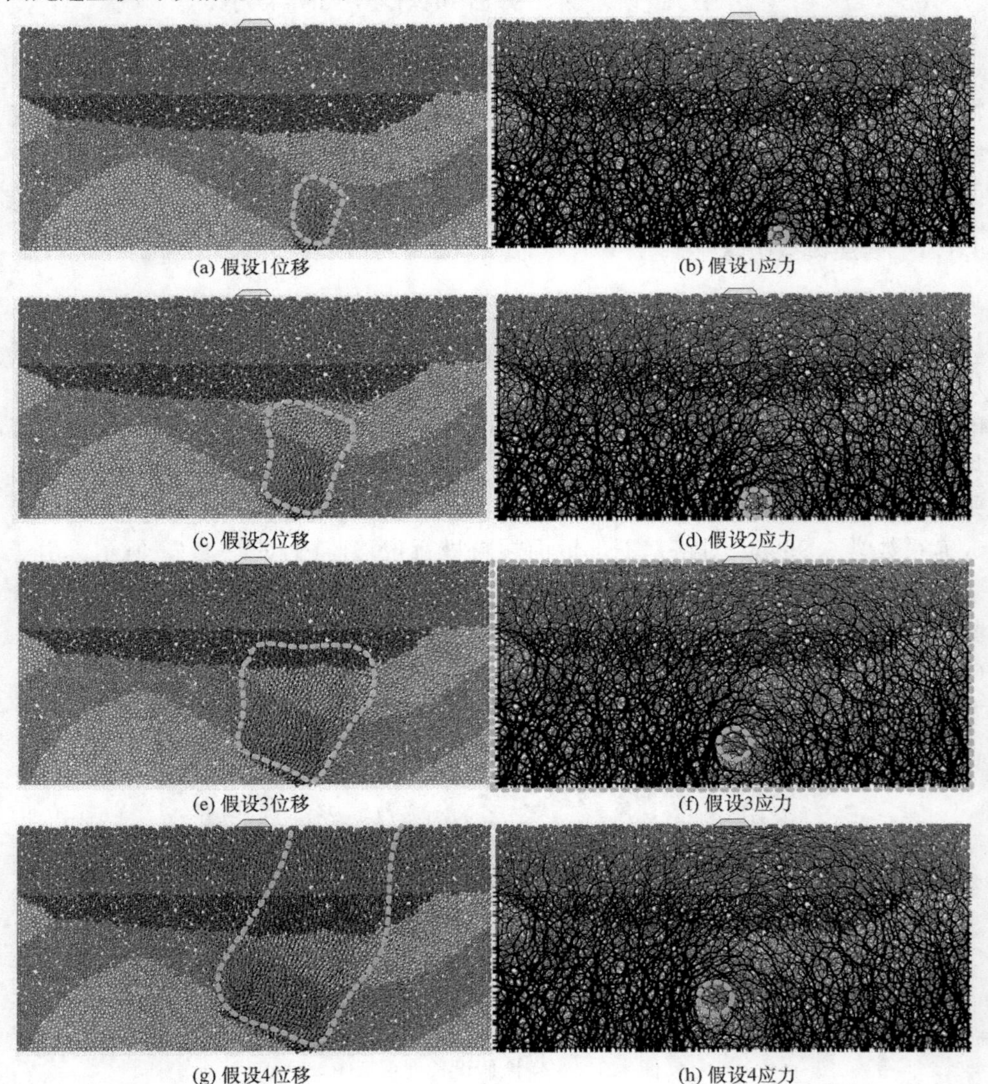

(a) 假设1位移　(b) 假设1应力
(c) 假设2位移　(d) 假设2应力
(e) 假设3位移　(f) 假设3应力
(g) 假设4位移　(h) 假设4应力

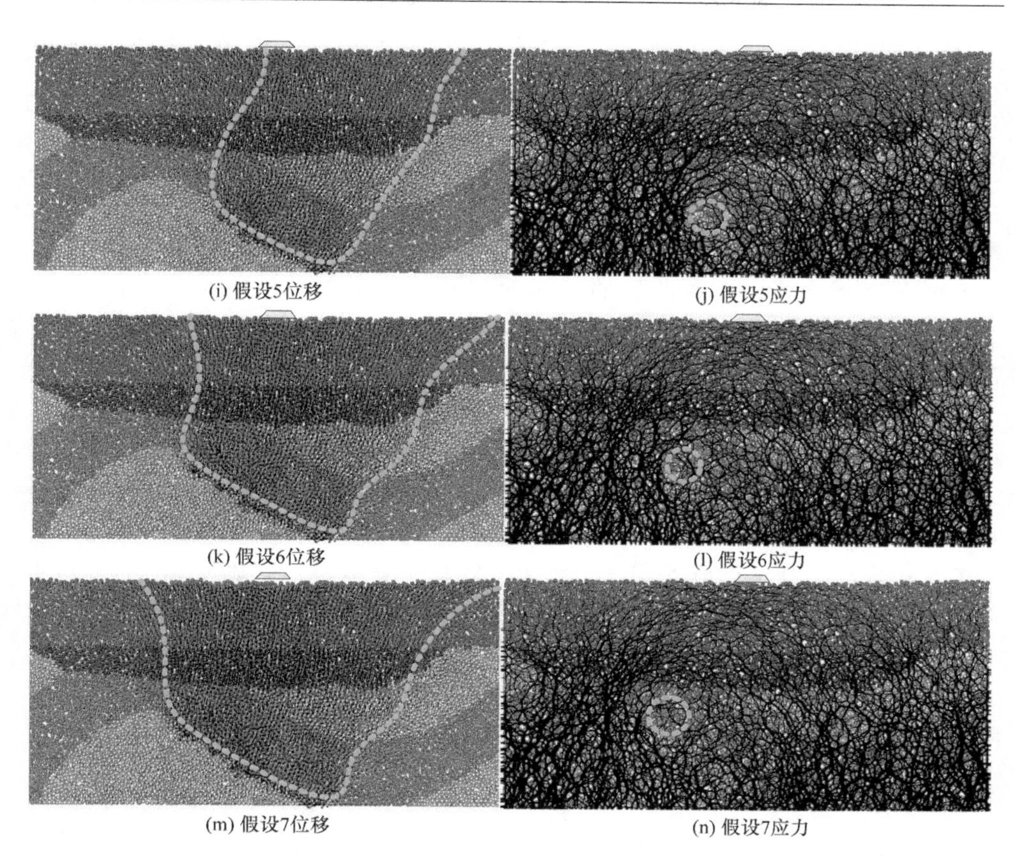

图 4.2　岩层运移及应力模拟图

虚线上部为主要变形影响区，虚线圆内部为松散堆积区

图 4.2 中每组子图代表一种充填开采采空区长度的模拟结果，前者为位移图，后者为应力图，即假设 1 对应图(a)、(b)，假设 7 对应图(m)、(n)。位移图中箭头表示位移矢量，各假设位移矢量衡量标准相同(略大于最大位移整数)；位移图中虚线上部表示主要变形影响区，即影响地面沉降达到指定量(这里为 0.3m)的采空区上覆岩层范围；应力图中树状图表示拉压应力分布状态，越密越粗代表应力越大；应力图中的虚线圆内部表示松散堆积区，即岩石塌落稳定后岩体松散堆积的部分，所受压应力较小，且没有拉应力。

模拟过程中岩层移动和应力分析如下：

对岩层移动而言，采空区(充填后)较小时，主要变形影响区竖直方向发展较快，如图 4.2(a)～(e)所示。该阶段由于岩层 2 的向斜构造，其下部受拉破坏有助于塌落形成，上部受压抑制塌落形成，如图 4.2(a)所示。图 4.2(c)随着采空区长度增加，主要变形影响区穿过岩层 2 发展至岩层 3 大部分，并接近岩层 4，在岩层 3

中有横向发展趋势。这是由于岩层 4 为侵入型火成岩,岩体较完整且强度大,这时其下岩层运移不足以使岩层 4 发生破坏或塌落。图 4.2(e)中主要变形影响区竖向发展到岩层 4,横向继续发展,但受到岩层 4 的阻碍并未继续向地表发展。图 4.2(g)中,岩层 2 和岩层 3 移动较大,使岩层 4 右侧发生较大变形,对应的图 4.2(h)中岩层 4 在主要变形影响区内压应力分布减小,拉应力分布增加。这时,岩层 4 右侧部分相当于悬臂梁。从图 4.2(i)开始,岩层 4 整体发生倾斜,导致上覆岩层 5 沉降量较大,横向发展明显,直至图 4.2(m)达到稳定。在上述过程中,图 4.2(i)中主要影响区已包括路基下部地表,因此采空区长度最长为假设 4 的长度 90m(充实率为 0.7)。

对于应力变化,起初的假设 1 和假设 2[图 4.2(b)、(d)]的采空区长度对上覆岩层影响很小,岩层 5 在应力方面几乎没有改变,松散堆积区在此期间逐渐变大。图 4.2(f)和(h)中的松散堆积区增大已不明显,区内及其上覆岩层压应力较小,拉应力增加。松散堆积区向采空区方向移动,同时其周围树状压力分布已逐渐发展成左右环抱松散堆积区的压应力分布。图 4.2(j)开始时压应力分布明显,松散堆积区面积基本不变,其上覆岩层 4 和 5 中的拉压应力以横向分布为主,岩层 4 中拉应力增加明显。图 4.2(n)中松散堆积区位置和大小已稳定,且并未发展到岩层 4。尽管存在松散堆积区,但是由于上覆火层岩 4 的存在,路基沉降量受到了限制。

2. 不同充实率下的采空区长度确定

3 种充实率情况下,路基下地表沉降的 11 个颗粒监测结果如图 4.3 所示。

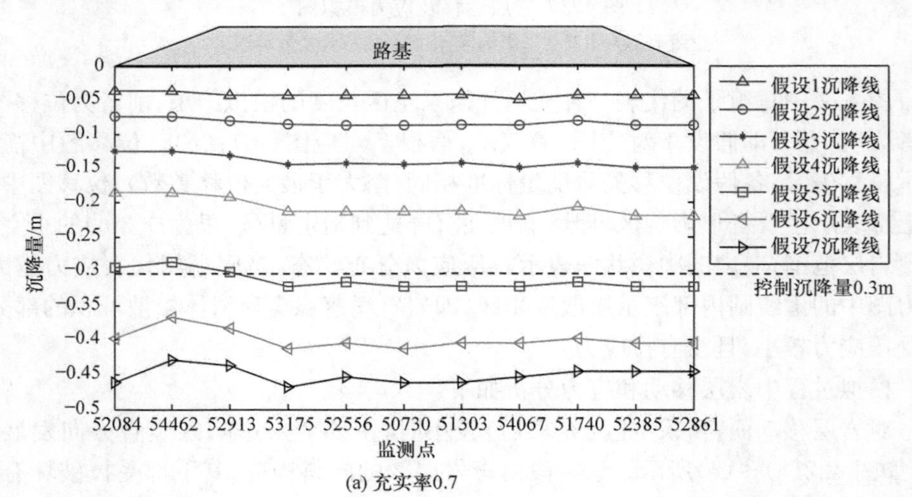

(a) 充实率0.7

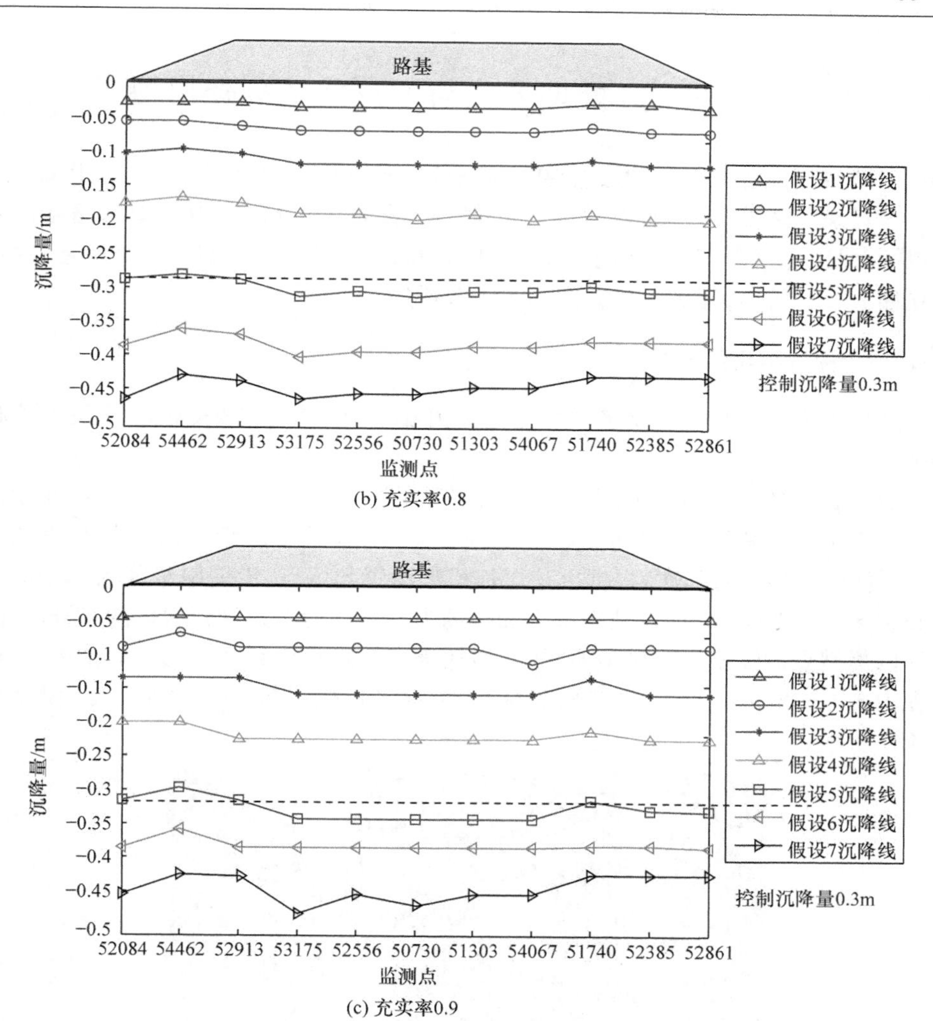

(b) 充实率0.8

(c) 充实率0.9

图 4.3　路基下地表沉降的 11 个颗粒监测结果

由图 4.3 可知，当充实率为 0.7 时，可满足假设 1～4 的要求，即最大采空区长度为 90m；当充实率为 0.8 时，可满足假设 1～5 的要求，即最大采空区长度为 120m；当充实率为 0.9 时，可满足假设 1～7 的要求，即最大采空区长度为 186m。另外，当充实率为 0.7～0.8 时，地表沉降较少，不明显，仅减少了 10%～15%，采空区允许长度只增加了 30m；当充实率为 0.8～0.9 时，地表沉降减小明显，减少了 75%，采空区允许长度可覆盖煤层长度。可见，采空区长度相同时，地面沉降量与充实率并不是线性关系，而是加速增长。

综上所述，可根据岩层移动和应力分析得出路基下地表沉降量，从而选择可行的充填开采方案[1]。

4.2 采空区处理方式与上覆路基沉降模拟

在模型中构建采空区，通过直接爆破放顶、充填开采和充填开采＋顶板爆破3种方案对采空区进行处理，对比3种方案的上覆岩层运移、应力和地面路基沉降量，从而保证开采及废弃后地表沉降小于0.3m[2]。工程背景如3.5节所述；模型建立如2.2节所述；爆破过程模型如3.1节所述。

4.2.1 3种方案模型构建

这里提出3种采空区处理方式：直接顶板爆破、充填开采、充填开采＋顶板爆破。

对于直接顶板爆破的处理方式，模型建立过程如下：首先，建立采空区，采空区为图4.1中煤层位置，通过将颗粒删除模拟采空区，采空区沿岩层1的长度约为186m，总长为220m；其次，根据上述爆炸模型设置起爆点，设炮眼半径为0.1m，爆破破裂区半径为15m，即爆破点最大间距约为30m。但考虑到对岩体的充分破坏，相邻两爆破点的爆破破裂区应有重叠，将爆破点间距设为约22m，共10个爆破点，孔深为1.0～2.5m（根据颗粒的具体位置而定），爆破能量为4000kJ。模型如图4.4所示。

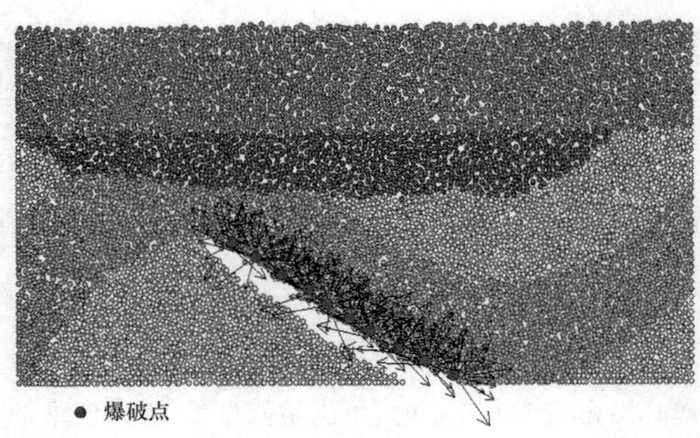

图4.4 直接顶板爆破

对于充填开采处理方法，充填体的模拟方法为将煤颗粒粒径按照充实率缩小，然后修改这些颗粒的物理属性为充填体属性，同4.1节。颗粒粒径所乘系数设置如下：充实率为0.85，系数为0.9473；充实率为0.9，系数为0.9655；充实率为0.95，系数为0.983。充填后采空区如图4.5所示。

对于充填开采＋顶板爆破方案，先充填，后爆破。先执行充填开采处理，后进行顶板爆破处理。参数同上述两方案，模型如图4.6所示。

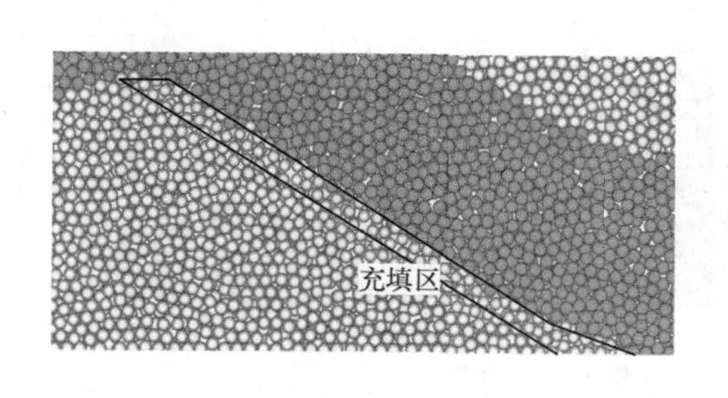

图 4.5　充填开采

爆破点

图 4.6　充填开采+顶板爆破

对路基下部地面颗粒进行沉降监测，如图 4.3 所示。

4.2.2　模拟与结果分析

在不同充实率下对上述 7 种方案[直接顶板爆破、充填开采(3 种充实率)、充填开采+顶板爆破(3 种充实率)]进行模拟，所得岩层运移和应力如图 4.7 所示。

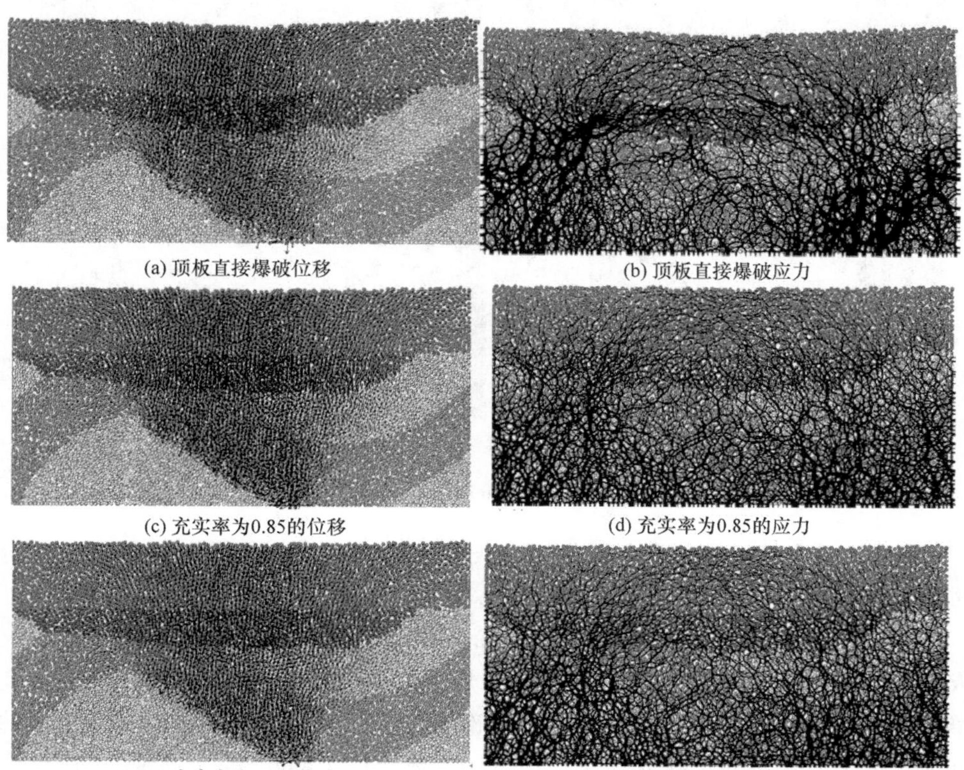

(a) 顶板直接爆破位移　(b) 顶板直接爆破应力

(c) 充实率为0.85的位移　(d) 充实率为0.85的应力

(e) 充实率为0.9的位移　(f) 充实率为0.9的应力

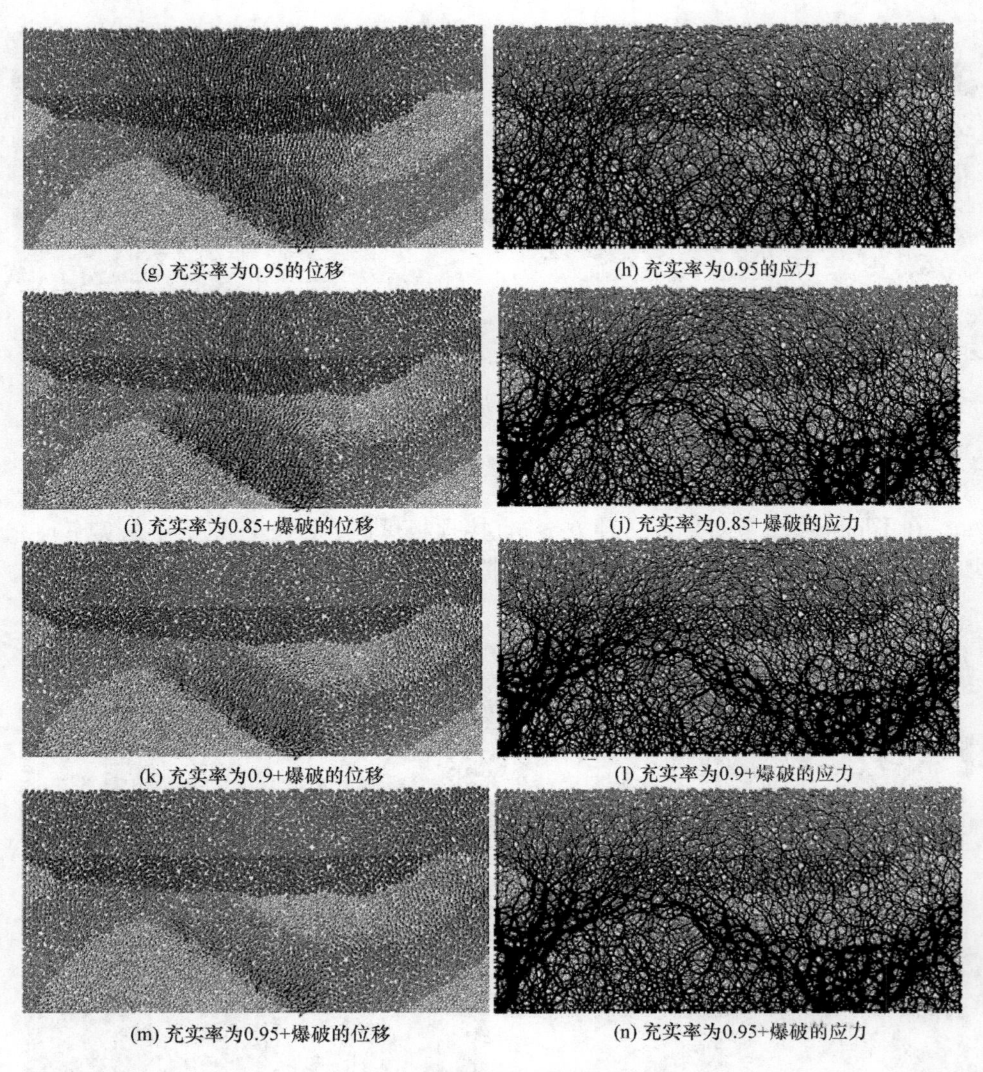

图 4.7　7 种方案的岩层运移和应力

图 4.7 中每组子图位移矢量衡量标准相同,应力图中树状图表示拉、压应力分布状态,绘制标准相同。

图 4.7(a)、(b)由于未采用充填开采而直接顶板爆破,沉降较大。图 4.7(a)火成岩层 4 较完整且强度大,位移矢量在岩层 4 下部分布较宽,在岩层 4 内逐渐变窄,岩层 5 中宽度有所增加。这说明其下部岩层沉降较大时,抑制了地表岩层 5 的沉降。图 4.7(b)所示岩层 4 与采空区之间岩体压应力减小,且无拉应力,因此应力树状分布稀疏。岩层 4 下侧所受拉应力明显增加,证明了岩层 4 对竖向运移的

抑制作用。

图 4.7(c)～(n)继承了图 4.7(a)和(b)的特点，但由于充填作用又显现了不同的特征。首先，图 4.7(c)→(e)→(g)和图 4.7(i)→(k)→(m)由于充实率增加，位移矢量逐渐减小，这符合充填性质。采用充填开采＋顶板爆破的图 4.7(i)→(k)→(m)岩层位移矢量小于只使用充填开采的图 4.7(c)→(e)→(g)。另外，图 4.7(d)→(f)→(h)中应力的树状分布变化不大，而图 4.7(j)→(l)→(n)变化较大。图 4.7(j)→(l)→(n)中爆破影响半径范围(150R)内的岩层应力明显减小[与图 4.7(d)→(e)→(f)比较]，压应力在岩层 2 中爆炸影响半径向外集中，而岩层 4 下部产生的拉力比图 4.7(d)→(e)→(f)小得多。

根据图 4.6 分析采用充填开采＋顶板爆破方案比只使用充填开采方案对上覆岩层位移影响减小的原因，首先是岩层 2 的背斜和向斜构造。采空区上覆岩层下部受拉、上部受压，不采用爆破方案充填后自然塌落过程中，预下落的岩体对相连的上覆岩体有下拉作用，例如，图 4.7(d)、(f)、(h)中岩层 2 在采空区上方有受拉区域出现。采用充填开采＋顶板爆破后，爆破使一定范围内的岩体碎裂，切断了产生上述拉力的条件，例如，图 4.7(j)、(l)、(n)中这些位置不存在拉力。其次，岩层 4 的作用抑制了位移向上发展。不采用爆破方案充填后自然塌落过程中，岩层 4 下部岩层充分塌落，使岩层 4 等效为梁结构；又由于岩层 4 特性使位移的影响范围缩小，减小了对岩层 5 的影响。而采用充填开采＋顶板爆破后，预下落的岩体失去了对上覆岩层的拉力，塌落区缩小，甚至影响不到岩层 4[岩层 4 下部拉力很小，如图 4.7(j)、(l)、(n)所示]，从而对上覆岩层 5 的影响甚微。但如果未充填直接爆破，那么其对岩体的扰动将非常大，直接造成的破裂区将穿透岩层 2 发展至岩层 4，地面产生较大沉降。

定量分析路基下地表沉降，11 个监测点(颗粒)在上述 7 种情况下的绝对高度和沉降差分别如表 4.1 和表 4.2 所示。

表 4.1 中，原始值由于颗粒位置的随机性而各不相同。将表 4.1 中原始值与 7 种情况做差得表 4.2。根据沉降限制值 0.3m 可判断表 4.2 中深色部分为达到要求的沉降量。由此可见符合要求的方案为：充填开采(充实率为 0.9、0.95)、充填开采＋顶板爆破(充实率分别为 0.85、0.9、0.95)。三种充实率下充填开采导致地表沉降量随着充实率的增加按 0.06m 等差减小；而充填开采＋顶板爆破导致地面沉降呈指数减小。

表 4.1　监测点绝对高度

(单位:m)

方案	充实率	52084	54462	52913	53175	52556	50730	51303	54067	51740	52385	52861	平均值
原始值		244.0000	242.5000	241.5500	243.3500	243.4500	240.6000	242.0000	238.6000	240.9500	241.4500	240.3500	244.0000
直接顶板爆破	0	238.4062	237.4062	236.1437	237.1312	237.9188	234.5063	236.0000	232.6625	235.2313	235.8875	234.9750	238.4062
充填开采	0.85	240.9406	239.6075	238.6575	240.1794	240.3906	237.4850	238.9406	235.5963	238.0575	238.5019	237.4019	240.9406
	0.9	241.5525	240.1637	239.2137	240.8469	240.9469	238.0969	239.5525	236.1525	238.6138	239.0581	237.9581	241.5525
	0.95	242.0531	240.6644	239.7700	241.4031	241.5031	238.6531	240.1088	236.7088	239.1700	239.6144	238.5144	242.0531
充填开采+顶板爆破	0.85	242.8750	241.5437	240.5937	242.1687	242.2687	239.4187	240.8750	237.4187	239.8813	240.3250	239.2250	242.8750
	0.9	243.6062	242.1625	241.2125	242.8437	243.0000	240.0938	241.5500	238.0938	240.5563	241.0000	239.9000	243.6062
	0.95	244.0875	242.6312	241.6812	243.3938	243.4937	240.5938	242.0438	238.6438	241.0375	241.4937	240.3938	244.0875

表 4.2　监测点沉降差

(单位:m)

方案	充实率	52084	54462	52913	53175	52556	50730	51303	54067	51740	52385	52861	平均值
直接顶板爆破	0	5.5938	5.0938	5.4063	6.2188	5.5312	6.0937	6.0000	5.9375	5.7187	5.5625	5.3750	5.6847
充填开采	0.85	0.3094	0.2925	0.2925	0.3206	0.3094	0.3150	0.3094	0.3037	0.2925	0.2981	0.2981	0.3037
	0.9	0.2475	0.2363	0.2363	0.2531	0.2531	0.2531	0.2475	0.2475	0.2362	0.2419	0.2419	0.2449
	0.95	0.1969	0.1856	0.1800	0.1969	0.1969	0.1969	0.1912	0.1912	0.1800	0.1856	0.1856	0.1897
充填开采+顶板爆破	0.85	0.1250	0.1063	0.1063	0.1313	0.1313	0.1313	0.1250	0.1313	0.1187	0.1250	0.1250	0.1233
	0.9	0.0438	0.0375	0.0375	0.0563	0.0500	0.0562	0.0500	0.0562	0.0437	0.0500	0.0500	0.0483
	0.95	0.0125	0.0188	0.0188	0.0062	0.0063	0.0062	0.0062	0.0062	0.0125	0.0063	0.0062	0.0097

4.3　岩层错动与复杂构造岩体破坏

井工开采是煤矿生产的主要形式,对于拟采用井工开采的煤层,应先对上覆岩层进行调查,包括岩层岩性、存在节理、裂隙和断层及构造应力等情况。矿井服务年限一般为 20～50 年,大型矿井可达 80 年,是一个较长的时间跨度,岩层可能明显变形。一方面原有的上覆岩层构造复杂,存在背斜和向斜构造,且有火成岩侵入,说明原有构造作用强烈;另一方面,该煤层区与已采煤层区相距不远,已采煤层区大部分为充分开采,且采空区众多,回填不及时,造成采空区上覆岩层的大范围变形与破坏,对拟采区上覆岩层造成水平错动。基于上述两种作用,应对该拟采区进行长时间的上覆岩层应力应变分析,研究其发展规律,以便对巷道的开掘方向等进行科学规划[3]。

本节是 2.3.4 节模拟过程的详细论述。采用下落法构造复杂岩体的几何特征,并加以水平错动效应,分析岩体长期的应力应变特征。确定矿井服务年限内可作为巷道建设位置的岩体范围,即最优巷道路径。

4.3.1　工程背景

为提高煤矿产量,在主矿区附近拟建设新矿井。规划拓展矿区煤层平均赋存标高为−275m,煤层上覆岩层产状复杂,有古代岩层皱褶形成的背斜和向斜构造,也有火成岩侵入形成的巨大夹层存在。在地应力方面,形成皱褶的构造应力仍然存在;另外,主矿区形成的采空区破坏了原始地层的应力平衡。以上两个因素导致拟拓展采区上覆岩层受水平方向错动作用。这个作用严重影响了煤层上覆岩层的应力应变特征。因此,应了解矿井服务年限内上覆岩层的变化情况,为开采决策提供依据。

拟拓展采区上覆岩层示意图如图 4.8 所示。岩层剖面尺寸为 275m(高)×500m(宽),岩层形状极不规则,具体岩层尺寸可根据图 4.8 按比例得到,这里不再给出。相关岩层参数如表 3.5 所示。由于模拟的岩层风化程度较低,岩性质量较好,且考虑计算性能的影响,5 个岩层颗粒粒径均取 2.5m。为了模拟上述地层运动,根据该矿井多年岩移观测得出的覆岩移动规律发现,该覆岩上部和下部均受水平岩层移动影响,上部影响范围为−125～0m,下部为−275～−125m,速度大小相近,方向相反,约为 0.1m/a,即 $V_1=V_2=0.1$m/a。

4.3.2　模拟与结果分析

图 4.9 为拟拓展采区岩层在水平错动力作用下内部应力应变的过程模拟。根据上述地层移动速度,折合成步数为 0.07237 年/步,那么图 4.9(a)～(i)分别对应

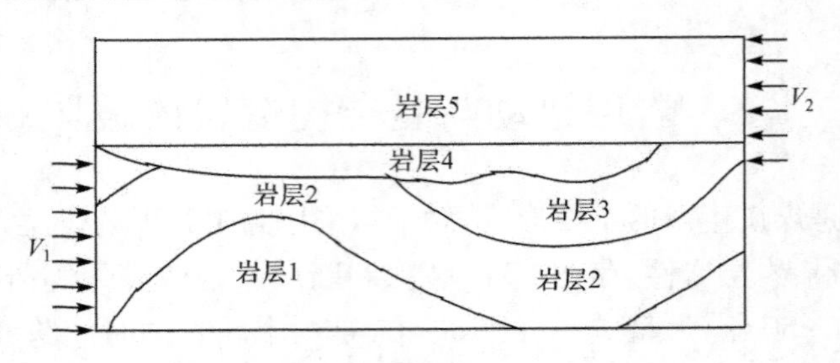

图 4.8　拟拓展采区上覆岩层示意图

的时间为：7.2370 年、21.7110 年、43.4220 年、72.3700 年、130.2660 年、188.1620 年、253.2950 年、325.6650 年、378.4951 年（由于分析岩层整体破坏，所以模拟时间较长，一般矿井服务年限为 20～80 年）。

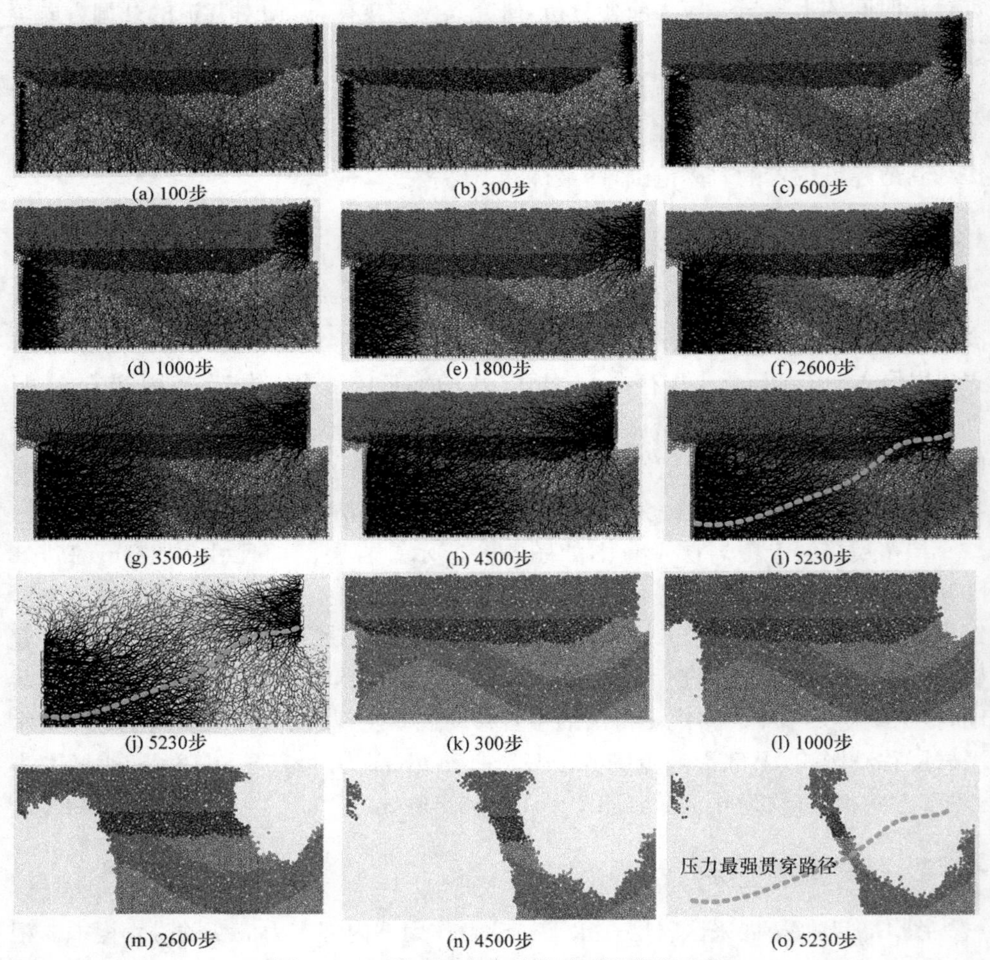

图 4.9　上覆岩层在水平错动下的模拟过程

在岩层错动过程中上覆岩层受到挤压，各岩层受力及变形规律如下。

岩层 5：该岩层距地表最近，由第四纪残积风化土和砾岩组成。表层松散在受挤压部位容易隆起，应力集中较小，压应力能均匀地扩散，如图 4.9(a)～(d)所示。从图 4.9(e)开始表层土体明显隆起，隆起部分将不承担挤压应力，造成该层上部水平压应力传递消失，压应力在该层下部传递较为明显，如图 4.9(g)～(i)所示。

岩层 4：该岩层为火成岩，整体性较好，力学性能好。该岩层正处于 V_1 和 V_2 作用的交接处，在 V_2 作用下，从图 4.9(d)开始压应力传至该岩层，由于强度较大且为凸透形状，右侧受挤压岩体向下侵入岩层 3，使压应力迅速向岩层 3 扩散，竖直方向尤为明显，如图 4.9(e)～(i)所示。V_2 对岩层 4 的作用主要体现为水平压应力的扩散。由于 V_1 并未直接作用到岩层 4 左侧的凸透形状，因此最初并未受到影响，如图 4.9(a)～(c)所示。从图 4.9(d)开始，V_1 与岩层 3 接触，由于对岩层 1 和岩层 2 的挤压作用，应力在这两个层中迅速扩散，并传至岩层 4。由于岩层 4 的岩性较强，变形较小，阻挡了压应力进一步向岩层 5 扩散，但岩层 4 左侧会整体抬升。V_1 对岩层 4 的作用主要体现为竖直压应力的扩散，如图 4.9(e)～(i)所示。

岩层 3：该岩层为火成岩下部岩层中，岩性最弱的一层，且为向斜构造，上部受压，下部受拉。由于构造特征，V_2 产生的压应力在该层中靠近破坏处竖向传播，远离破坏处水平传播；且竖直压应力传播至岩层 2 时明显减小，这是由于该岩层下部受拉破碎，如图 4.9(e)～(i)所示。

岩层 2：该岩层左侧背斜右侧向斜，存在受拉区和受压区。由岩层 3 受力分析可得，V_2 对该岩层的影响很小。在 V_1 作用下压应力在该层中传播无明显特点，对该岩层挤压的主要作用是使岩层 4 抬升，并对岩层 1 进行挤压，如图 4.9(f)～(i)所示。

岩层 1：该岩层主要受 V_1 作用，背斜构造明显，核部压应力较高。由岩层 1 传递而来的压应力迅速通过核部传至岩层 2，这个传递过程要比压应力从岩层 2 自身传递快，如图 4.9(g)～(i)所示。图(j)为压应力树状图，压应力通过岩层 1 扩散到岩层 2 的范围较大，水平发展为优势。

经过上述分析，由图 4.9(i)和(j)可知，在 379 年时，V_1 和 V_2 在岩层中产生的压应力扩散树开始明显接触，即产生的压应力将贯穿整个岩层。压应力最强贯穿路径如图 4.9(i)、(j)、(o)所示。值得注意的是，穿过岩层 2 的压应力扩散来源于岩层 1 的作用，而不是岩层 2 中压应力的传播。

以上进行了错动过程的受力分析，决定开采方案的另外一个重要指标是位移，巷道或斜坡道都应在较稳定的岩层中建造，下面利用上述模拟过程，对岩层位移进行分析。

4.3.3　最优巷道路径确定

在受力分析的基础上，对岩层位移进行分析，根据实际情况，设定巷道经过岩层应保证在开采期间位移小于0.1m。图4.9(k)～(o)显示了在不同时间,位移小于0.1m的岩体位置(大于0.1m部分已删除),分别对应21.7110年、72.3700年、188.1620年、325.6650年、378.4951年。

与受力分析对应,图4.9(m)和(n)表明了岩层4左侧的抬升现象,因为岩层5并未直接受V_1作用,而是受岩层4的抬升导致位移偏大。图4.9(m)、(n)、(o)也表明了岩层3的压应力传递特点,即压应力水平方向传递明显,而竖直方向传递主要在该岩层内,传至岩层2的压应力发展较慢。另外,压应力最强贯穿路径与图4.9(o)中剩余岩体基本垂直,也证明了模拟过程的正确性。

根据图4.9(k)～(o)可确定所需矿井服务年限与巷道建设位置(巷道通过的岩层位置)的对应关系。该例中煤层位于该岩层之下,采用井工开采,如果设开采服务年限为70年,那么巷道就应在图4.9(o)中剩余的岩层位置通过;如果年限为20年,那么应在图4.9(k)中剩余岩层位置通过。当然,在岩层中最后存在的贯穿岩层且适合巷道通过的位置如图4.9(o)所示。在这种情况下,要使巷道产生超过0.1m的变形破坏需要379年,这是最理想的状态,即最优巷道路径。可以得到矿井服务年限小于379年时任意时间所对应的适合巷道通过的岩层位置(受篇幅所限,除上述时间外的适合巷道通过的岩层图未给出)。

4.4 急倾斜煤层开采模拟

为了解复杂构造情况下开采急倾斜煤层对周围岩体的影响,这里根据开采方案进行模拟。该煤层赋存于向斜左翼,同时岩体有水平方向裂隙,且煤层倾角为87°。开采方案分11个周期,开采模拟深度为240m。根据开采方案制订了模拟方案,分析开挖过程中岩体的破坏特点,并提出治理措施。

目前我国已有的急倾斜煤层开采矿井有100多处。随着煤炭大规模开发,对环境和资源的损害越来越严重[4]。与缓倾斜煤层相比,急倾斜煤层由于在倾角、赋存条件和岩体物理力学性质上的不同,破坏形式表现为以塌陷、裂缝为主的非连续覆岩移动破坏、剧烈的地表破坏、沉陷损害等,严重影响矿区经济的可持续发展。

下面对一种特别的地质条件赋存煤层的开采问题进行研究。该煤层赋存于向斜左翼,同时岩体有水平方向裂隙,倾角为87°。根据该情况提出一套开采方案,并进行模拟[5]。

4.4.1 开采方案

工程背景与3.2节相同,对主要含煤层进行开采。该煤层赋存于岩层向斜左翼,倾角为 87°。含煤层主要存在于两部分地层内,其水平宽度分别为 30m 和 40m,且两煤层间存在 100m 左右的岩体,如图 4.10 所示[6]。

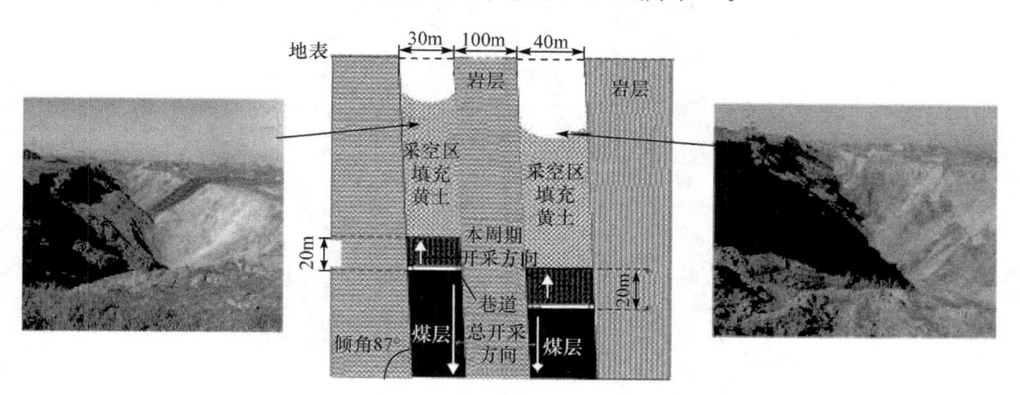

图 4.10　开采方案示意图

下面对这两个煤层进行开采,考虑地质条件和赋存情况,提出一种开采方案。利用该方案对两煤层进行交替开挖,同时一个交替周期开挖 20m 高程范围的煤。首先,对 30m 宽煤层进行开采,地表下 50m 范围内为黄土。首次开采为第一开采周期,初始巷道掘进面为－60m(地表为 0m),逐渐向上开挖,直至开挖至黄土层(－50m),则本周期开挖结束;再以同样方式开挖 40m 宽煤层。然后,第二开采周期对 30m 宽煤层进行开采,在－80m 处设置巷道,再逐渐向上开挖至－60m;以同样的方式开挖 40m 厚煤层。依此类推,总体上煤层是向下开挖的,但每个周期是向上开挖的,直至遇到黄土层。上述开挖过程中,在开挖的 30m 和 40m 煤层上方黄土会逐渐掉落。为避免开采过程中地表黄土下移后周围岩体失去约束,造成变形滑坡或破坏,使用机械或爆破黄土层的方法将黄土运移至采空区,使采空区在开挖过程中伴随着黄土的充填。为了对该开采方案进行可行性分析,根据该矿区地质条件,对上述开采方案进行模拟。

4.4.2　方案模型构建

图 4.11 给出了根据开挖方案进行模拟的过程示意图。图 4.11(a)为开挖分区图,根据开采的需要将煤层分为多个组,模拟过程中通过删除对应组颗粒来实现开挖。

模拟共分为 11 个周期,先开挖 30m 宽煤层,然后开挖 40m 宽煤层,再开挖 30m 宽煤层,往复进行。周期 1 开挖范围为－40～－50m,周期 2～周期 11 的开挖范围依次为上一周期向下 20m。开挖模拟采用删除对应位置的颗粒来实现。删除颗粒后,上部黄土下落。对充填黄土的模拟是通过在采空区上方一定范围内生成

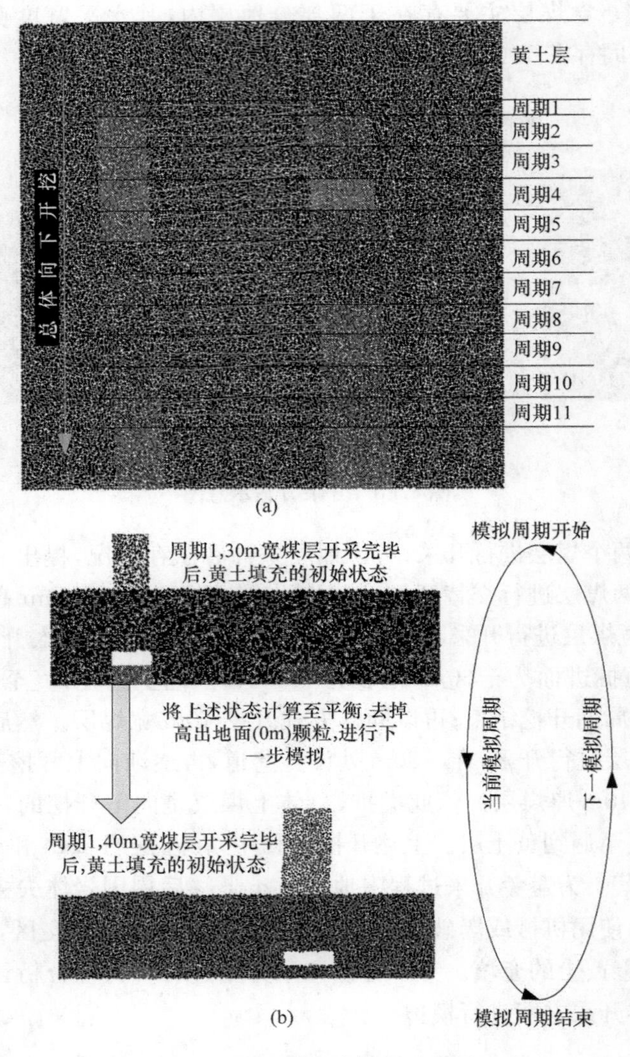

图 4.11 开采方案模拟示意图

颗粒实现的,如图 4.11(b)所示。初始状态下这些黄土充填颗粒不动,被开挖的煤颗粒已被删除。然后进行计算,被删除煤颗粒上部黄土颗粒下移,上方充填黄土颗粒掉落,计算至平衡状态(颗粒速度小于 10^{-3} m/s)。最后删除地面以上(0m)颗粒,进行下一步开挖模拟。循环上述过程到模拟周期 11 的 40m 宽煤层开挖完毕,然后计算至平衡。

4.4.3 模拟与结果分析

实施上述开采过程，分 11 个周期进行，各周期开采稳定后的岩体运移情况如图 4.12 所示。

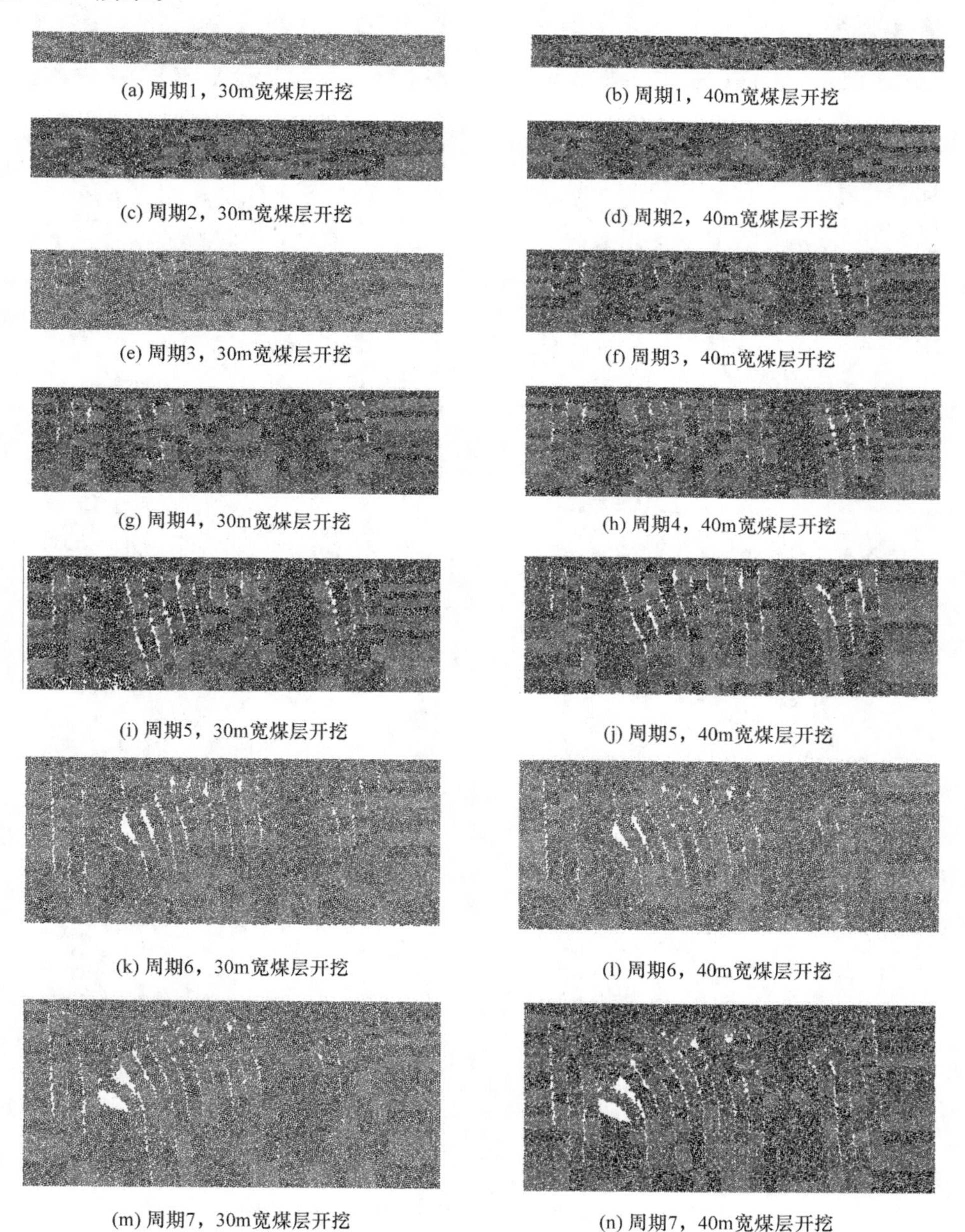
(a) 周期1，30m宽煤层开挖　(b) 周期1，40m宽煤层开挖
(c) 周期2，30m宽煤层开挖　(d) 周期2，40m宽煤层开挖
(e) 周期3，30m宽煤层开挖　(f) 周期3，40m宽煤层开挖
(g) 周期4，30m宽煤层开挖　(h) 周期4，40m宽煤层开挖
(i) 周期5，30m宽煤层开挖　(j) 周期5，40m宽煤层开挖
(k) 周期6，30m宽煤层开挖　(l) 周期6，40m宽煤层开挖
(m) 周期7，30m宽煤层开挖　(n) 周期7，40m宽煤层开挖

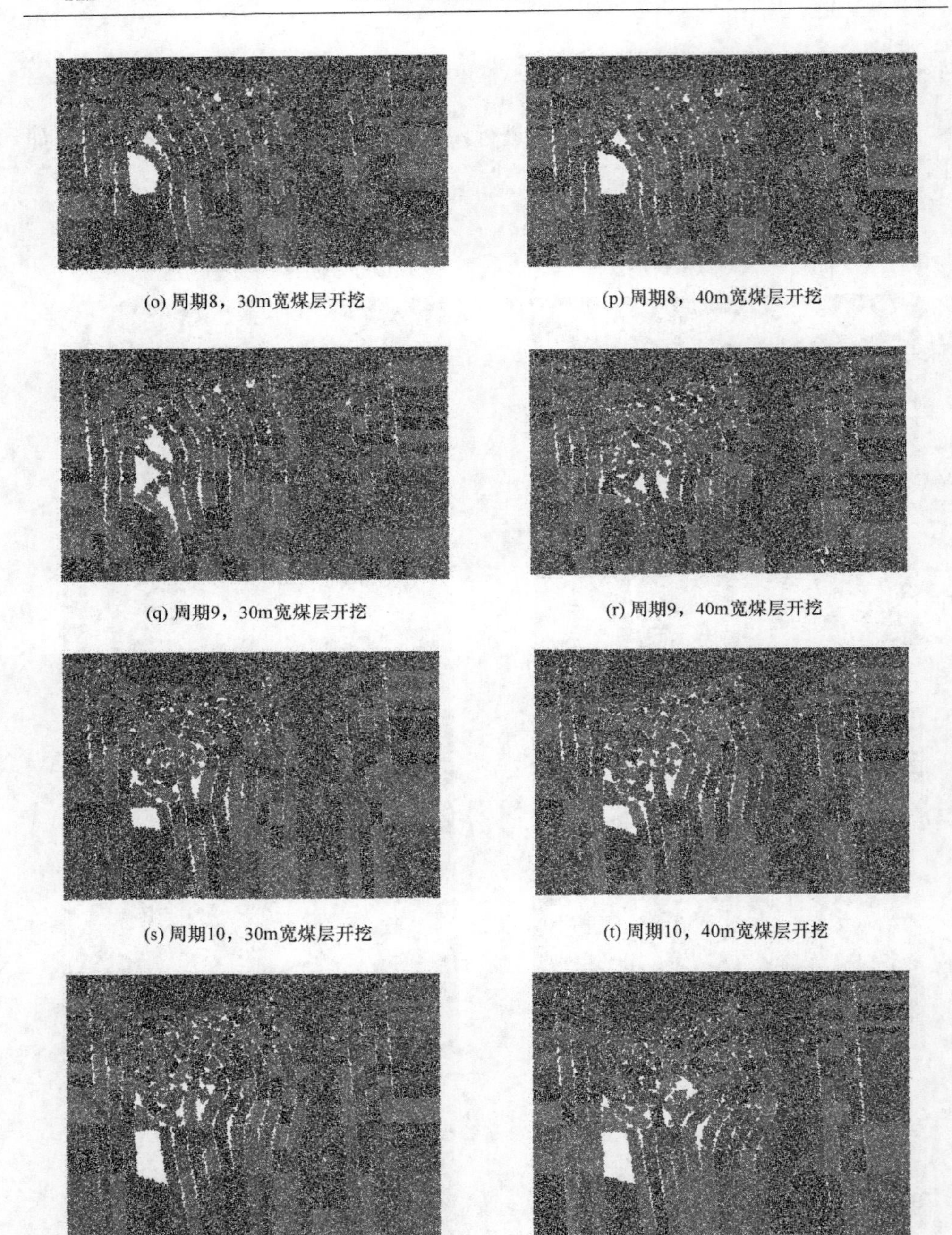

(o) 周期8，30m宽煤层开挖

(p) 周期8，40m宽煤层开挖

(q) 周期9，30m宽煤层开挖

(r) 周期9，40m宽煤层开挖

(s) 周期10，30m宽煤层开挖

(t) 周期10，40m宽煤层开挖

(u) 周期11，30m宽煤层开挖

(v) 周期11，40m宽煤层开挖

图 4.12 各周期开采稳定后的岩体运移示意图

首先对该图进行说明，为了更直观，这里使用PFC3D中的cluster图来显示运移情况。因为岩体运移达到稳定，速度矢量几乎为0，所以速度矢量图不适合表示运移情况；另外，由于岩体破坏、断裂、掉落，因此位移矢量较大且密集，使位移图无法识别。限于篇限，这里只给出cluster图，且只显示开挖涉及的岩体，并未给出上层黄土和开采位置5m以下的岩体。为了说明方便，对各子图进行编号。

图4.12中11个周期根据开挖后的变形特点和程度不同可分为4个阶段。

第一阶段(周期1～周期3)：是开挖过程的开始阶段，也是相对稳定的阶段，两侧开挖深度为－50～－100m。随着煤的开采形成采空区，上部黄土不断充填，但黄土并未完全替代被采出煤的体积。由于向斜左翼特殊的层理结构和水平裂隙，30m宽采空区两侧和40m宽采空区两侧的岩体均向采空区方向倾斜。周期3稳定时两侧岩体已出现沿向斜左翼层理的明显裂隙。由于采空区两侧出现裂隙，岩体向采空区方向运移，30m宽采空区两侧岩体有逐渐合拢的趋势。这是由于形成采空区后黄土下移，而充填黄土需要一个过程，这个过程是滞后的，使两侧岩体失去采空区一侧约束；另外，原有煤体强度远大于黄土，煤体采空后两侧岩体的弹性势能释放，使两侧岩体变形。因此，在对煤体开采的同时，两侧岩体也一定向采空区方向运移，且不可逆。

第二阶段(周期4，周期5)：开挖过程继续，30m宽采空区上端两侧岩体向采空区继续移动，逐渐闭合；40m宽采空区右侧岩体上部继续向采空区移动，而左侧岩体变形较小。随着采空区的扩大(－140m)，30m宽采空区左侧岩体向采空区运移的程度较小，而右侧岩体加速向采空区方向运移。两采空区所夹岩层中的向斜左翼裂隙逐渐增大增多。40m宽采空区两侧岩体也有相同的运移情况。当该阶段稳定时，30m宽采空区两侧岩体靠拢闭合，此后从地表填入的充填黄土将不能达到采空区(被闭合的岩体阻挡)，而40m宽采空区则不出现这种现象。

第三阶段(周期6～周期8)：30m宽采空区右侧岩体坍塌，裂隙逐渐增大，左侧完好；40m宽采空区右侧岩体上部破坏，而其余部分完整。由于前期30m宽采空区两侧岩体合拢，继续开采后在合拢岩体下方黄土由于煤的采空继续向下移动，而上侧没有黄土充填，因此两侧岩体进一步失去水平方向约束。进一步，由于前期右侧岩体变形很大，在不受水平约束的情况下向采空区弯曲，这样的弯曲进一步使该岩层右侧岩体失去约束，将导致两采空区中间岩体向左侧倾倒运移。40m宽采空区右侧上部岩体随着充填黄土一同滑落进入采空区作为充填材料，而未滑落的岩体是比较稳定的。周期7中，30m宽采空区出现了由采空区右侧岩体折断产生的拱，但随着开挖的继续，该拱逐渐被破坏。在周期7的基础上，周期8中40m采空区两侧岩体变化不大，30m采空区右侧岩体由于开采形成了更大的拱。在该过程中，由于两采空区中部岩体向左倾倒，该位置地表也出现明显沉降。

第四阶段(周期 9～周期 11):40m 宽采空区右侧岩体变化不大,左侧岩体逐渐向左倾倒。30m 采空区左侧岩体基本稳定,右侧岩体折断塌落。两采空区中部地表进一步下沉。周期 9 中 30m 宽采空区右侧岩体由于在周期 8 中形成了较大的拱,因此在进一步向下开采的过程中,岩体左侧继续失去约束,该岩体折断掉落。由于该岩体遭到破坏,同时上部黄土无法进行充填,因此产生了较大的无充填空间;两采空区中部岩体进一步向左倾倒充填该区域。该过程导致两采空区中部岩体快速下移,也造成该位置地表明显下降。周期 10 和周期 11 在 30m 宽采空区再一次形成拱,虽然模拟结束时未塌落,但继续模拟拱的塌落是必然的。40m 宽采空区右侧岩体一直是稳定的,而左侧岩体向采空区凸出加剧。

综上所述,在开采过程中 40m 宽采空区右侧岩体最稳定,只有上部有破坏;左侧岩体向左倾倒,后期向该采空区内弯曲。30m 宽采空区左侧岩体也是较稳定的;右侧岩体破坏最为严重,从倾倒到形成拱,然后折断破坏再形成拱。正是 30m 宽采空区右侧岩体的破坏,导致两采空区中部岩体向左倾倒,该部分地表明显沉降。这也是判断地下发生严重破坏的标志。

4.4.4　岩体加固建议

在该地质条件下,采用上述开采方式大体上是可行、合理的,但对周边岩体影响较大,特别是两采空区中间岩体,造成较大的地表沉降。从模拟结果来看,主要破坏位置按破坏程度划分如下:30m 宽采空区右侧岩体破坏最大,40m 宽采空区左侧岩体次之,40m 宽采空区右侧岩体第三,30m 宽采空区左侧岩体破坏最小。出现这种现象的原因是煤层存在于向斜左翼且倾角为 87°。

整个岩体变形是由 30m 宽采空区右侧岩体向采空区内倾倒引起的,如果该处岩体不发生大变形,那么两采空区中间岩体不会向左倾倒,该处地表也不会明显沉降,因此控制该位置变形破坏是至关重要的。该位置变形破坏是由于开挖后充填黄土刚度和强度不够且有 87°倾角,导致岩体失去水平约束且弹性势能释放。建议对 30m 宽煤层开采前,加固煤层右侧岩体,可采用注浆或黄土地基加固方法加固黄土或岩体;或在开采初期对右侧岩体进行一定的支护以对岩体施加水平约束。总之,要防止采空区两侧岩体倾倒形成闭合阻碍黄土对采空区的充填。40m 宽采空区左侧岩体变形基本上是由 30m 宽采空区右侧岩体变形导致的。40m 宽采空区右侧岩体只有上部在开采过程中遭到破坏,且不会随着开采发展,此处可不进行加固。

4.5 小　结

本章对开采过程中造成的岩层运移和地表沉降进行了模拟分析。

4.1 节使用第 2 章建立的模型及不同充实率模拟了岩层运移情况。分析了充填材料充实率为 0.7 时,7 种假设采空区长度的上覆岩层移动和应力发展规律及特点。就岩层移动而言,当采空区长度较短时,岩层 4 的火成岩对充填后采空区引起的上覆岩层沉降量有抑制作用;随着采空区长度增加,岩层 4 发生整体运移使上覆岩层 5 大面积沉降,使路基不能满足沉降要求。对岩层应力变化而言,松散堆积区开始时面积增加,然后基本保持不变,当接近岩层 4 时有所减小。同时,将形成左右环抱松散堆积区的应力树状分布,岩层 4 中拉应力增加,压应力减小,且以横向应力增加为主。对 3 种充实率和 7 种假设采空区长度的组合情况进行模拟,得到了路基下地表沉降结果,并制订了采空区方案。

4.2 节针对采空区处理方式中直接顶板爆破、充填开采、充填开采＋顶板爆破 3 种方式提出了建模方法。对 7 种方案做了模拟,得到了岩层运移和应力特征。采用充填开采＋顶板爆破的岩层位移矢量小于只使用充填开采的情况。分析了采用充填开采＋顶板爆破方案比只使用充填开采方案对上覆岩层位移影响减小的原因。得到了满足工程要求的处理方案:充填开采(充实率为 0.9、0.95)、充填开采＋顶板爆破(充实率 0.85、0.90、0.95)。三种充实率下充填开采导致地表沉降量随着充实率的增加以 0.06m 等差减小;而充填开采＋顶板爆破导致地面沉降呈指数减小。

4.3 节在水平错动作用下对岩层的应力应变进行了模拟。通过实地测量得到了水平错动的特征,模拟了从开始受到错动到错动产生压力贯穿上覆岩层的全过程,该过程需要 379 年。分析了上覆岩层中 5 个岩层的变形特征,尤其是火成岩在变形过程中的独特作用。在 379 年时形成压应力最强贯穿路径,即 V_1 和 V_2 在岩层中产生的两个压应力扩散树开始明显接触,压应力将贯穿整个岩层。穿过岩层 2 的压应力来源于岩层 1 的作用,而不是岩层 2 中压应力的传播。对模拟进行实际应用确定了最优巷道路径。确定了所需矿井开采服务年限与巷道建设位置(巷道通过的岩层位置)的对应关系。最优巷道路径为最后的可以贯穿上覆岩层且位移小于 0.1m 的岩层区域。

4.4 节提出了一套开挖模拟方式。模拟过程共分为 11 个周期,先开挖 30m 宽煤层,然后开挖 40m 宽煤层,再开挖 30m 宽煤层,往复进行。周期 1 开挖范围为 －40～－50m,周期 2～周期 11 的开挖范围依次为上一周期向下 20m。对开挖的模拟通过删除对应位置颗粒实现。删除颗粒后,上部黄土下落,对充填黄土的模拟是通过采空区上方一定范围内颗粒下落实现的。初始状态下这些黄土充填颗粒不动，被开挖的煤颗粒已被删除。然后，上部黄土颗粒下移，上方充填黄土颗粒掉落。平衡后删除地面以上(0m)颗粒，进行下一步开挖模拟。分析了开挖过程中岩体破坏的特点。在开采过程中 40m 宽采空区右侧岩体最稳定；左侧岩体先向左倾倒，后向该采空区内弯曲。30m 宽采空区左侧岩体也是较稳定的；右侧岩体破坏最为严重，从倾倒到形成拱，然后折断破坏再形成拱。导致两采空区中部岩体向左倾倒，地表明显沉降。提出了可能的治理措施：对于 30m 宽煤层开采前加固煤层右侧岩体，可采用注浆或黄土地基加固的方法或对岩体施加水平约束，防止采空区两侧岩体倾倒形成闭合，阻碍黄土对采空区的充填；而 40m 宽采空区右侧岩体只在上部开采过程中遭到破坏，可不加固。

本章使用颗粒流方法对开采过程中造成的上覆岩层运移及地表沉降进行了分析。提出了一些开采方案，并通过模拟验证了方案的有效性。

参考文献

[1] 崔铁军，马云东，王来贵. 特厚倾斜煤层充填开采对地面路基沉降的影响[J]. 煤矿安全，2015，46(12)：222—225.

[2]崔铁军，马云东，王来贵. 采空区处理方式与上覆既有路基沉降模拟研究[J]. 系统仿真学报，2016，28(11)：2723—2728.

[3]崔铁军，李莎莎，马云东，等. 岩层错动下复杂构造岩体破坏发展研究及应用[J]. 系统仿真学报，2018，30(1)：216—220，227.

[4] 赵娜，王来贵，李建新. 急倾斜煤层开采地表移动变形数值模拟[J]. 哈尔滨工业大学学报，2011，43(增 1)：241—244.

[5] 韩光，齐庆杰，崔铁军，等. 急倾斜煤层开采方案模拟与岩层运移分析[J]. 采矿与安全工程学报，2016，33(4)：619—623.

[6] 张宏伟，荣海，陈建强，等. 近直立特厚煤层冲击地压的地质动力条件评估[J]. 中国矿业大学学报，2015，44(6)：1053—1060.

第 5 章 煤岩自燃过程模拟

煤岩自燃是矿业工程主要灾害之一。本章使用颗粒流方法建立煤岩火灾模型,结合热力耦合模型研究煤岩自燃过程,并进行分析。

5.1 采空区遗煤发火模拟

使用颗粒流理论,将氧气等效成渗入遗煤的颗粒,模拟煤与氧气反应并发出热量,从而得到自然发火过程中的采空区遗煤内温场分布及其特点。根据温度及其升温区域变化对模型进行修正。

5.1.1 工程背景

某煤矿回采工作面长 200m,采高 4.8m。现以该工作面为例进行 U 形通风下的采空区自然发火数值模拟。采空区深度取 300m,工作面正常推进速度约为 3.6m/d、通风阻力为 58Pa、倾角为 5°,工作面最大风量为 700～810m^3/min,进风温度为 19℃,原始岩温为 21.7℃,正常推进时遗煤均厚为 1m。模型如图 5.1 所示。模型原点为左下角采空区(O 点),X 轴方向从左到右(横向,300m),Y 轴方向从下到上(纵向,200m)。煤颗粒设置如下:摩擦系数为 0.3,密度为 1400kg/m^3,弹性模量和剪切模量为 3.5×10^8Pa,半径范围为[0.05m,0.075m][1]。

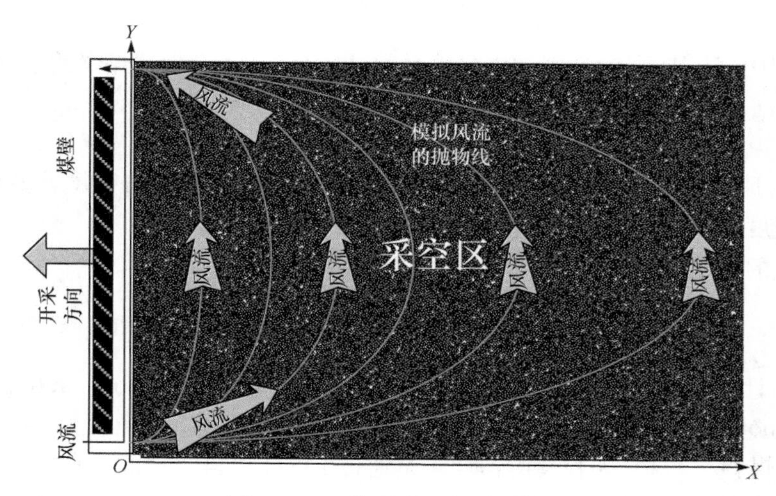

图 5.1 U 形通风下采空区模型

相关参数取值如下：气体常数 $R_s=8.314\text{J/(mol·K)}$；空气动力黏性系数 $\mu=1.8\times10^{-5}\text{kg/(m·s)}$；空气扩散系数 $D=1.5\times10^{-5}\text{m}^2/\text{s}$；活化能 $E_a=5\times10^4\text{J/mol}$；煤导热系数 $\lambda_s=0.2\text{J/(mol·K)}$；放热量 $\Delta Q=4.2\times10^4\text{J/mol}$；遗煤渗透系数 $k=8\times10^{-7}\text{m}^2$；煤的线性热膨胀系数 $\alpha=3.0\times10^{-6}\text{K}^{-1}$；煤的比定容热容 $C_v=1100\text{J/(kg·K)}$。模型处于环境标准状态。

5.1.2 遗煤发火细观模型构建

为解决遗煤层发火升温过程的模拟，先解决如下3个问题。

(1) 将空气中的 O_2 按比例等效为颗粒：标准状态下，1mol气体体积为22.4L，1m^3 为44.64mol，O_2 浓度 $=44.64\times21\%\times32=0.3(\text{kg/m}^3)$。因为模型厚0.5m，设 1m^3 气体模型内有100个 O_2 颗粒，O_2 颗粒浓度 $=1\text{m}\times1\text{m}\times0.3\text{kg/m}^3\times0.5\text{m}/100=0.0015\text{kg/m}^2$，即 0.0469mol/m^2。O_2 相对空气的摩尔质量(去掉空气对 O_2 的浮力)为3g/mol，每个 O_2 颗粒的等效质量为 $0.0469\text{mol}\times3\text{g/mol}/1000=1.407\times10^{-4}\text{kg}$。为了 O_2 在煤内充分扩散，设 O_2 颗粒半径 $R_{O_2}=0.003\text{m}$，则球的密度 $=1.407\times10^{-4}(\text{kg})/(4/3\pi R_{O_2}^3)=3.9\text{kg/m}^3$。

(2) 模拟氧气在采空区内流动通过FISH语言实现。通过采空区的进气口与出气口两点，构造采空区内的二次抛物线，如图5.1所示。模拟气流在采空区的运动轨迹，从而为氧颗粒施加速度矢量。同时为模拟气流带走煤层热量，与速度矢量成正比地减小气流经过区域(图5.1中多条抛物线包罗区域)煤颗粒的温度值。将氧气在遗煤中的流动分解成竖直方向和水平方向，即[2]

$$\frac{\partial P}{\partial x}=-\frac{\mu}{k}u \tag{5.1}$$

式中，P 为压力，Pa；μ 为空气动力黏性系数，kg/(m·s)；k 为遗煤渗透系数，m^2。

$$\frac{\partial P}{\partial y}=-\frac{\mu}{k}v+\Delta\rho g\left(1-\frac{T_a}{T}\right) \tag{5.2}$$

式中，v 为遗煤内部竖直方向风速，m/s；$\Delta\rho$ 为 O_2 对空气的相对密度，kg/m^3；g 为重力加速度，m/s^2；T_a、T 分别为遗煤外部和自身温度，K。

氧气的运输方程为[2]

$$\varepsilon\frac{\partial c}{\partial t}+\frac{\partial(uc)}{\partial x}+\frac{\partial(uc)}{\partial y}=D\left(\frac{\partial^2 u}{\partial x^2}+\frac{\partial^2 v}{\partial y^2}\right)-(1-\varepsilon)R \tag{5.3}$$

式中，t 为计算时间，s；ε 为遗煤孔隙率，%；D 为空气扩散系数，m^2/s；R 为氧气消耗速率，$\text{mol/(m}^3\cdot\text{s)}$。

(3) 煤颗粒与 O_2 颗粒反应消耗氧是通过FISH语言实现的。在这个过程中，假设当煤颗粒与氧气颗粒外表面距离小于等于 R_{O_2} 时，发生反应并放出热量。删除 O_2 颗粒后导致局部 O_2 浓度降低，促使氧颗粒产生运动。反应遵循碳与氧反应的化学方程式。

关于 PFC3D 的相关热力学模型请参见文献[3]和[4]。

5.1.3　模拟与结果分析

由该模型计算的在不同时刻遗煤内温度分布及能量迁移如图 5.2 所示。(曲线用于分割不同灰度颗粒,下同)

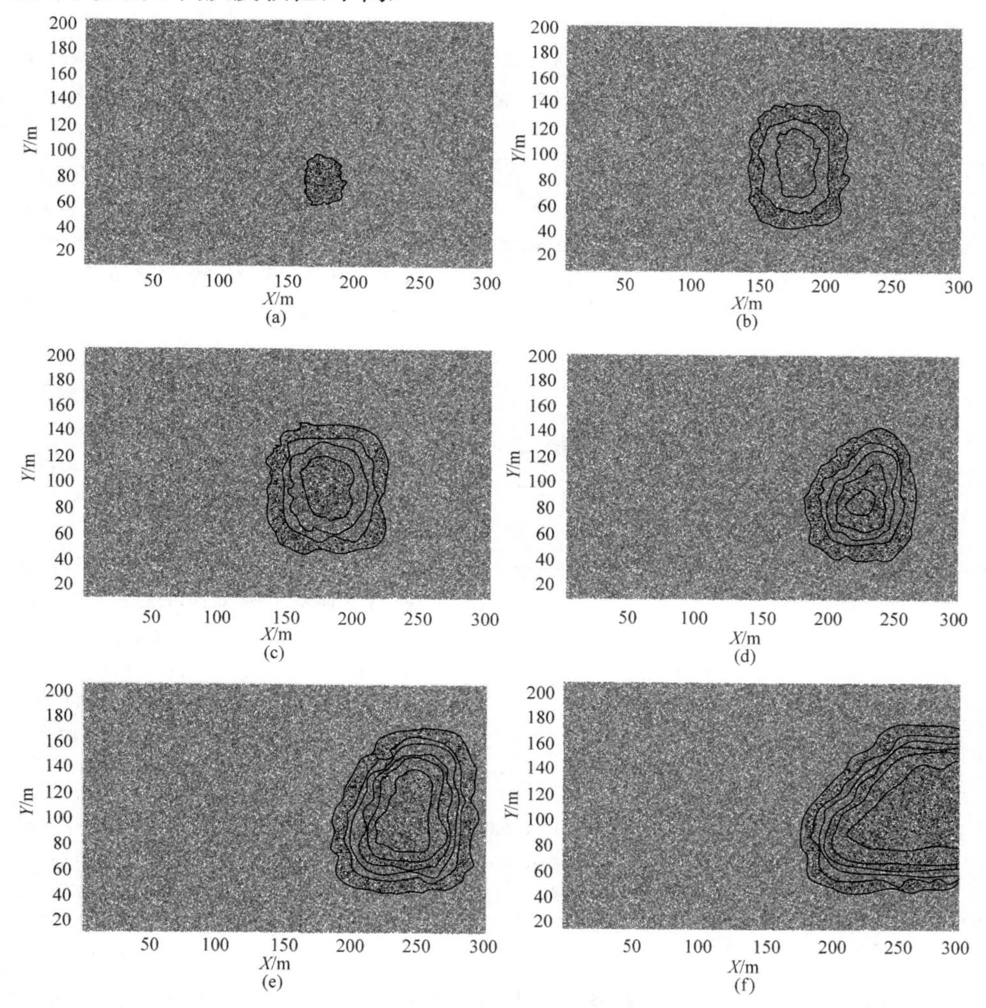

图 5.2　采空区遗煤不同时刻温度分布

图(a)～(f)的区域为图 5.1 中采空区所对应的区域,即 200m×300m 的范围

遗煤温度分布区域的不同灰度代表不同温度,由中心向外逐渐降低,最外部 295K 为自然温度,307K 以上灰度不变,中间每隔 2K 用一个不同的灰度表示。

图 5.2 对应的采空区遗煤层升温及其分布变化如表 5.1 所示。

表 5.1　采空区遗煤层温度及其分布变化

子图	发展时间/d	最高温度/K	区域	分析
(a)	7	296.5	X∈(200m,220m) Y∈(50m,95m)	初始位置和形状与通风量、遗煤厚度等有关
(b)	15	298.1	X∈(200m,225m) Y∈(50m,110m)	经过热量积累,促进了氧化反应发生,升温区沿气流运动方向扩展。升温区内两闭合等温线间距基本相同,说明煤的氧化比较稳定,在各方向线性增长
(c)	22	301.9	X∈(200m,235m) Y∈(50m,125m)	升温区变化不大,但温度上升很快,升温区上段区域收紧成尖端状,下端则继续扩大。遗煤与氧气加速反应,升温区下端氧气较浓,得以发展,升温区上段氧气浓度降低,发展较慢。氧化比较剧烈,升温区在各方向增长速度不同
(d)	27	304	X∈(200m,250m) Y∈(50m,125m)	升温区纵向发展比较缓慢,横向发展较快。原因是沿气流运动方向氧气不足,蓄积热量向四周扩散,与风流垂直方向获得较充分的氧气,进而氧化使升温区横向扩展。氧化升温仍然剧烈,但逐渐趋于平稳
(e)	31	306.1	X∈(200m,270m) Y∈(50m,150m)	纵向和横向发展速度都快,且纵向发展大于横向发展。氧气流的垂直接触范围增大,形成了新的纵向氧气供应通道。使处于氧气流下游的区域得氧升温,升温区上段纵向得以发展。各方向的氧化升温速度区域稳定
(f)	35	308	X∈(200m,300m) Y∈(50m,150m)	升温区纵向扩展停止。风流假设为抛物线,经过采空区上边界和下边界的氧气较少,不足以供应氧化升温反应。升温区在 300m 后的采空区发展也较小

注:表中横向和纵向均参照图 5.2。

上述过程可分为三个阶段:第一阶段是 22 天以前,升温区发展比较缓慢,升温过程稳定,形状规则,氧气供应充足;第二阶段是 22～35 天,升温区发展比较剧烈,由于氧气供应问题,各方向的升温区发展速度不同,一般是纵向—横向—纵向的发展方式;第三阶段是 35 天后,升温区周围氧气供应浓度到达极限平衡,升温区范围停止发展,系统平衡。

5.1.4　模型改进研究

分析实际数据与模拟数据不同的原因。模拟得到的时间和温度变化规律与实际相近，而变化的区域差别较大。特别是初期纵向的升温区发展模拟远小于实际升温区发展，而后期横向也远小于实际发展程度。温度发展与实际相同表明，氧化过程和温度扩散等模拟出现问题的可能性较小。升温区的扩大应考虑是否由煤层存在裂隙、氧气更易于与煤反应造成。

一般情况下，采煤机沿着工作面进行割煤，即沿图 5.1 纵向运动。根据采煤机滚筒的直径，其进尺深度可为 0.6m、0.8m、1m，这里进尺为 1m。考虑采煤机纵向割煤时对上部遗煤层的扰动，沿回采方向每隔 1m 就造成遗煤层裂隙。氧气沿裂隙运行，从而加快了升温区纵向扩散速度，进而使这段时间内的升温区面积远大于模拟的升温区。

为了模拟由割煤产生的遗煤层裂隙，根据进尺长度，每隔 1m 删除遗煤层横向 0.05～0.075m、纵向 0～200m，底面向上 0.2m 范围内的颗粒。这样便形成了采空区遗煤层上的间隔 1m、深 0.2m，且沿整个工作面宽度的裂缝。

图 5.3 为考虑割煤机产生裂隙后的升温过程模拟。

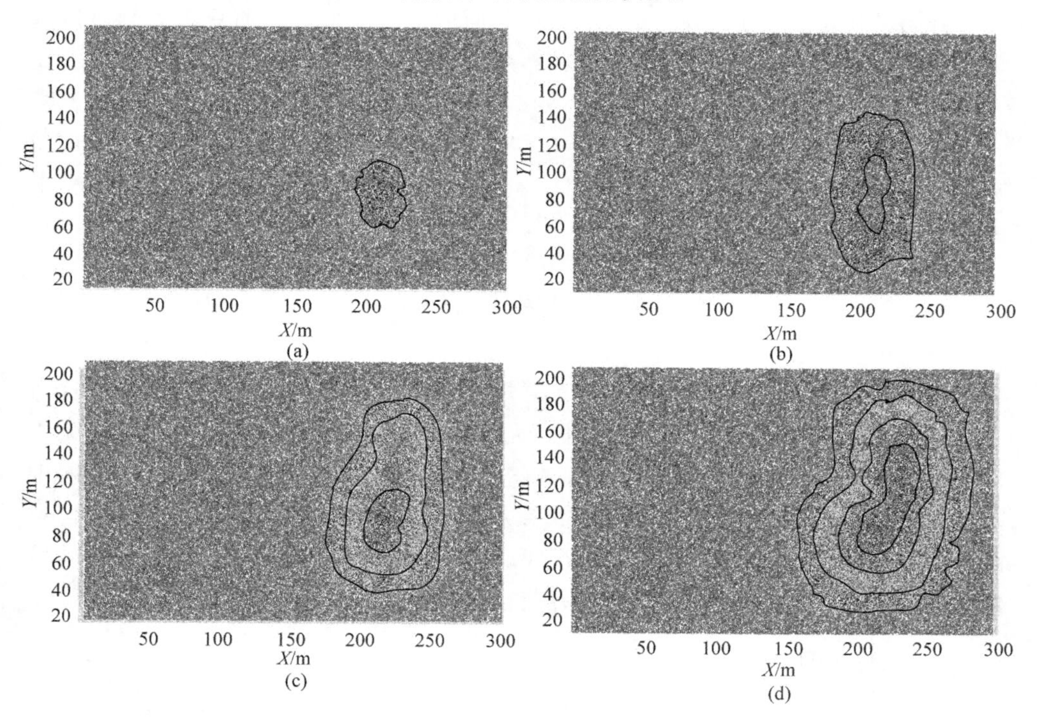

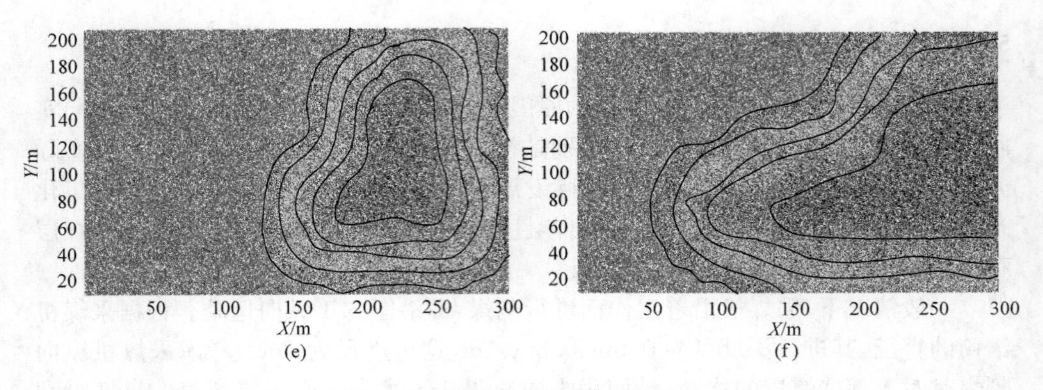

图 5.3　改进后的升温过程模拟

图 5.3 与图 5.2 对温度的规定相同，图 5.3(a)～(f)分别对应图 5.3(a)～(f)。由图 5.3 可知，各个时间段的升温区变化规律与图 5.2 及表 5.1 类似。但由于加入了裂隙，模型产生的升温区比图 5.2 增大了许多，更接近实际升温情况。尽管还有差异，但改进后的模型在升温时间与温度的关系模拟方面更为准确；另外，升温区扩散程度更接近事实。

升温区变化仍小于实际变化，下面就其原因进行分析。目前只考虑割煤机割煤时对遗煤层产生的裂缝，这种裂缝虽然众多，但相对细小且深入遗煤层较浅，属于细观范畴。但模拟后结果仍小于实际结果，最可能的原因是采空区造成的上覆岩层运移使遗煤层沿竖向产生了较深的裂缝。这样的裂缝比前述裂缝要深得多，宽度也较大，但数量较小。因此，很可能由于没有考虑这种大裂缝，模拟结果小于实际温变范围。

5.2　煤堆自燃模拟

在研究煤岩自燃过程中发现，现有对煤堆自燃的模拟一般基于连续理论，这与煤堆最基本的离散颗粒属性相差较远。无法模拟氧气在煤堆中的扩散过程，无法模拟温度和能量以点面接触形式传递的过程，对氧化反应的控制和模拟也是困难的。本节使用 PFC3D 特有的颗粒流属性及其热力耦合模型，并利用 FISH 语言控制氧化反应等，在考虑氧气流动的情况下，对煤自燃过程中煤堆内温场变化、能量传递变化和氧气流动变化进行模拟；并与已有文献及实际结果进行对比[5]。

5.2.1　工程实例

这里对煤堆长期堆放可能造成的自燃事故进行模拟。使用的模型与 2.2.4 节相同。地面摩擦系数为 0.3，颗粒摩擦系数为 0.3，煤密度为 1400kg/m^3，弹性模量

和剪切模量为 3.5×10^{8}Pa，颗粒半径范围为[0.05m，0.075m]，如图 5.4 左侧所示。风向从右向左，v=20m/h。

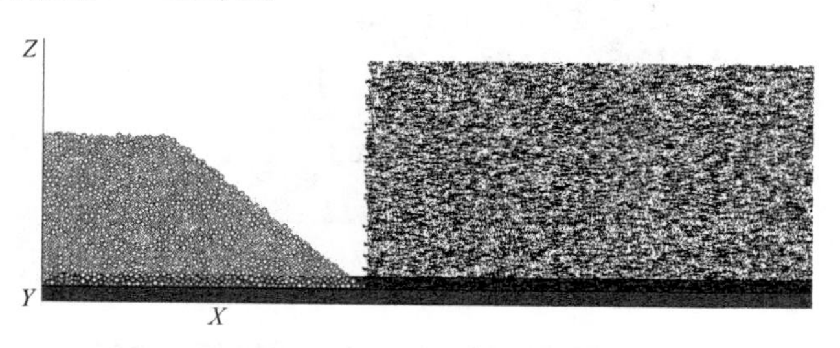

图 5.4 煤堆颗粒及 O_2 颗粒模型

目前，PFC3D 中没有热对流和热传导方程，因此采用 PFC3D 的热力耦合模型处理煤颗粒之间的热力关系；同时，将空气中的 O_2 按比例等效为颗粒，使用 FISH 语言对这些颗粒进行控制。模拟 O_2 在煤堆内的流动情况，以及煤颗粒与 O_2 颗粒反应消耗 O_2 的过程。模型使用下落法构建，详细步骤请参见文献[4]和[6]。

5.2.2 氧气流动模型构建

模拟 O_2 在煤堆内的流动是通过 FISH 语言实现的，首先要解决在计算时间内 O_2 颗粒的连续性问题。图 5.4 所示为计算的开始时间，当开始计算后 O_2 颗粒以速度 v 向煤堆方向运动。保证 O_2 颗粒连续的方法是在每个计算单位时间内计算 O_2 颗粒在速度 v 下的运动距离。如图 5.4 所示，在整个区域模型右边界，颗粒运动过的距离内以规定浓度添加 O_2 颗粒，同时在左边界删除同样距离的 O_2 颗粒。当然，运动时间越短方法越精确，但计算成本越高。空气等效设置、参数和运动方程与 5.1 节相同。

5.2.3 模拟与结果分析

模型经计算分别取 20d、40d、60d、70d 的温度场，对能量迁移及 O_2 流动情况进行分析，如图 5.5～图 5.12 所示。

煤堆温度分布区域中温度在 300K 以下为白色，中间每隔 10K 用一个灰度表示，360K 以上灰度不变；O_2 流动图中的点是 O_2 颗粒。黑色箭头线段表示 O_2 颗粒的速度矢量。

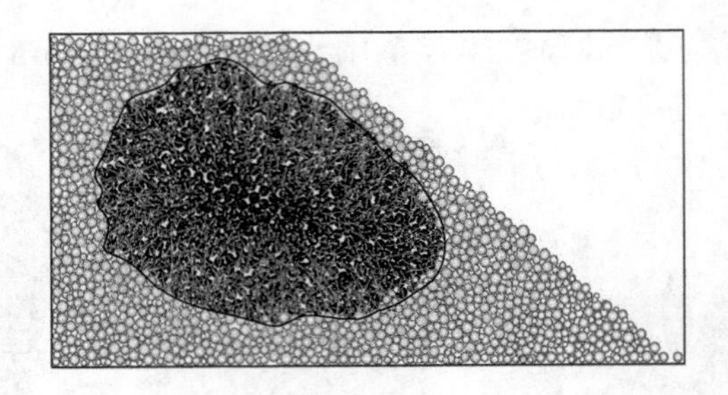

图 5.5　20d 时煤堆的温度分布及能量迁移图

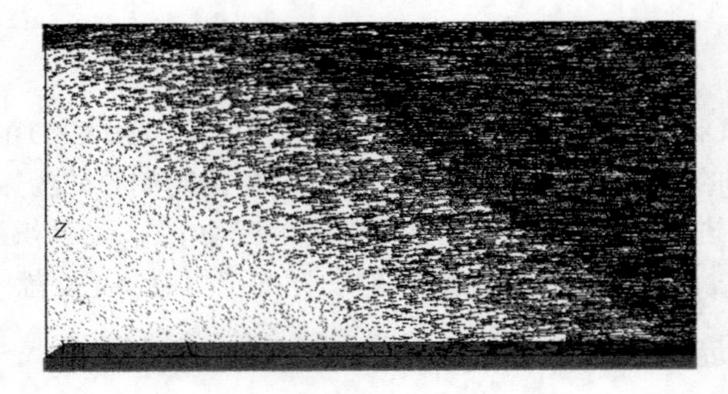

图 5.6　20d 时 O_2 流动图

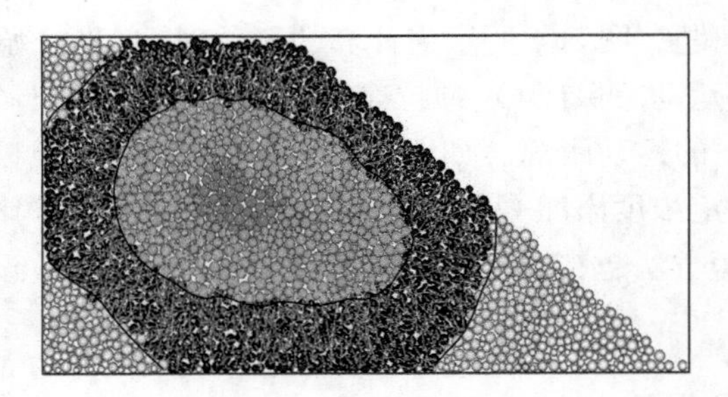

图 5.7　40d 时煤堆的温度分布及能量迁移图

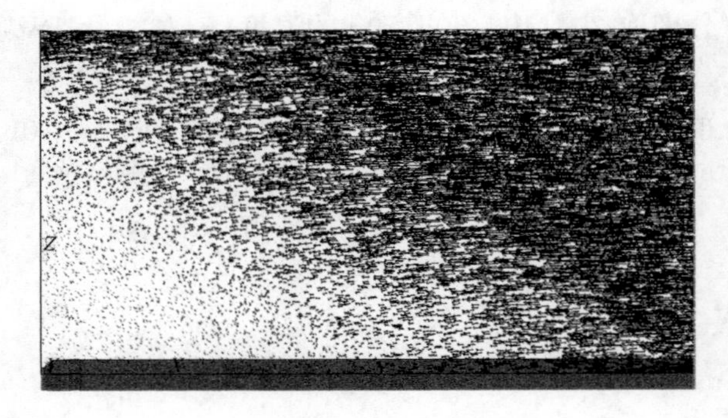

图 5.8　40d 时 O_2 流动图

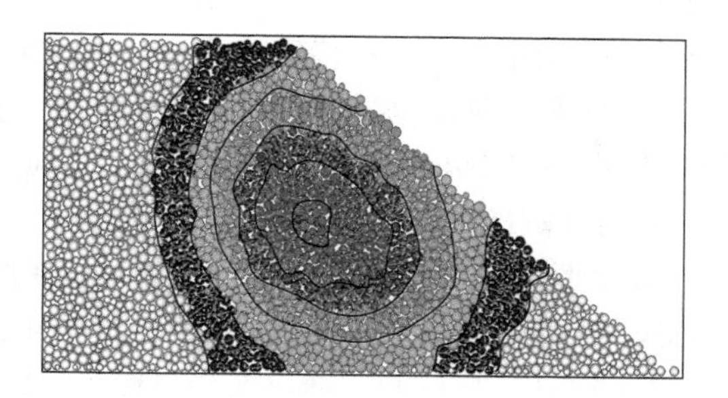

图5.9　60d时煤堆的温度分布及能量迁移图

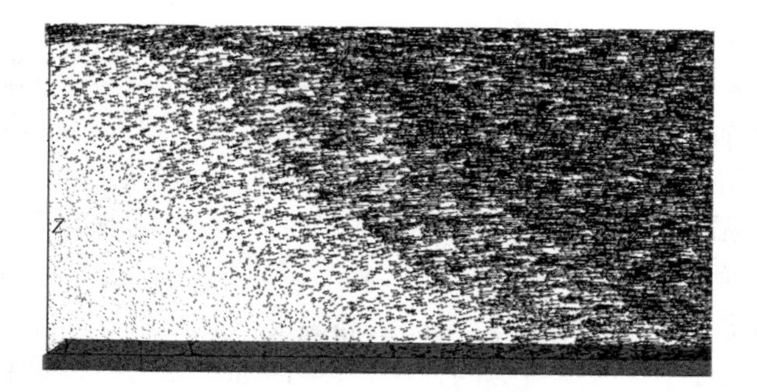

图5.10　60d时O_2流动图

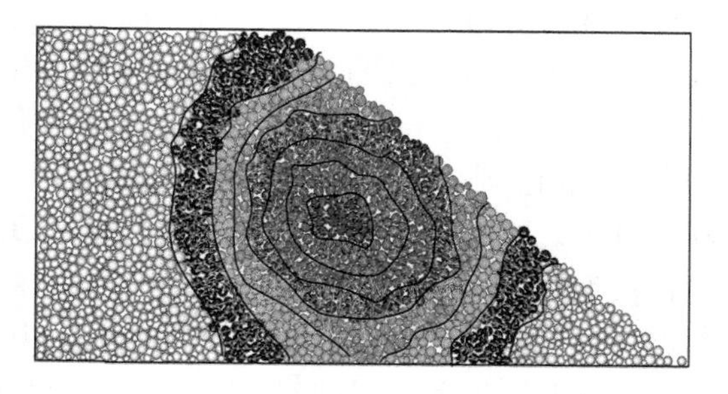

图5.11　70d时煤堆的温度分布及能量迁移图

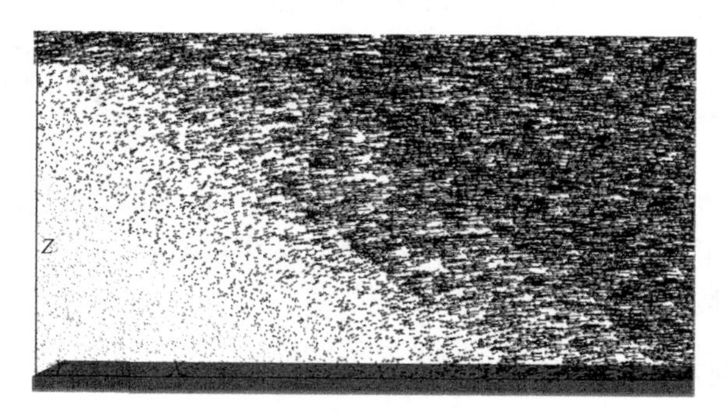

图5.12　70d时O_2流动图

如图 5.5 所示，在计算初期，煤与 O_2 接触产生缓慢氧化反应，释放热量。煤堆表面与空气换热使其温度升高较慢；尽管煤堆内部渗透 O_2 不足，但仍可以进行氧化反应，且能量散失较慢，中间出现大范围的高温区（指每个时刻的最高温度区）。能量从高温区中心向外围迁移，高温区中心能量无迁移。迁移能量在两个温区的交界处达到最大。20d 时煤堆的最高温度为 307.9K。如图 5.6 所示，20d 时 O_2 在煤堆内流动速度基本与氧颗粒到煤堆坡面边界的水平距离成反比。当渗透煤堆的水平距离为 0～6m 时，O_2 颗粒的运动速度相对稳定；达到 6～7m 后，O_2 颗粒的运动杂乱无章，煤堆内部的 O_2 颗粒运动微弱，这时速度的稳定区、杂乱区、微弱区无明显界限。

如图 5.7 所示，出现了高于 320K 的温度区，与图 5.5 相比，温度区中心似乎没有改变。由于前 40d 的温度积累，煤堆内部温度有所上升，加剧了内部氧化反应，导致局部 O_2 浓度降低，进而增加水平方向的 O_2 颗粒流动量。如图 5.8 所示，对应图 5.7 的高温区水平方向 O_2 颗粒流动速度增加，出现对气体的抽吸作用。风速产生的热交换不足以带走这些热量，此时温度的变化已扩散到煤堆表面。煤堆内的能量迁移基本规律不变。此时的最高温度为 322.8K。

如图 5.9 所示，随着残煤自燃的发展，煤堆内部积累了一定氧化释放出来的热能，温度升高进一步促进了氧化反应。这时，煤堆内部由于 O_2 局部浓度降低产生的 O_2 颗粒流动量不足以维持反应，反应中心区，即高温区向煤堆坡面边界移动。由于模型下边界和左边界是无反射能量的，因此热量会散失，导致模型左侧降温。如图 5.10 所示，高温区温度产生的浮力使气流上升，导致高温区水平方向对 O_2 颗粒的抽吸作用加强，在高温区到煤堆坡面边界水平区域内的 O_2 颗粒流动速度进一步增大。抽吸作用使 O_2 颗粒速度的稳定区减小、杂乱区增加、微弱区增加，各区界限明显。此时最高温度为 357.4K。

如图 5.11 所示，高温区进一步向煤堆坡面边界移动，表明煤堆开始自燃。此时最高温度为 362.1K。如图 5.12 所示，抽吸作用进一步加强，煤堆内的 O_2 颗粒运动杂乱区和微弱区域进一步增大，且界限明显。

5.3　残煤自燃与矿边坡稳定性

为了解露天煤矿边坡内残煤自燃对边坡稳定性的影响，对某边坡进行建模。在热力耦合条件下，模拟残煤自燃至不同燃空区深度时边坡内部的岩体破坏过程，进而确定影响边坡稳定的岩体破碎情况[7]。

5.3.1　工程实例及模型构建

模型与 3.1 节相同，物理力学参数如表 5.2 所示。

表 5.2　物理力学参数

编号	成分	厚度/m	密度 ρ /(kg/m³)	泊松比 ν	杨氏弹性模量 E_c/GPa	内锁应力 σ_c/MPa	摩擦系数 μ	线性热膨胀系数 ($\times10^{-6}K^{-1}$)	比热容 J/(kg·℃)	导热系数 J/(kg·h·K)
1	煤层	20	1200	0.40	1.43	10	0.36	8.76	1090	25.2
2	砂岩	40	2570	0.22	29.25	29.32	0.72	1.23	1015.4	36.2
3	砂质泥岩	40	2500	0.25	29.73	0.43	0.57	9.10	919.6	72.23
4	砂岩	90	2600	0.22	39.25	29.32	0.72	1.23	877.8	93.29

随着残煤自燃的发展，对不同燃空深度进行递进式模拟。沿煤层倾角方向，煤每燃烧 20m 进行一次模拟。就煤的自燃是一个复杂的过程，可分为水吸附阶段、化学吸附阶段、煤氧复合物生成阶段、燃烧初始阶段和快速燃烧阶段。模型构建涉及 O_2 颗粒构建、温场构建以及煤在不同燃烧阶段的体积调整等。这里主要对煤自燃引起的边坡内岩体结构破坏进行论述，因此主要模拟燃烧初始阶段和快速燃烧阶段。由于煤自燃的温度范围内砂岩、砂质泥岩、砂岩的性质变化不大，因此不考虑温变影响。这两个阶段的煤层由于燃烧，体积不断减小，无法支撑上覆岩层重力。当上覆一定厚度岩层而产生的附加应力大于岩层内抗拉强度时，岩层产生裂隙、断裂直至掉落。为模拟上述过程，参考反应状态、实地残留物提取及相似模型等研究，大体认为在上述地质条件下，每间隔 20m 的煤燃烧残留体积与原体积比折合成颗粒半径比的比值是线性的，故将模拟分 8 步进行，共 160m。对颗粒进行调整，燃烧后的颗粒半径等于原半径乘以调整系数 ε_i，$\varepsilon_i=\{0.9,0.8,0.7,0.6,0.5,0.4,0.3,0.2\}(i=1,\cdots,8)$，$i$ 表示某段煤层被模拟的次数。

5.3.2　模拟与结果分析

在煤层自燃过程中，煤的体积不断减小，上覆岩层产生裂隙、断裂和掉落。该过程中岩体出现裂隙甚至裂缝，使岩体强度降低，边坡自由面可能产生落石甚至滑坡。为确定边坡的稳定性，找到上述过程中产生的岩层破碎区域是极为关键的。对于岩体模型，在初始地应力场计算完成后，最大不平衡力达到设定值(平衡值/最大不平衡力$=10^{-5}$)，将颗粒速度和位移设为 0，认为岩体模型达到稳定平衡，作为进一步模拟的基础。对于岩层破碎区的范围，首先明确破裂是由位移产生的空隙造成的，因此应根据模型中颗粒的位移情况判断破碎区范围，进而分析破碎区形成特点。8 步模拟过程的颗粒位移矢量如图 5.13 所示。

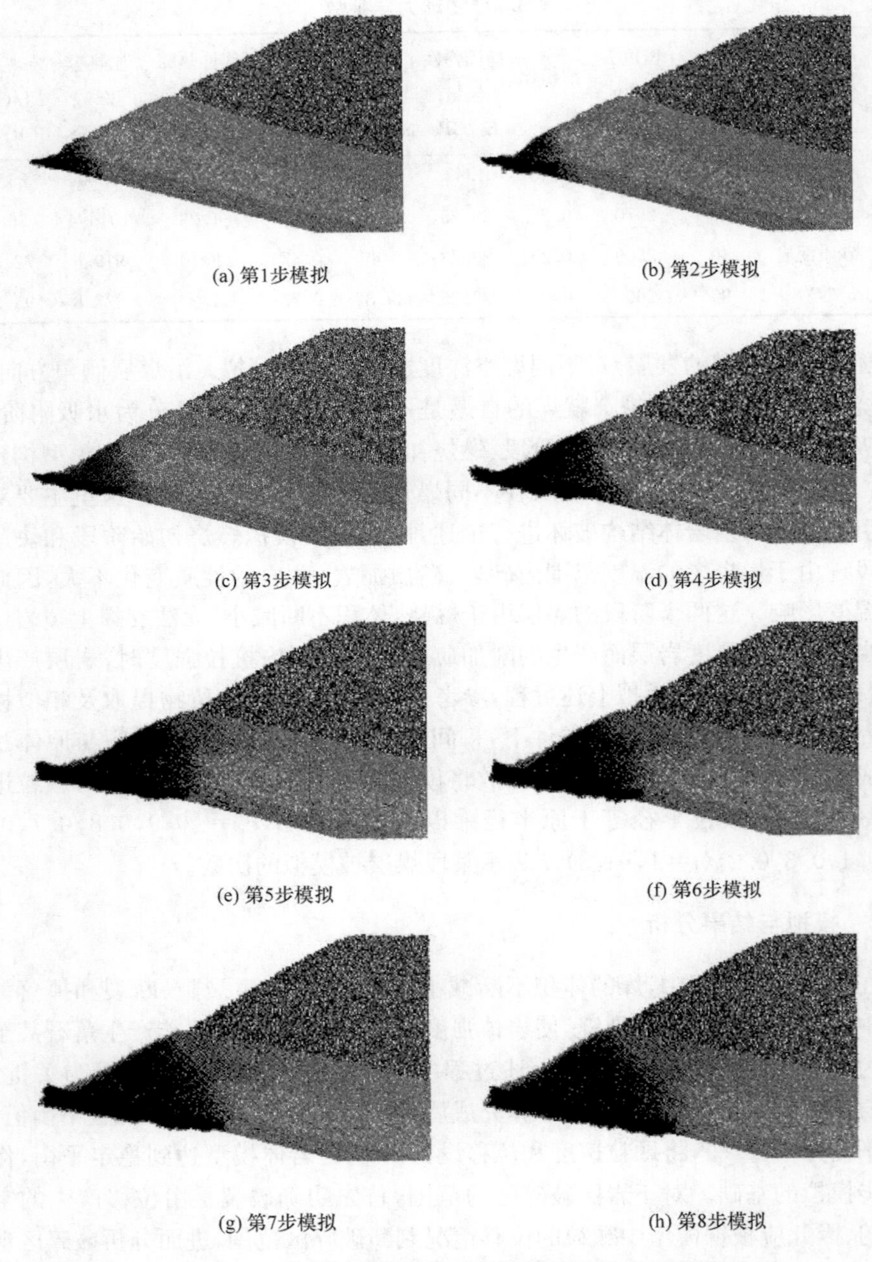

图 5.13 自燃过程中边坡内部岩体颗粒位移示意图

(a)～(h)的燃空区分别是 20m、40m、60m、80m、100m、120m、140m、160m，
黑色部分稠密程度表示颗粒位移速度

总体而言，随着煤层自燃，岩体内产生位移的区域逐渐增大。位移量越接近煤层越大，竖直方向越远离煤层位移越小。黑色位移矢量分布也有一定的规律，第 1 步～第 4 步，位移矢量分布为三角形，从第 5 步开始位移矢量在岩体内的分布是折线型的；在第 6 步～第 8 步中，上部位移矢量线有明显呈层分布特征。下面对上述特征规律及产生原因进行分析。

对位移矢量线整体分布特征而言，可以将图 5.13 分为两部分，图 5.13(a)～(d)的分布为三角形，图 5.13(e)～(h)的分布为折线形。广义上可将上述两个形状统称为喇叭形，即煤层自燃形成的岩体内部破碎区域可称为喇叭裂隙带。喇叭裂隙带为岩体内裂隙的主要分布区域，本例界定的位移量是 0.1m(不表征裂隙宽度)，即位移量大于 0.1m 的区域为喇叭裂隙带；上边界线(Lu)为分割岩体不同位移量的分界线，本例为 0.1m；喇叭口高(H)为近似垂直于煤层倾角且通过煤燃烧与未燃烧分界处的分界线，用于表示上边界线出现折线后的部分。上述概念如图 5.13(c)及图 5.14 所示。由图 5.13(a)～(h)可知，喇叭裂隙带随着燃空区深度的增加而扩大。原因是下层煤在燃烧过程中体积不断减小，支撑能力逐渐降低，导致上覆岩层在重力作用下移动。图 5.13(a)～(d)中没有形成折线，即没有 H，这时燃空区与边坡自由面的距离较近，约束较少，裂隙发育充分。同时可知，Lu 线在图 5.13(a)～(d)中的斜率略微减小，这说明随着燃空区深度增加，裂隙在其上方较远处的发展有所减小，较远区域在岩性较好的条件下靠拉力维持一种悬空状态。

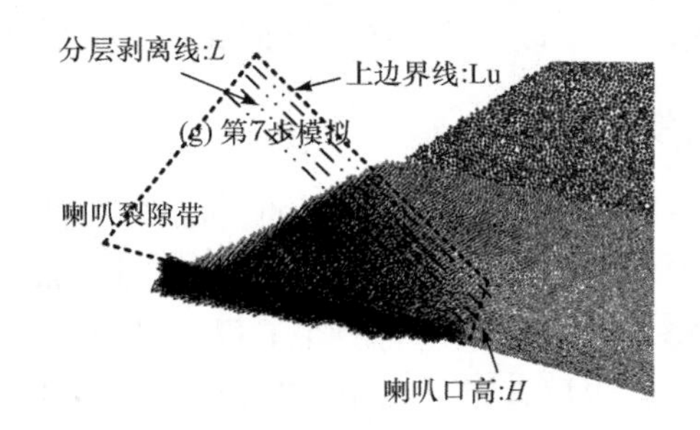

图 5.14　详细示意图

图 5.13(e)～(h)表示裂隙发展进入了另一个状态，喇叭口出现且 H 值逐渐减小。这是由于当燃空区发展到一定深度时，地应力增加，边坡深部岩体有较强的自平衡能力，可满足一定程度的应力重分布；进一步模拟表明，第 8 步后的 H 值基本不变。另外，Lu 线的斜率进一步减小，表明裂隙在竖直方向上随着燃空区的深度发展向岩体上部侵入不明显；岩性较好的较远区域岩体悬空状态进一步增加。

图 5.13(f)～(h)中，上部位移矢量线有明显成层分布特征，层与层之间的分界线为分层剥离线 L。出现分层剥离现象是由于岩体靠近煤层的部分因燃空失去

下部支撑，该部分岩体自重达到了某种程度，破坏了这部分岩体与其上覆岩体的连接，形成了岩体裂缝 L。特征是在同一燃空深度，岩体中的 L 大体上是平行的，距离边坡自由面越远越平行，这是由于自由面附近岩体约束少且松散而岩体内部较完整且约束强；L 与 Lu 大体平行；L 的出现是周期性的，L 之间的距离也较为平均，距离与岩体的密度、内聚力、岩体完整性、岩层倾角等因素有关。不同燃空深度内 L 的斜率是不同的。随着燃空区的发展，L 的斜率逐渐减小，其原因与 Lu 线斜率减小是相同的。

就本例而言，随着燃空区发展，裂隙向上部岩体发展减弱并不一定对边坡稳定有利。从表象上看，燃空区发展到一定深度，边坡自由面上破碎区域面积增加是不明显的，会误认为自燃已停止，且破碎区影响不大，通常不采取措施治理。但随着燃空区的发展，特别是煤层上覆岩层中有完整性较好且强度较大的岩体时尤其危险。燃空区的发展造成煤层支撑进一步削弱，上覆岩层内裂隙破碎发展趋于停止，造成完整性较好且强度较大岩体的大范围悬空形成悬臂梁，无法进行逐渐的柔性破坏，进而将来某时刻发生大范围的岩体刚性断裂，造成严重灾害。

5.4　边坡残煤自燃温场确定

模拟自燃过程中岩体破碎形成裂隙后，氧流经过裂隙与煤层接触促进自燃的过程，从而得到边坡内温度分布及燃空区发展情况[8]。工程背景与 5.3 节相同。

5.4.1　氧流场及细观模型构建

氧流通道的形成与煤层自燃是相互促进的。煤层在边坡自由面露头处与大气接触产生自燃，温度传递及氧气充足使自燃向煤层深处发展。燃空区发展到边坡内一定深度通常是不会因缺氧而停止的。在工程中燃空区可发展至 150～200m，远大于氧气渗透深度。在煤层自燃过程中，煤燃烧体积减小造成上覆岩层失去支撑而产生裂隙或断裂。这些裂隙向上发展到边坡自由面，煤层与外界大气环境形成联通的氧流通道，使煤能继续燃烧，进而促进氧流通道形成。然而，随着燃空区的深入，岩体完整性和强度逐渐提高，形成的裂隙逐渐减少，封闭了氧流通道，所以燃空区的发展应该有一个最大深度。

为模拟煤层自燃的过程，要解决 3 个问题：①将空气中的 O_2 按比例等效为颗粒；②模拟 O_2 在边坡内岩体裂隙中的流动情况；③模拟煤颗粒与 O_2 颗粒反应消耗 O_2 的过程。确定可容纳 O_2 流动的裂隙范围。研究岩层裂隙范围，明确破裂是由位移产生的空隙造成的，因此应根据模型中颗粒的位移情况判断裂隙范围。基于上述考虑，当煤层自燃过程中模型相邻颗粒位移差大于 0.05m 时认为形成裂隙，这些裂隙范围组成了氧流通道。其余设置和参数与 5.1 节相同。

5.4.2　模拟与结果分析

这里模拟热力耦合情况下的残煤自燃后边坡内温场分布。首先设置煤层在坡脚露头处附近的温度为 20℃。模拟煤在自然情况下的自燃起始温度，该温度产生的热量使煤快速燃烧，自燃得以维持。在模拟过程中自燃使煤体积减小，促使上覆岩层产生裂隙，裂隙发展至边坡自由面时形成氧流通道，氧气通过氧流通道深入煤层，促进煤的自燃，这个过程是相互促进的。但随着煤自燃产生的燃空区深入边坡，岩体的强度和完整性加强，自燃导致的煤体积缺失难以使上覆岩层形成裂隙发展到边坡自由面（由于深部颗粒相对位移较小）构成氧流通道，燃空区到达某深度后煤层自燃最终停止。

模拟自燃煤层燃空区发展过程中的温场如图 5.15 所示。用灰度代表温度，300K 以下为白色，中间每隔 30K 用一个灰度表示，共 7 个灰度，480K 以上灰度不变。

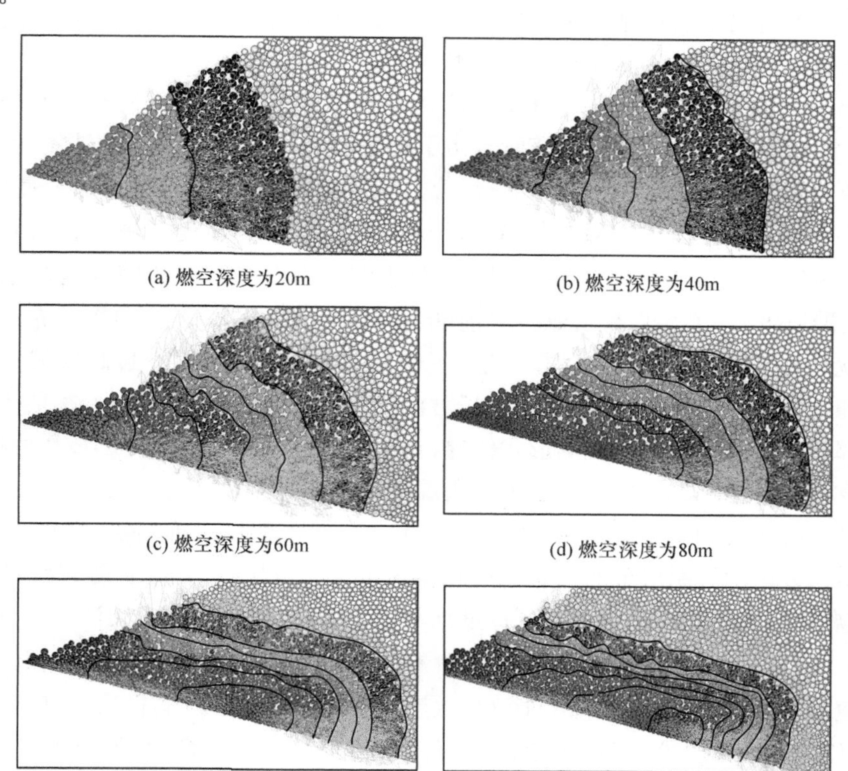

(a) 燃空深度为20m　(b) 燃空深度为40m

(c) 燃空深度为60m　(d) 燃空深度为80m

(e) 燃空深度为100m　(f) 燃空深度为120m

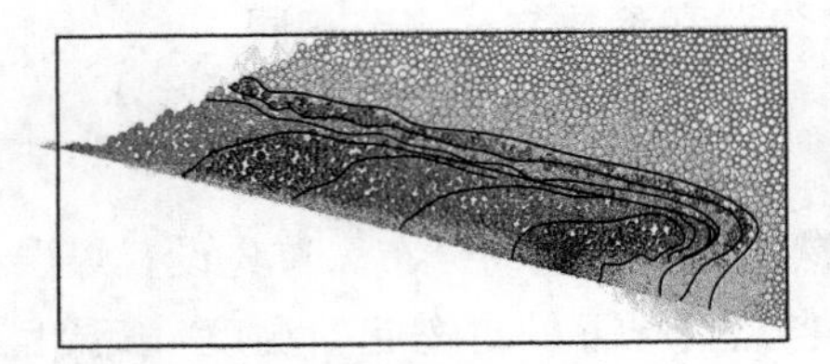

(g) 燃空深度为140m

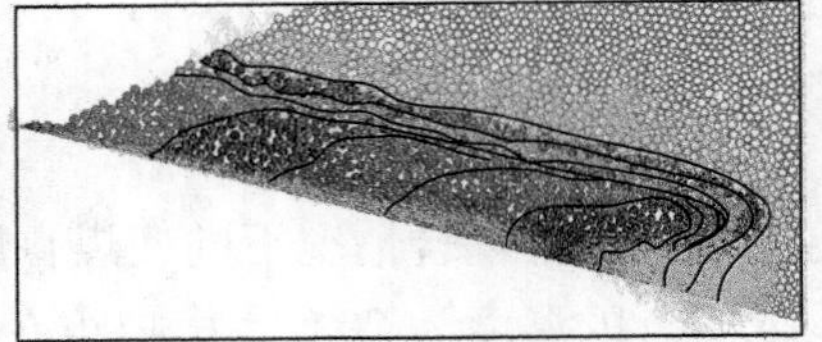

(h) 燃空深度为160m

图 5.15　燃空区发展过程中的温场
由于燃空区深度的发展,上述子图的比例是不相同的

图 5.15(a)～(h)分别代表燃空深度为 20m、40m、60m、80m、100m、120m、140m、160m。从模拟结果来看,可将上述燃空区发展过程划分为 3 个阶段。

第一阶段为图 5.15(a)～(c),特点是等温线是扇形分布的,燃空区范围为 60～70m。该阶段由于距离边坡自由面较近,煤层自燃形成了较多裂隙,氧流通道丰富,O_2 充足。图 5.15(a)的扇形均匀,而图 5.15(c)煤层下边缘的等温跨度大于自由面的等温跨度。这是由于煤自燃,燃空区深度增加。该阶段温度最高的区域在坡脚,温度从 300K 到 420K,变化较快。

第二阶段为图 5.15(d)～(f),特点是等温线由扇形分布向长方扇形分布过渡,燃空区范围为 70～120m。该阶段由于距边坡自由面距离增加,煤层自燃虽形成了较多裂隙,但由于岩层渐趋完整且应力较大,裂隙向上覆岩层发展开始困难。竖直方向的氧流通道逐渐被封堵,O_2 的供应转而借助已燃烧区域形成的氧流通道,O_2 供应量逐渐减少。图 5.15(d)～(f)边坡自由面的等温线跨度区域稳定不变,等温线的分布开始以煤层燃空区前端某一区域为中心呈长方扇形分布。这个区域就是处于快速燃烧阶段的煤层区(下面用 O 区表示,即温度最高区域),O 区前方和上方的等温线跨度基本相同,后方的等温线跨度增加了几倍。这是由于处于深部的热量难以以热对流的形式传递,在 O 区积聚;同时 O 区煤燃烧释放热量,使 O 区的温度在 480K 以上。这个阶段温度从 420K 到 480K 变化。

第三阶段为图 5.15(g)～(h),继承了上一阶段的温度分布特点,即以 O 区为中心呈长方扇形等温线分布。这一阶段的图 5.15(g)与(h)相比各等温线的范围缩小,燃烧逐渐停止。由于燃空区深度增加,竖直方向的氧流通道无法形成,O_2 流动完全靠已燃烧区域形成的氧流通道。氧流通道的距离过长导致流动过程中 O_2 与通道前端未烧尽煤反应,使 O 区 O_2 浓度降低,抑制该区煤的自燃。O 区不断减小,最终停止发展。这一阶段的燃空区在 120～170m,最终 O 区消失的位置深度约为 165m。O 区消失后,煤停止快速燃烧,主要热源消失,热量会通过热交换和热对流散失,最终达到平衡状态。

5.5　煤岩自燃与复杂边坡稳定性

露天矿边坡内含有煤层，在自然条件下会与 O_2 反应产生自燃。就煤层自燃结果对边坡稳定性的影响而言，应从两方面考虑。一是煤层自身变化，其经过燃烧转化成气态氧化物，致使煤固体体积流失；二是煤层自燃放热对周围岩体的影响，使其强度降低，影响边坡整体稳定性。

据相关资料统计，全国统配煤矿与重点煤矿中自然发火火灾次数占矿井火灾总次数的 94%。目前针对露天矿边坡内煤层自燃对边坡稳定性影响的研究较少[9~16]。针对某露天矿边坡包含向斜成层急倾斜构造面且伴有水平裂隙发育的实际情况，建立边坡模型。同时，根据煤层自燃对边坡形成影响的因素，提出了对煤层自燃的模拟方法。通过模拟 8 种不同的自燃工况下边坡内部破坏和外部形态特征，达到由边坡外部状态判断煤层自燃程度的目的[17]。

5.5.1　自燃模型构建

工况模型与 3.3.1 节相同，自燃煤层位于模型底部(z 取 0～10m)。随着煤层自燃发展，对不同燃空长度(发生自燃的煤层长度)进行递进式模拟，沿煤层由坡脚向边坡内部每燃烧 20m 进行一次模拟。模型构建涉及氧气颗粒构建、温场构建及煤在不同燃烧阶段的体积调整等。这里从两方面考虑，一是煤层自身的变化；二是煤层自燃放热对周围岩体的影响。对于煤层自燃，其影响范围小，反应较慢，因此煤层体积变化影响应占主要地位。这里仅对燃烧初始阶段和快速燃烧阶段进行模拟。设每间隔 20m 的煤燃烧残留体积与原体积比值线性减小，模拟分为 8 段进行，共 160m。对燃烧后煤层体积进行调整，调整系数如表 5.3 所示。

表 5.3　自燃后煤层高度调整系数

工况	燃空长度	10～30m	30～50m	50～70m	70～90m	90～110m	110～130m	130～150m	150～170m
工况 1	150～170m								0.9
工况 2	130～170m							0.9	0.7
工况 3	110～170m						0.9	0.7	0.5
工况 4	90～170m					0.9	0.7	0.5	0.3
工况 5	70～170m				0.9	0.7	0.5	0.3	0.2
工况 6	50～170m			0.9	0.7	0.5	0.3	0.2	0.1
工况 7	30～170m		0.9	0.7	0.5	0.3	0.2	0.1	0.05
工况 8	10～170m	0.9	0.7	0.5	0.3	0.2	0.1	0.05	0.05

注：170m 为坡脚位置。

煤层高 10m，根据表 5.3 对煤层高度进行调整，以模拟由自燃造成的煤层体积减小现象。这里需要说明的是，表 5.3 中工况模拟是递进的，即工况 2 是在工况 1 模拟完成后的边坡上进行的。这时在 150～170m 区间的煤层厚度由工况 1 的 9m(0.9×10)减小到 7m(0.7×10)，130～150m 的煤层厚度为 9m(0.9×10)，以此类推。

5.5.2 模拟结果分析

根据上述建模过程得到 8 种工况下稳定后的边坡内部裂隙和位移，如图 5.16 所示。

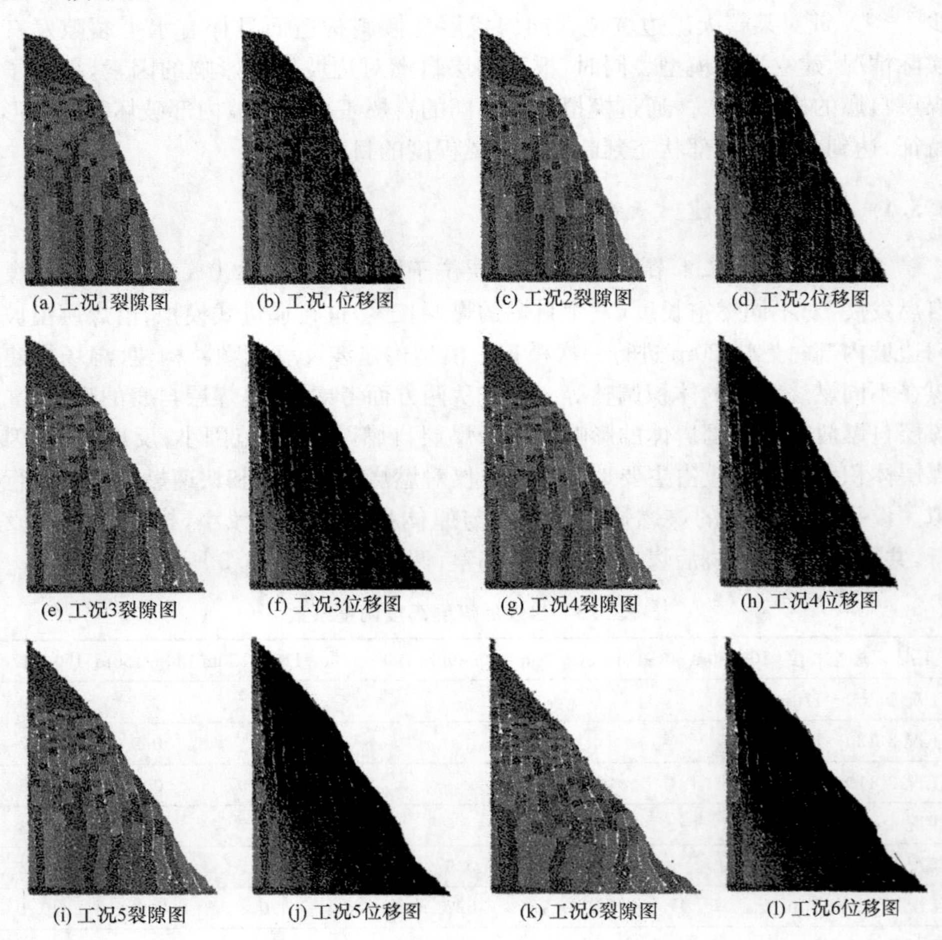
(a) 工况1裂隙图　(b) 工况1位移图　(c) 工况2裂隙图　(d) 工况2位移图
(e) 工况3裂隙图　(f) 工况3位移图　(g) 工况4裂隙图　(h) 工况4位移图
(i) 工况5裂隙图　(j) 工况5位移图　(k) 工况6裂隙图　(l) 工况6位移图

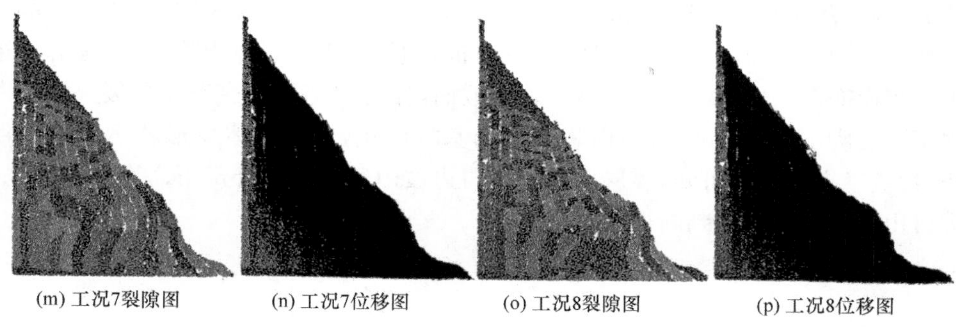

(m) 工况7裂隙图　(n) 工况7位移图　(o) 工况8裂隙图　(p) 工况8位移图

图 5.16　8 种工况下的边坡内部裂隙和位移

所有位移图中的黑色颗粒位移矢量均使用相同标准绘制。为明显且统一地表示边坡变形后的尺度,设置模型在 $x\in[0,5m]$范围内颗粒固定,即这部分颗粒不参加边坡变形,只作为模型高度标尺使用。分析图 5.16 可见,不同自燃程度时的边坡外部形态和内部构造变化是不同的。该过程可以分为 3 个阶段:第一阶段为工况 1～工况 3,即煤层自燃发展到 110m 处;第二阶段为工况 4～工况 6,即煤层自燃发展到 50m 处;第三阶段为工况 7 和工况 8,即煤层自燃发展到 10m 处。下面分别进行分析。

第一阶段,如图 5.16(a)～(f)所示,是自燃导致的上覆边坡岩体初始破坏阶段。该阶段由于煤体自燃损失体积较小,且处于坡脚附近,对边坡整体稳定性影响不大。其间岩体基本保持原有位置和形态,岩体分离主要是沿着向斜成层急倾斜构造面发展的,水平裂隙未出现岩体分离现象。坡脚处有少量岩体发生变形开裂。坡顶黄土层与岩层界面逐渐向下倾斜,黄土层顶面水平部分消失。

第二阶段,如图 5.16(g)～(l)所示,是破坏发展阶段。该阶段煤体自燃损失体积较大,向边坡内部延伸,坡脚处已失去稳定性,导致边坡产生较大变形。坡脚上方较大高度内的岩体发生扭曲变形,甚至断裂,边坡自由面中下部出现鼓凸现象。这是由内部岩体失稳倾倒和岩石断裂造成的。岩体分离主要沿着急倾斜向斜构造面和水平裂隙发展。岩体破坏继续向边坡内部发展,同时由于产生了岩体鼓凸,其上覆岩体向下运移。边坡外部整体坡度已接近 55°,坡顶黄土层与岩层界面下倾加剧,坡顶黄土层坡脚为 45°。

第三阶段,如图 5.16(m)～(p)所示,是破坏稳定阶段。该阶段由于煤体自燃已经过较长时间,损失体积较小。坡脚至上部鼓凸范围内岩体变形和运移不大,该自燃过程的岩体变形趋于停止。坡顶黄土层与岩层界面下倾斜停止,边坡整体坡脚为 45°。

对上述现象总结如下:当边坡下煤层燃空深度在距坡脚 60m(距模型 0 点

110m)时,边坡仍然稳定,坡脚处有岩体开裂现象,但岩体变形不明显,边坡外部轮廓变化不明显。深度发展至距坡脚 120m 时,边坡中下部岩体出现鼓凸,标志着边坡大规模变形。岩体开裂遍布整个岩质坡面,伴有内部岩体变形及断裂。深度发展至距坡脚 160m 时,边坡坡面岩体鼓凸基本停止,内部岩体变形和运移趋于停止,边坡稳定。据此可知,煤层自燃程度与边坡内部破坏和外部形态有一定关系,即可由边坡外部状态判断煤层自燃程度。

5.6 小　　结

本章主要应用颗粒流理论的能量扩散模型和热力耦合模型,并进行二次程序开发,模拟了不同情况下的煤岩自燃现象。

5.1 节模拟了在 U 形通风条件下,采空区遗煤自然发火过程中温场升温区的变化特点。构建了遗煤发火的细观模型。将空气中的 O_2 按比例等效为颗粒,模拟 O_2 在遗煤内流动和煤颗粒与 O_2 颗粒反应消耗氧的过程。比较了实测与模拟升温过程的不同。原因在于割煤机割煤时可能在遗煤层内部产生裂隙,氧气沿着裂隙运行,从而加快了升温区纵向和横向扩散速度。对考虑裂隙后的升温区进行了模拟。

5.2 节模拟了煤堆自燃过程,得到了该过程中煤堆内部的温度分布、能量迁移情况及 O_2 颗粒的流动情况。煤堆是松散颗粒物集合体,使用颗粒流比较恰当。不足之处是不能模拟热对流和热交换,所以使用 FISH 语言控制 O_2 颗粒的流动进行弥补。模拟得到了不同时刻煤堆内温度分布情况及 O_2 流动情况。模拟 20d 时,O_2 在煤堆流动速度基本与氧颗粒到煤堆坡面边界的水平距离成反比。O_2 颗粒的运动速度可分为稳定区、杂乱区和微弱区。随着抽吸作用的增加,稳定区减小、杂乱区增加、微弱区增加。

5.3 节模拟了某边坡内残煤自燃引起的边坡内部岩体碎裂变形过程。模拟深度延伸至煤层倾角方向 160m,模拟考虑了煤燃烧后体积变小的特征,通过改变颗粒体积模拟煤层对上覆岩层支撑缺失,造成岩体裂隙的过程。将煤颗粒半径减小,模拟上覆岩体失去煤层支撑,进而破碎的过程。岩体内破碎区的分布是喇叭口形的,其破碎和剥离过程是分层的。研究表明,对于残煤层上覆完整高强岩体的露天边坡,不应以边坡表面的开裂情况判断煤层自燃程度,应进一步进行物理探测,从而采取有效措施保证边坡稳定。

5.4 节论述了氧流通道的形成机制,构建了残煤自燃的细观模型,得到了边坡内温场分布情况和变化特征。氧流通道的形成与煤层自燃是相互促进的。在煤层自燃过程中,体积减小造成上覆岩层失去支撑产生裂隙或断裂。这些裂隙向上发展到边坡自由面，使煤层与外界大气环境形成连通的氧流通道，使煤能继续燃烧，进而又促进了氧流通道的形成。但随着燃空区的深入，岩体完整性和强度逐渐提高，形成的裂隙逐渐减少，封闭了氧流通道，所以燃空区的发展应该有一个最大深度。燃空区发展过中边坡内温场分布的变化可划分为 3 个阶段。第一阶段燃空区范围为 60～70m，裂隙较多，氧气充足；第二阶段燃空区范围为 70～120m，裂隙减少，氧气供应量逐渐减少；第三阶段燃空区范围为 120～170m，裂隙形成困难，氧气稀少。从而为判断有残煤自燃情况下的边坡稳定性提供依据。

5.5 节分析了煤层自燃对边坡稳定性影响的原因。一是煤层自身变化，煤燃烧转化成气态氧化物，致使煤固体体积流失，导致上覆岩体悬空，造成垮塌，影响边坡整体稳定性；二是煤层自燃放热对周围岩体产生影响，使其强度降低。在外力作用下被弱化的岩体会破碎变形，影响边坡整体稳定性。提出了煤层自燃模拟方法，当边坡下煤层燃空深度距坡脚 60m 时，边坡仍然稳定，坡脚处有岩体开裂现象，边坡外部轮廓变化不明显。当边坡下煤层燃空深度距坡脚 120m 时，边坡中下部岩体出现鼓凸，标志着边坡大规模变形。岩体开裂遍布整个坡面，伴有内部岩体变形及断裂。当边坡下煤层燃空深度距坡脚 160m 时，边坡坡面岩体鼓凸基本停止，内部岩体变形和运移趋于停止，边坡稳定。

综上所述，本章使用颗粒流对煤岩自燃的模拟，给出了一些方法和颗粒流二次开发模型，可为具有离散特征的岩体自燃提供参考。

参考文献

[1] 黄优，王洪波，陈善乐，等. 基于颗粒流的 U 型通风下采空区发火过程模拟研究[J]. 矿业安全与环保，2015，42(1)：5—8.

[2] 邵昊，蒋曙光，王兰云，等. 尾巷对采空区煤自燃影响的数值模拟研究[J]. 采矿与安全工程学报，2011，23(1)：45—50.

[3] Itasca. PFC 概况[EB/OL]. http://itasca.cn/ruanjian.jsp?sclassid=106&classid=18[2010-03-10].

[4] Itasca. Particle Flow Code in 3 Dimensions Online Manual[EB/OL]. http://Itasca.cn/ruanjian.jsp?sclassid=106&classid=18[2010-03-10].

[5] 崔铁军，马云东，王来贵. 基于 PFC3D 的煤堆自燃过程模拟与实现[J]. 安全与环境学报，2016，16(2)：94—98.

[6] 陈宜楷. 基于颗粒流离散元的尾矿库坝体稳定性分析[D]. 长沙：中南大学博士学位论文，2012.

[7] 崔铁军，马云东，王来贵. 基于 PFC3D 的残煤自燃对露天矿边坡稳定性研究[J]. 自然灾害学报，2016，25(2)：169—175.

[8] 崔铁军，马云东，王来贵. 露天矿边坡残煤自燃温度场及燃深研究[J]. 安全与环境学报，

2016,16(6):50—54.

[9] 王毅,王来贵.用ANSYS分析煤体在燃烧前后边坡稳定性[J].辽宁工程技术大学学报(自然科学版),2007,26(11):110—112.

[10] 王来贵,白羽,牛爽.残煤自燃过程中温度场与应力场耦合作用[J].辽宁工程技术大学学报(自然科学版),2009,28(6):865—868.

[11] 白羽.海州露天矿边坡残煤自燃诱发滑坡的数值模拟研究[D].阜新:辽宁工程技术大学硕士学位论文,2009.

[12] 田军,李海洲,夏冬.新疆白砾滩露天煤矿烧变岩特征及边坡稳定性分析[J].煤矿安全,2009,44(7):233—235.

[13] 刘乔,王德明,仲晓星,等.基于程序升温的煤层自燃发火指标气体测试[J].辽宁工程技术大学学报(自然科学版),2013,32(3):363—366.

[14] 谭波,牛会永,和超楠,等.回采情况下采空区煤自燃温度场理论与数值分析[J].中南大学学报(自然科学版),2013,44(1):381—387.

[15] 谭波,朱红青,王海燕,等.煤的绝热氧化阶段特征及自燃临界点预测模型[J].煤炭学报,2013,38(1):38—43.

[16] 宋万新.含瓦斯风流对煤自燃氧化特性影响的理论及应用研究[D].北京:中国矿业大学博士学位论文,2013.

[17] 韩光,崔铁军,马云东,等.煤层自燃所致上覆露天矿复杂边坡破坏过程模拟与现象研究[J].应用力学学报,2016,33(3):535—541.

第6章　岩体地震模拟与稳定性

岩体地震破坏是影响矿业生产安全的主要形式之一，是较强且持续性的动力作用过程。本章使用颗粒流方法模拟地震对岩体的破坏过程，提出了地震作用模拟方法。

6.1　尾矿库地震稳定性

在研究地震作用下的边坡稳定性问题时发现，基岩多数是岩石，有一定的连续性，可以用连续介质理论模拟软件分析；但初期坝、尾黏土、尾粉土、尾粉砂大部分是离散颗粒体，使用连续介质软件进行模拟并不恰当。基于上述考虑建立尾矿库的颗粒模型，并在峰值加速度分别为 0.1g、0.2g、0.4g、0.6g 的震动波作用下，模拟 20s 内尾矿库内部的变形及坡面滑落情况，并进行分析[1]。

6.1.1　尾矿库模型构建

尾矿库实例见 2.2 节。为显示震动过程中模型内部颗粒的运动情况，对模型在竖直方向和水平方向进行标记，竖直方向标记间隔 20m，分别为 H_1～H_4；水平方向标记间隔 40m，分别为 Z_1～Z_8，如图 6.1 所示。

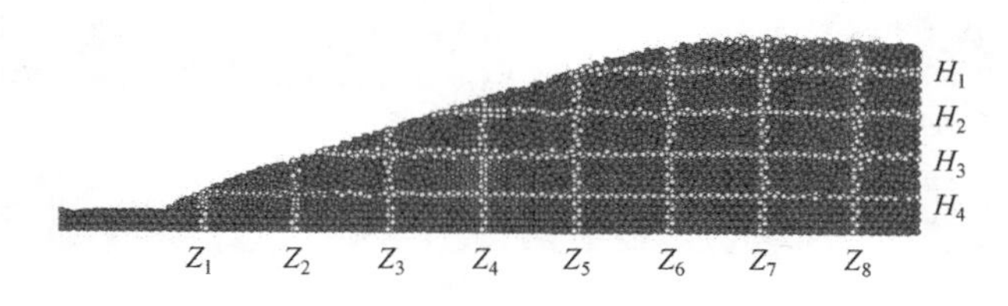

图 6.1　模型标记图

6.1.2　地震模型构建

PFC3D 可以方便地对墙体施加任意方向的位移和速度，而不能对墙体直接施加加速度。对于地震问题，一般通过定义墙体或颗粒沿指定方向随时间变化的速度来解决。根据 PFC3D 用户手册给出的例子，速度施加于地面颗粒。鉴于此，使用 FISH 函数构造正弦波速度时间曲线且作用在基岩颗粒上进行地震模拟。

地震震动波的峰值加速度分别为 0.1g、0.2g、0.4g、0.6g，频率为 5Hz，震动时间为20s，1～10s为加速度增加阶段，10～15s为峰值阶段，15～20s为加速度减小阶段。尾矿库各部分岩土层阻尼如表2.1所示。$a=0.2g$的地震波时程曲线如图6.2所示。

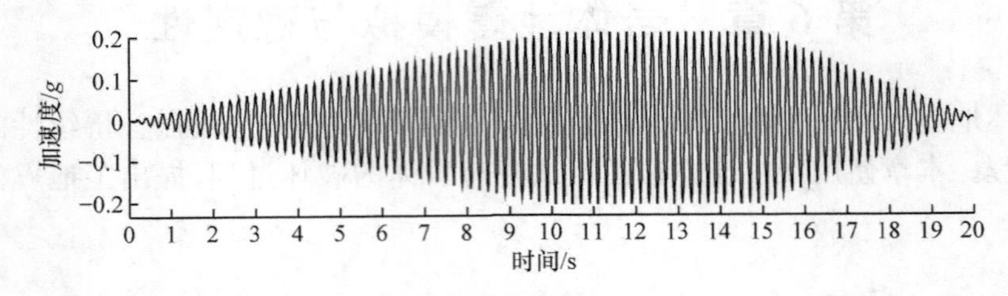

图6.2　地震波的时程曲线

6.1.3　模拟与结果分析

模拟尾矿库内部结构变形结果如图6.3所示。尾矿库内颗粒位移矢量如图6.4所示。

图6.3的对比参考图为图6.1，图6.1为震动前的尾矿库内部标记图。图6.3横向子图为加速度相同、时间不同的对比图；纵向为时间相同、加速度不同的对比图。由于地震时间为20s，因此取$T=8s$、14s、20s的结构变形图为代表作为对比对象。当$a=0.1g$，$T=8s$时Z_4开始发生位移；$T=14s$时Z_5开始发生位移；$T=20s$时Z_6开始发生位移。这说明随着震动的持续进行，颗粒的位移是从坡底向坡顶发展的，a为$0.2g$、$0.4g$、$0.6g$时现象相同。

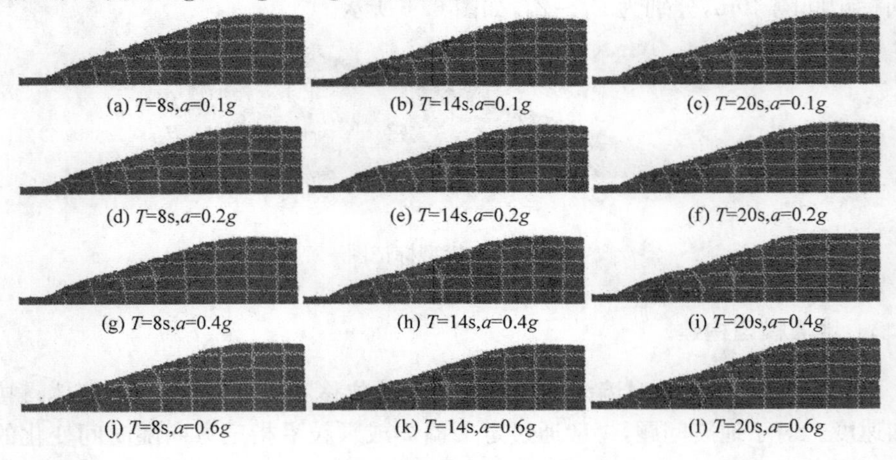

图6.3　尾矿库内部结构变形

进一步从图6.3横向看，最先出现结构破坏性位移(颗粒变为不连续，向外扩散，定义为结构破坏性位移)的不是初期坝，而是被初期坝挡住的尾粉砂部分颗粒。

随着震动时间的延长，初期坝开始破坏，最后才引起尾粉砂边坡的整体下滑破坏。从图 6.3 纵向看，随着加速度增加，破坏顺序也是初期坝背侧尾粉砂部分到初期坝再到尾粉砂边坡的整体下滑。

在各加速度影响下，计算到 20s 时尾矿库发生位移的颗粒都集中在初期坝产生被动土压力的部分，即图 2.6 中画线区域内的部分（下面称为下滑区）。图 6.3 中随着震动时间延长，初期坝背侧边坡 Z_3 对应位置先出现凹陷，$Z_2 \sim Z_3$ 范围内边坡趋近水平，惯性和重力作用使初期坝承受了来自背侧更多颗粒产生的土压力。初期坝随后开始破坏性变形，这导致其背侧更大范围内的尾粉砂区域颗粒位移，进而再次加大对初期坝的土压力。初期坝的变形过程是加速的，开始于出现凹陷，停止于下滑区完全破坏。

震动不会使尾矿库完全破坏（在不考虑水和渗流的情况下），震动过程中除初期坝破坏外，主要产生位移颗粒部分为图 2.6 中下滑区（灰色框内区域）。其他部分尾矿库颗粒位移较小的原因是这些颗粒经过长期固结本身有一定强度，且颗粒也具有摩擦性，在时间和加速度范围内没有产生破坏性的结构位移，图 6.4 所示为 $T=20\text{s}$ 时各加速度下的颗粒位移情况。

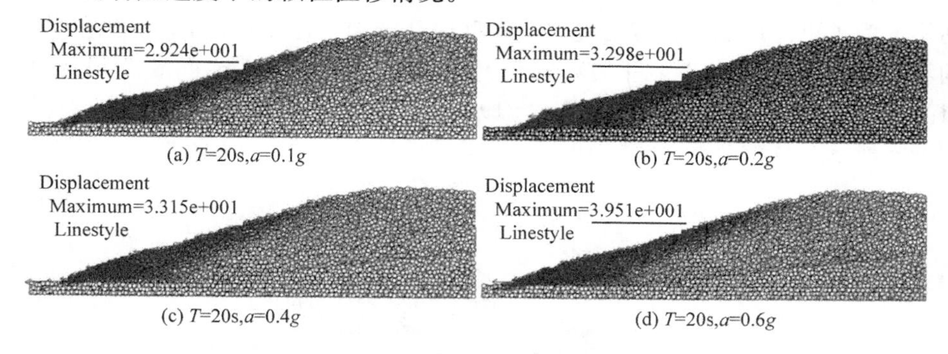

图 6.4　尾矿库内颗粒位移矢量

图 6.4 中标示了最大位移，该位移是由颗粒沿边坡滚落产生的，因此数值较大。这里给出各图的最大位移是为了对比位移矢量大小，各图中最长的位移矢量即为该值。从该图中可知，无论哪种状态，大位移矢量都基本集中在下滑区。这也证明上述关于尾矿库在地震作用下除初期坝破坏外，主要的结构性破坏发生在初期坝提供被动土压力的区域（下滑区）的结论。

6.2　一般边坡的地震稳定性

这里对地震作用下边坡稳定性进行研究。以某边坡为例建立离散颗粒边坡模型。在地震动峰值加速度分别为 $0.1g$、$0.2g$、$0.4g$、$0.6g$ 的震动波作用下，模拟 20s 内边坡内部的变形及坡面滑落情况[2]。

6.2.1　工程实例及模型构建

工程实例与3.1节相同。在X方向砂岩层与砂质泥岩层、砂质泥岩层与砂岩层之间的接触面大体是线性的，倾角约为$-15°$，但局部存在平行不整合现象。使用FISH语言根据不同岩层剖面接触线的实际线型对模型接触面进行修正。将实际线型根据模型建立的坐标系拟合成函数曲线，遍历规定范围内颗粒，判断颗粒坐标。将曲线上的岩体进行删除，从而形成平行不整合效果，即下落法建模，如图6.5所示。具体方法见2.3节。

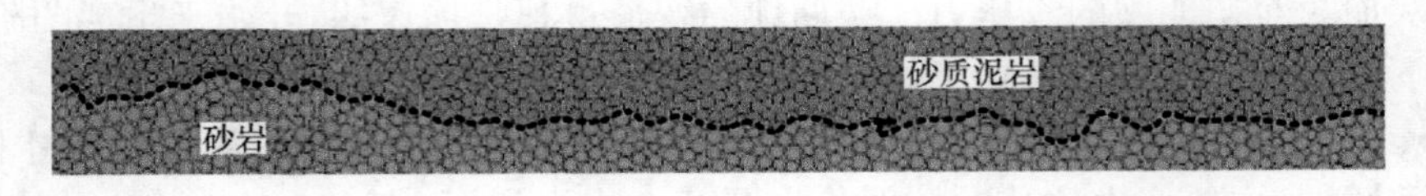

图6.5　砂质泥岩层与砂岩层的接触面

整个模型长(X方向)337m、高(Z方向)207m。考虑到主要研究边坡剖面，且只受重力(Z方向)作用及颗粒直径等因素，确定模型宽(Y方向)为2.5m，如图3.1所示。为了更好地显示在震动过程中模型内部颗粒的运动情况，对模型在竖直方向和水平方向进行标记，水平方向标记开始于$Y=50$m，宽5m，间隔27m，标号为$H_1\sim H_4$；竖直方向标记开始于$X=-190$m，宽5m，间隔40m，标号为$Z_1\sim Z_7$，如图6.6所示。

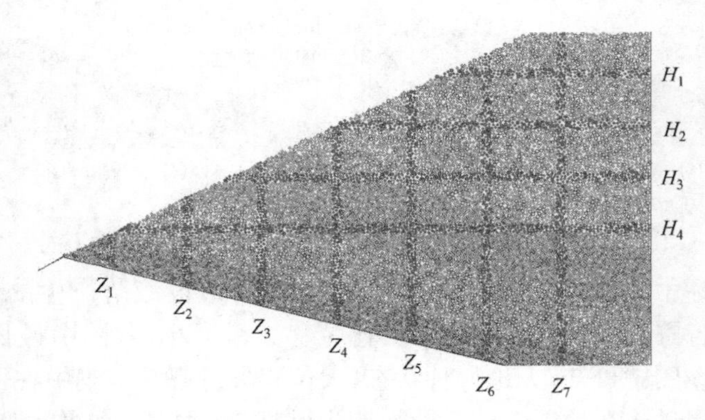

图6.6　模型标记图

考虑到实际情况，假设基岩及地面以下岩体是随着地层一起震动的，这是上覆岩层的震动原因。将震动波施加于基岩及地面以下岩体，范围为$x\in[-310\text{m},100\text{m}]$，$y\in[-27\text{m},37\text{m}]$。地震波时程曲线与6.1节相同。

6.2.2　模拟与结果分析

模拟过程中露天矿边坡内部结构变形如图 6.7 所示，颗粒位移矢量如图 6.8 所示。

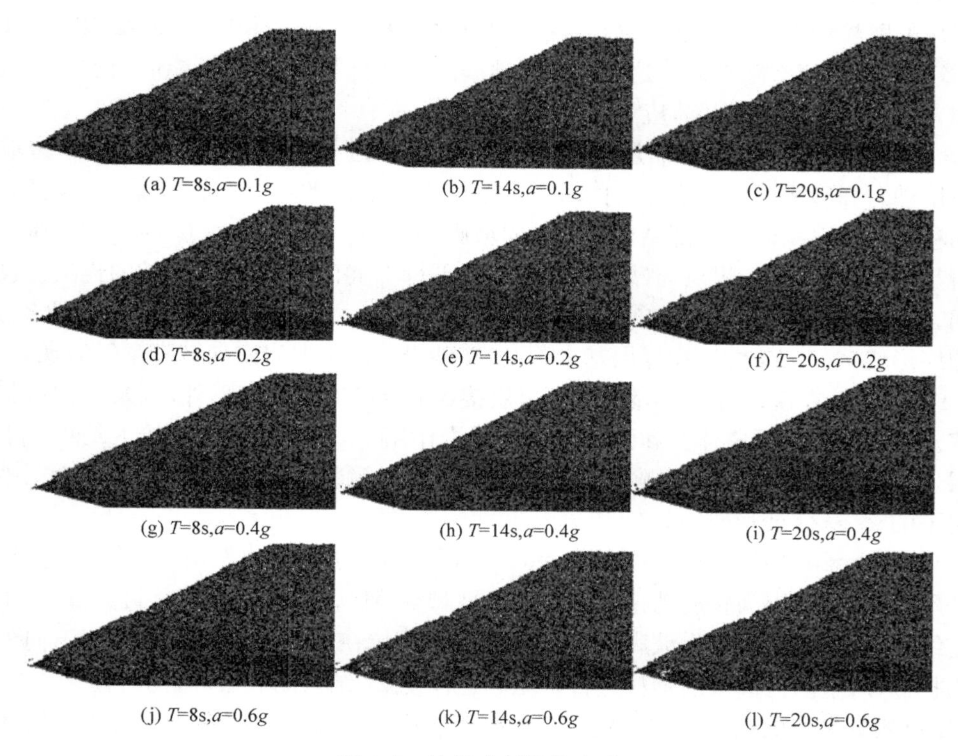

图 6.7　边坡内部结构变形

在模拟过程中由于一些颗粒飞出研究区域，且为了节省篇幅，对各条件下生成的图像进行处理及合并，图 6.8 同此处理

图 6.7 的对比参考图为图 6.6，图 6.6 为震动前的边坡内部标记图。图 6.7 横向子图为加速度相同、时间不同的对比图；纵向子图为时间相同、加速度不同的对比图。考虑到地震时间为 20s，这里取 $T=8\text{s}$、14s、20s 的结构变形图为代表进行分析。

标记线 $H_1 \sim H_4$ 的变形不大，说明在不同条件下的地震作用对边坡结构的竖直方向变形影响较小，小变形主要集中在 H_2 和 H_1 上。H_2 产生变形的状态主要是 $T=14\text{s}$ 和 $T=20\text{s}$，说明 14s 前砂岩和砂质泥岩靠近边坡区域的岩体已经松动产生位移。H_1 产生变形的状态主要是 $T=20\text{s}$，说明 20s 前下层砂岩和煤层靠近边坡的区域已发生破坏。H_3 和 H_4 在震动过程中始终未发生大变形，说明对坡顶而言在该地震波作用 20s 内是安全的，坡顶砂岩是稳定的。

标记线 Z_1～Z_7 中，Z_1～Z_4 变形较大。Z_1 在模拟过程中当 $a=0.6g$、$T=20$s 时，位移严重，内部连接结构完全破坏。这是由于该部分横跨基岩的主震动区和上覆岩层的从震动区直接接受震动冲击；另外，由于靠近边坡自由面，上覆岩层对该区域的颗粒约束较小，从而造成当震动加速度过大和时间较长时，内部结构彻底被震动破坏，形成空隙现象。这个区域在地震过后会自然沉降，也可能形成永久性空隙，遇外力作用可能塌陷，应予以重视。

Z_2 和 Z_3 穿越了两个岩层构造面，在整个模拟过程中变形明显。①由于边坡下层砂岩和砂质泥岩在边坡自由面一定范围内是松散的，在震动作用下向坡脚方向移动。使 Z_2 和 Z_3 上部结构破碎并向坡脚移动，如 $T=20$s，$a=0.1g$。②砂质泥岩与上下两层砂岩、煤层与砂岩接触面存在平行不整合，导致层间颗粒的连接力较弱，凹凸起伏的接触面也会产生应力集中，容易破坏，如 $T=20$s、$a=0.2g$ 时的 Z_2。最终形成 Z_2 和 Z_3 标记在煤层基本不变、在砂岩和砂质泥岩中向坡脚倾斜的现象。

Z_5～Z_7 在震动过程中，除 Z_5 在岩层接触面处略有错动变形外，其余变化可忽略。原因为在上层整体性和强度较高的砂岩作用下，下层岩体受到较大约束。下层岩体由震动产生的局部颗粒位移无法向上发展，颗粒位移空间较小，因此上层砂岩下的 Z_5～Z_7 变形较小。

当 $T=20$s 时，对 $a=0.2g$ 和 $a=0.6g$ 两种情况进行对比发现，Z_2 在 a 增大后变形减小，这是因为在震动过程中出现了坡脚空隙区。由于颗粒位移过大，产生了连续的空隙区域，而整个坡脚范围变化很小。颗粒在震动提供的速度作用下向外围扩散，对空隙区周围的颗粒进行挤压。这样使 Z_1 结构彻底破坏，同时使 Z_2、Z_3、H_4 结构有复原的趋势。该现象只有当震动加速度和震动时间在一定范围内时才会出现。

图 6.8 是图 6.7 的位移矢量图，从图中可知，除表示沿边坡自由面滚落的岩块颗粒外，在整个过程中位移矢量主要集中在下层砂岩和砂质泥岩靠近自由面的区域。这个结果验证了图 6.7 中对标记线变形的论述及原因分析。边坡坡面附近岩体结构松散，颗粒越靠近自由面位移矢量越大；不同岩层接触面的平行不整合导致接触面附近颗粒的位移矢量较大；当出现坡脚空隙区时，空隙区周围一定范围内颗粒的位移矢量较大且向四周扩散。

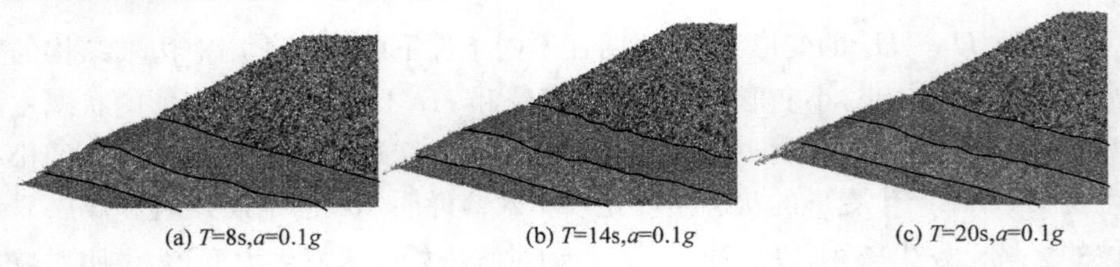

(a) T=8s,a=0.1g　(b) T=14s,a=0.1g　(c) T=20s,a=0.1g

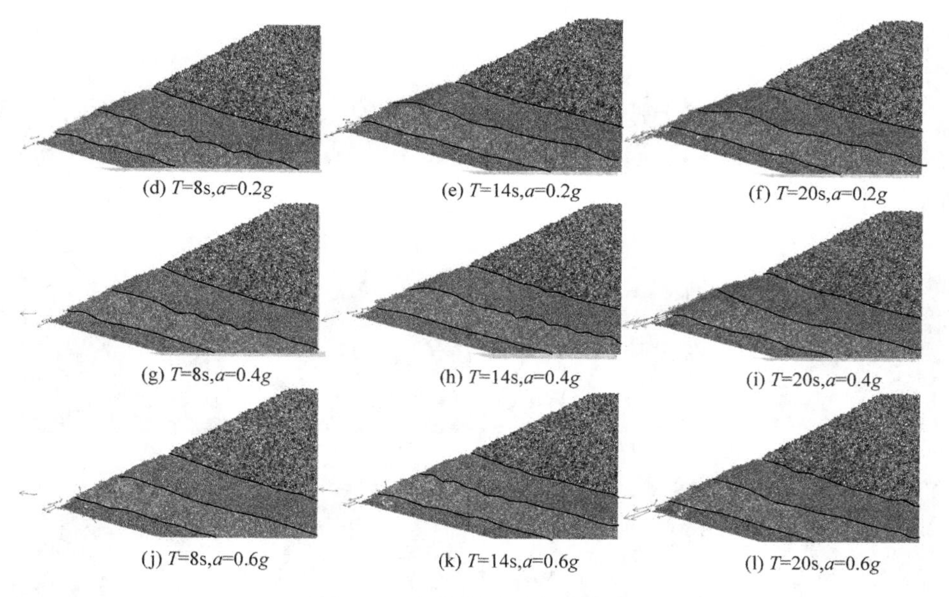

图 6.8　边坡内颗粒位移矢量

图中所有子图位移度量尺度相同，箭头方向表示位移方向，箭头长短表示位移大小

6.3　顺坡裂隙边坡地震破坏模拟

某露天矿边坡包含向斜成层急倾斜构造面且伴有水平裂隙发育，建立颗粒边坡模型。在地震动峰值加速度分别为 0.2g、0.3g、0.4g、0.5g 的震动波作用下，模拟边坡内部的裂隙发展和变形情况，并进行分析[3]。

6.3.1　工程背景及模型构建

工程背景与 3.2.1 节相同，边坡模型与 3.3.1 节相同。鉴于该地层构造特点，对 300m 以上赋存煤体可采用露天开采。该边坡岩体中存在 87°的结构面及水平裂隙发育。这些节理和裂隙在稳定的自然状态下具有一定的自稳定性，可保证露天矿的正常开采活动。但受动力作用时，结构面间的摩擦力和机械咬合力均降低，导致岩块相对滑动，使边坡出现整体性滑坡。同时，边坡内部岩块也可能出现破碎，加剧边坡破坏。

震动波施加于固定面附近颗粒。模型左侧竖直面岩体施加震动范围：$x\in[0\text{m},5\text{m}]$，$z\in[0\text{m},300\text{m}]$；模型底水平面岩体施加震动范围：$x\in[0\text{m},170\text{m}]$，$z\in[0\text{m},5\text{m}]$。这些范围内的颗粒提供动力荷载，不参加边坡变形过程。地震波的时程曲线如图 6.2 所示。

6.3.2　模拟与结果分析

对边坡施加加速度分别为 $0.2g$、$0.3g$、$0.4g$、$0.5g$ 的正弦地震波，记录了震动为 8s、14s、20s 和最终稳定时的边坡内部裂隙情况和颗粒位移情况，如图 6.9 所示。

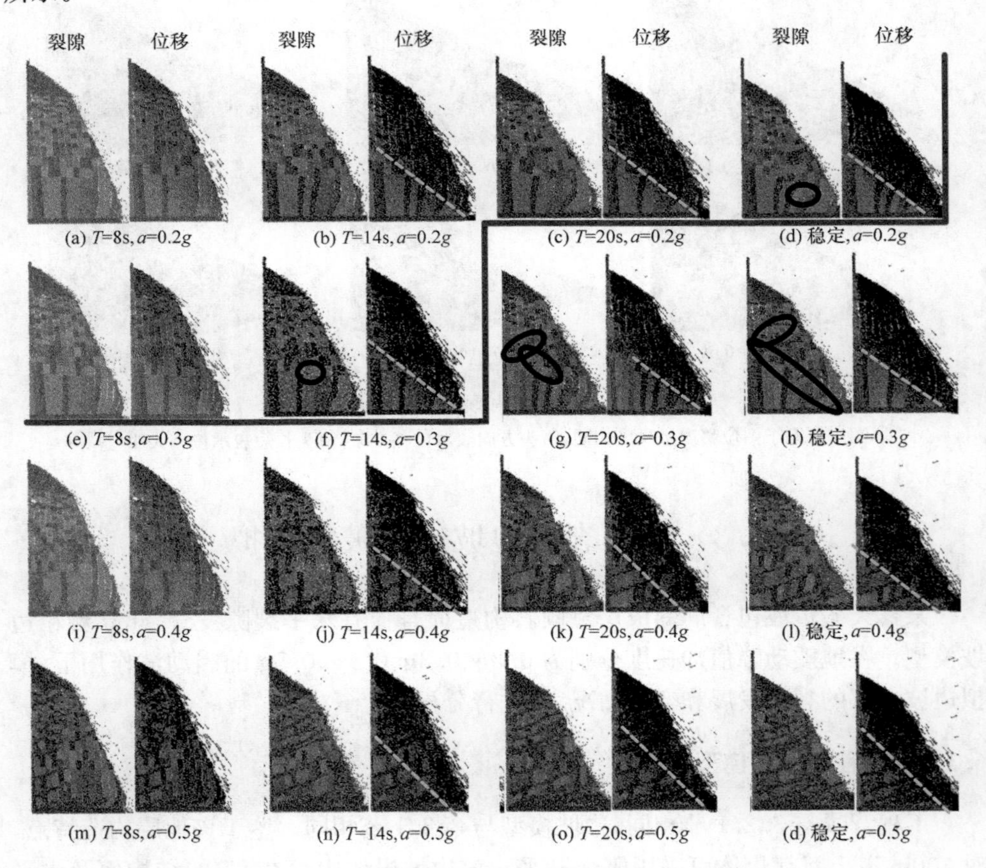

图 6.9　地震过程中的边坡内部裂隙和颗粒位移

图中所指稳定为边坡主体颗粒位移速度小于 10^{-3}m/s，不包括飞出和滚落的颗粒

首先对图 6.9 中的标识进行说明。图中行代表加速度 a 的不同状态，列代表震动时间的不同状态。每个时间下对应该时刻的边坡内部裂隙图和颗粒位移图。为说明方便，给各个子图分配了标示。位移图中虚线表示位移量突变的分界线，即较大位移和较小位移的分界线。圈表示出现断裂或碎裂位置（$a=0.4g$ 和 $a=0.5g$ 时较多未标出）。粗线以上表示边坡仍具有安全储备的状态，以下为边坡的不安全状态。

下面对图 6.9 进行分析。当 $a=0.2g$ 时，随着震动时间的延长，边坡坡脚处的岩体开始松动，松动使岩体沿着向斜左翼的构造面开裂。对边坡内部岩体而言相当于边坡自由面向边坡内部发展，使初始状态下稳定的岩体失去约束而产生运移和变形。首先，坡脚处岩体弯曲和断裂，然后沿着一定角度（如图中虚线）逐渐开裂，直至发展到坡顶。图 6.9(a)、(c)和(d)中坡脚附近岩体变形较大，但只有少数岩石发生断裂（图中圈处）。这种断裂是顺坡的，是由上部边坡岩体重力作用下滑错动造成的；且在边坡内只存在一条，即顺坡断裂带。对位移图而言，只有图 6.9(b)、(c)和(d)中边坡内部有明显的位移差分界线，如图中虚线所示。一般而言，这种分界线均穿过岩石断裂处，其倾角与岩石强度、岩体产状、边坡高度有关。$a=0.2g$ 时的地震过程中，虽然边坡产生了一定滑坡，但其内部岩体受破坏程度不大，未出现明显的断裂带，边坡仍具有一定的安全性。

当 $a=0.3g$ 时，14s 内边坡震动特征与 $a=0.2g$ 时基本相同。14s 后边坡内部岩体出现大变形和断裂，顺坡断裂带有所发展。其间出现了逆坡碎裂带，图 6.9(a)、(g)和(h)中碎裂处尚未连接成带。顺坡断裂带的特点是岩石只断裂，断裂处并未出现碎裂情况；而逆坡碎裂带内的岩体已完全碎裂（颗粒状）。综上所述，图中粗线以上部分并未出现逆坡碎裂带，可认为是相对安全。位移差分界线角度与位置基本不变。

当 $a=0.4g$ 时，8s 即出现明显的一组逆坡碎裂带。碎裂带间距基本相同，均匀分布在施加震动的固定面上，这说明逆坡碎裂带的形成与震动有直接关系。8s 后随着震动时间的增加，逆坡碎裂带向边坡自由面发展。虽然不同位置碎裂带发展速度不同，但最终均达到边坡自由面。逆坡碎裂带的出现标志着边坡内部岩体结构瓦解的开始，直至 20s 时达到自由面，边坡彻底破坏。

当 $a=0.5g$，14s 时，逆坡碎裂带发展至边坡自由面，边坡破坏。而 14s 前未出现明显的顺坡断裂带，14s 后由于逆坡碎裂带的发展，顺坡断裂带已被覆盖。

需要说明的是，这里所说边坡破坏指其内部岩石破碎，岩体节理遭到破坏，边坡稳定性发生变化；而不是边坡失稳彻底滑坡（碎裂后岩石仍有摩擦和机械咬合作用）。

综上所述，当 a 较小时，先出现顺坡断裂带，且只有一条，其形成是由边坡上部岩体动力错动造成的。随着 a 增大或震动持续时间的延长，出现逆坡碎裂带，其直接原因是地震震动。逆坡碎裂带成组出现，始于施加震动位置，终于边坡自由面，且间距基本相同。逆坡碎裂带发展至自由面标志着边坡内部原构造彻底改变。同时，各种情况下位移差分界线的角度和位置变化不大。

6.3.3　地震模拟结果总结

地震过程中的边坡内部裂隙和颗粒位移总结如表 6.1 所示。

表 6.1　地震过程中的边坡内部裂隙和颗粒位移总结

加速度	裂隙(平衡状态)	位移(平衡状态)	现象描述	实施方案后(平衡状态)
$a=0.2g$ 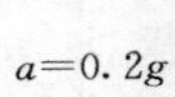	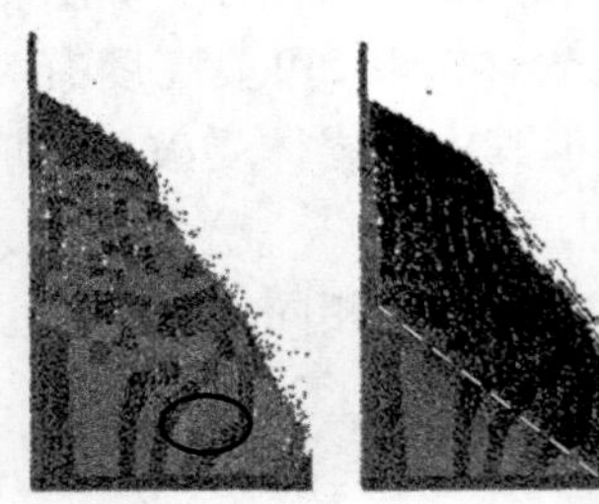		首先坡脚处岩体弯曲及断裂后，沿着一定角度逐渐开裂，直至发展到坡顶。虽然坡脚附近岩体变形较大，但只有少数岩石发生断裂。这种断裂是顺坡的，是由上部岩体重力作用导致的，且在边坡内只存在一条，即顺坡断裂带。边坡内部有明显的位移差分界线。一般地，这种分界线均穿过岩石断裂处，其倾角与岩石强度、岩体产状、边坡高度有关。虽然产生了一定的滑坡，但岩体劣化不大，未出现明显的破碎带。边坡仍具有一定的安全性	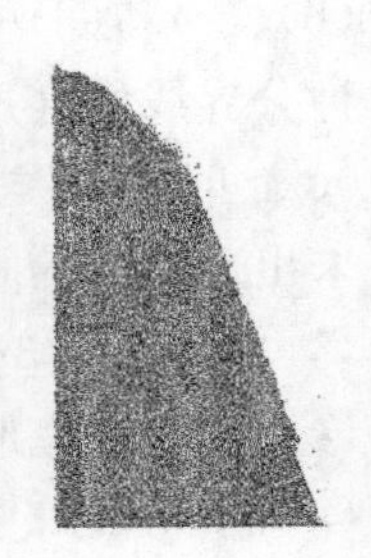
$a=0.3g$			14s 内的特征与 $a=0.2g$ 时基本相同。14s 后出现大变形和断裂，顺坡断裂带有所发展。同时出现了逆坡碎裂现象，但尚未连接成带。顺坡断裂带的特点是岩石只断裂，断裂处并未碎裂；而逆坡碎裂带的岩体完全碎裂	
$a=0.4g$			8s 出现一组逆坡碎裂带，其间距基本相同，均匀分布在施加震动的颗粒附近，其形成与震动有直接关系。8s 后逆坡碎裂带向自由面发展。不同位置破碎带发展速度不同，但最终均达到边坡自由面。逆坡碎裂带的出现标志着边坡内部岩体结构瓦解的开始，20s 时边坡彻底破坏	
$a=0.5g$			14s 时逆坡碎裂带发展至边坡自由面。14s 前未出现顺坡断裂带，14s 后逆坡碎裂带发展，此时顺坡断裂带已被覆盖	

6.3.4　治理方案及效果分析

在模拟上述地震工况对边坡致灾的过程后可知，其破坏过程首先开始于坡脚位置，然后沿坡面逐渐向坡顶发展。在此过程中，鉴于边坡构造特点，靠近坡面岩体逐渐分离破碎，使自由面向坡内发展。因此，防止边坡失稳破坏的关键是限制坡脚和坡面的破坏。

鉴于上述分析，提出一套针对该边坡的防震灾害治理方案。方案由两部分组成，一是加固固定边坡坡脚；二是向坡面加钢筋并注浆形成增强体。

方案如下：在坡脚处设置压重固定坡脚，高程 Z 为 0～50m。增强体为锚固并注浆，竖直方向间距 10m，长度为 30m，坡顶缩短。单个增强体注浆范围为 2m×2m×30m。注浆材料如下：采用灰砂比为 1∶1～1∶2，水灰比为 0.38～0.45 的水泥砂浆或水灰比为 0.4～0.45 的纯水泥浆，必要时加入一定的外加剂[4]。钢筋采用Ⅱ级钢[5]。增强体如图 6.10 所示。

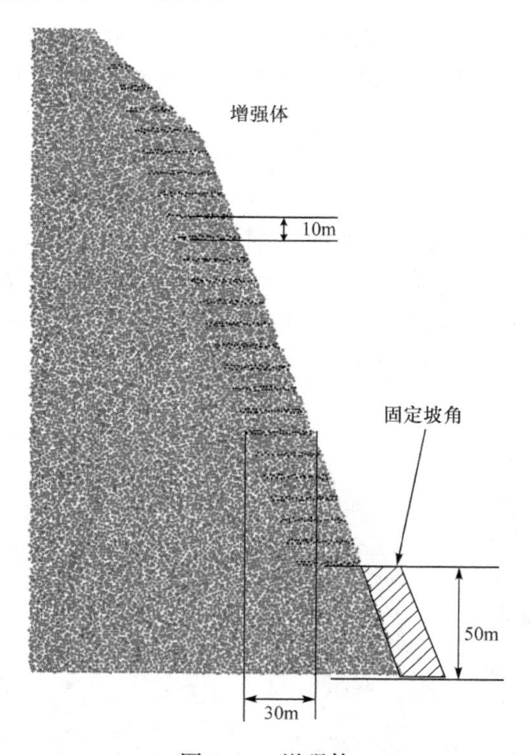

图 6.10　增强体

表 6.1 中最后一列为在不同加速度 a 条件下，实施治理方案后的边坡地震内部裂隙图。由此可知，坡脚和坡面在实施方案后破坏有很大程度的减轻。坡脚位

置由于实施了固定坡脚的压重，在震动过程中基本不产生破坏，而是将这些动荷载破坏向边坡内部传递。坡面破坏主要集中在坡面压重上部位置。由于此处之上坡面没有外部约束，在震动时变形会向坡外发展，而坡脚是被约束的，因此此处破坏较为集中。此外，坡面在增强体约束下显现出整体性，较为稳定。

$a=0.2g$ 和 $0.3g$ 时，治理后边坡除压重上部位置有较大破坏外，其余均稳定。$a=0.4g$ 且 14s 内未出现逆坡碎裂带。而 $a=0.5g$ 且 8s 内即出现逆坡碎裂带。因此，根据前述标准，a 为 $0.2g$、$0.3g$ 及 $0.4g$ 且在 14s 内时，治理后的边坡是稳定的。可见，治理后的边坡比未治理边坡的稳定工况要多。另外，治理后的模拟结果始终未出现顺坡断裂带，这是由治理方案对坡脚和坡面的约束造成的。但逆坡碎裂带的形成是无法抑制的。

6.4 逆坡裂隙边坡地震破坏

构建含逆坡裂隙和水平裂隙的露天矿边坡，并在 16 种地震工况下模拟该边坡的破坏形式，进行特征分析[6]。最后与 6.3 节顺坡地震结果进行对比。工程背景与 6.3 节相同。

6.4.1 模型构建

图 6.11 中，该含逆坡裂隙边坡地质剖面模型长（X 方向）170m，高（Z 方向）300m。地质条件复杂，从左向右分层较多，且岩性不同，平均倾角达 87°。颗粒半径设为 0.6～0.9m，服从正态分布。模型边界条件为 $X=170$m 和 $Z=0$m 所在的面固定，其余边界自由，设固定面的摩擦系数为 0.5。图 6.11 中接触力图表示在

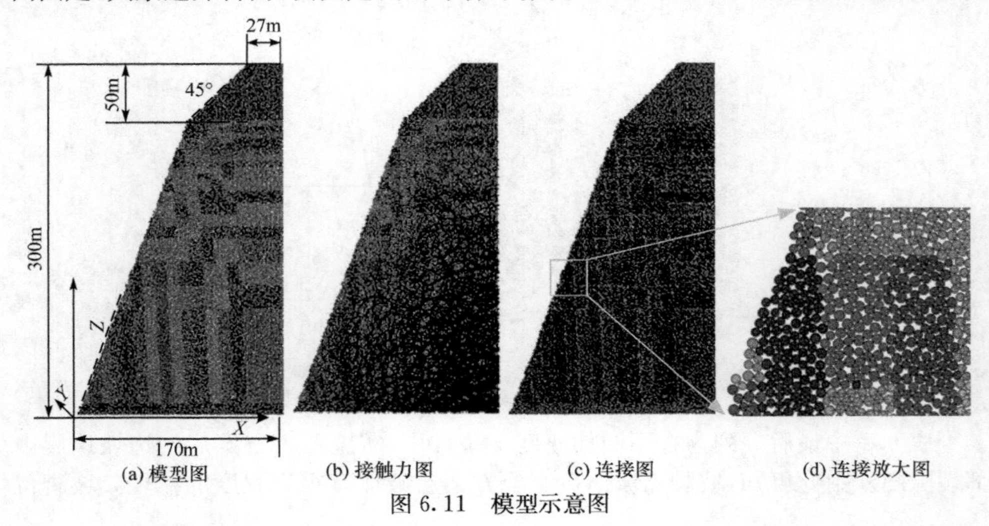

(a) 模型图　(b) 接触力图　(c) 连接图　(d) 连接放大图

图 6.11 模型示意图

模型初始应力平衡后的边坡内部应力分布情况。拉力主要分布在被裂隙分割后的岩块内，而压力来源于重力作用，贯穿整个模型。因此，图中接触力由下至上逐渐减小，说明模型符合实际情况。

模型右侧竖直面岩体施加震动范围：$x\in[169\mathrm{m},170\mathrm{m}]$，$z\in[0\mathrm{m},300\mathrm{m}]$；模型底水平面岩体施加震动范围：$x\in[0\mathrm{m},170\mathrm{m}]$，$z\in[0\mathrm{m},1\mathrm{m}]$。这些范围内的颗粒提供动力荷载，而不参加边坡的变形过程。地震波时程曲线与 6.1 节相同。

6.4.2　模拟与结果分析

根据地震工况的设定，模拟 4 种加速度及 4 种时间的边坡破坏，最终得到 16 种边坡破坏示意图，如表 6.2 所示。

表 6.2　不同工况下的边坡地震破坏情况

地震加速度	地震持续时间			地震停止并稳定后的状态
	$T=8\mathrm{s}$	$T=14\mathrm{s}$	$T=20\mathrm{s}$	
$a=0.2g$	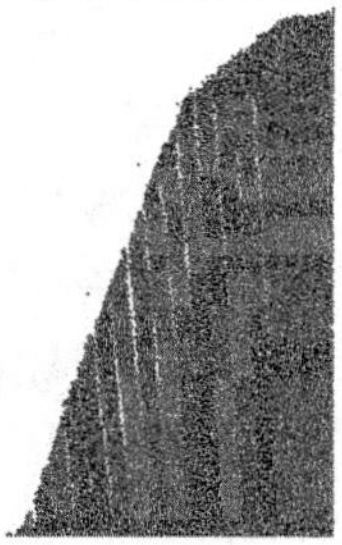	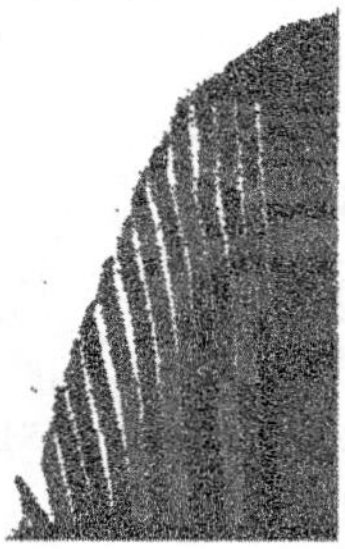	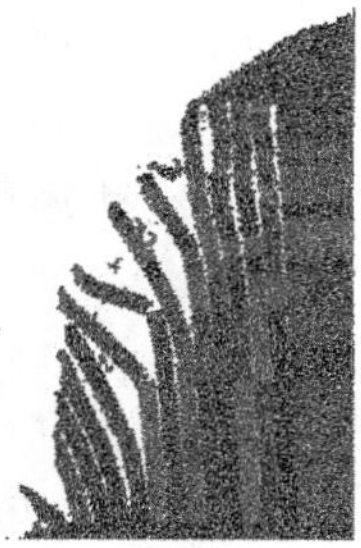	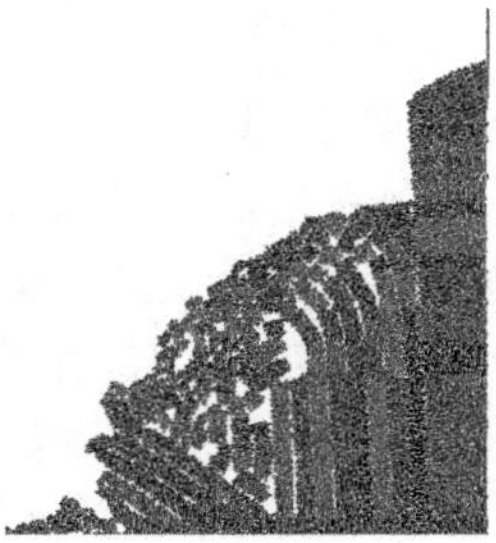
$a=0.3g$	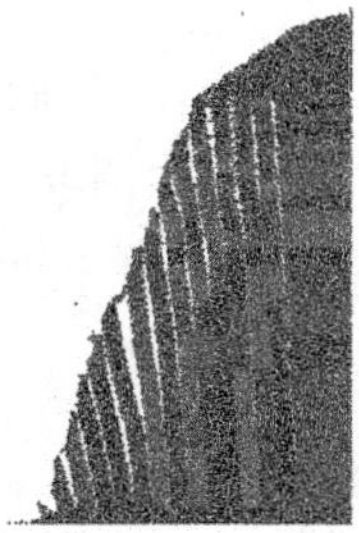	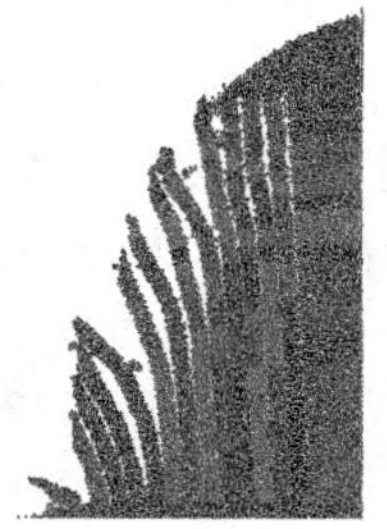	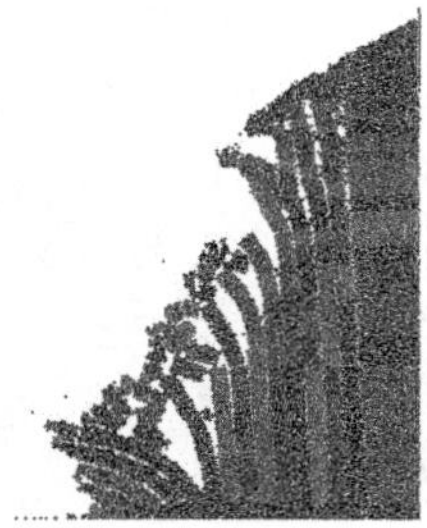	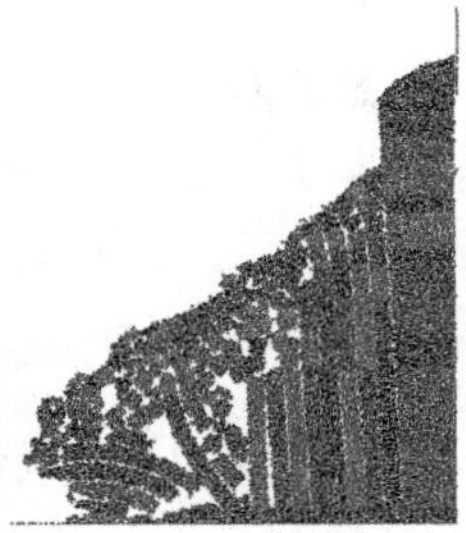
$a=0.4g$	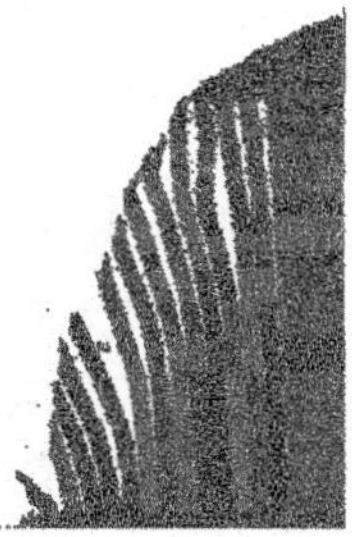	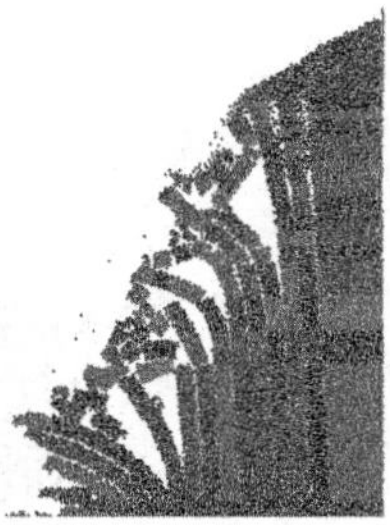	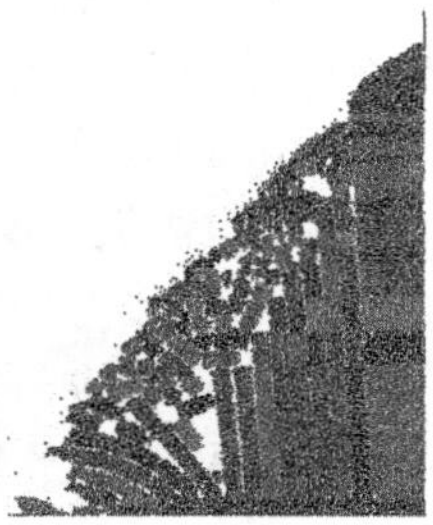	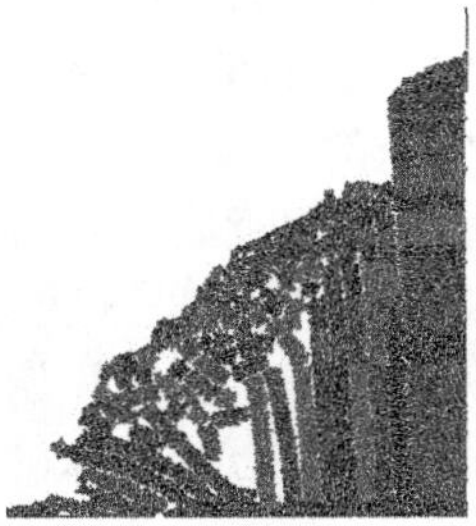

续表

地震加速度	地震持续时间 $T=8s$	$T=14s$	$T=20s$	地震停止并稳定后的状态
$a=0.5g$			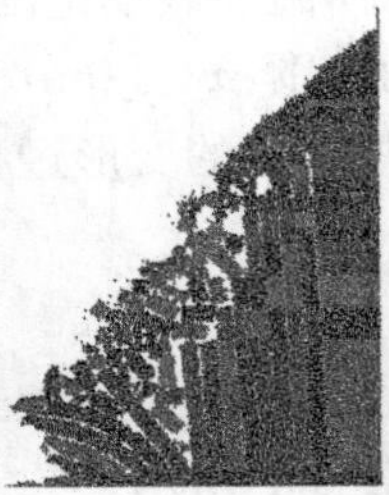	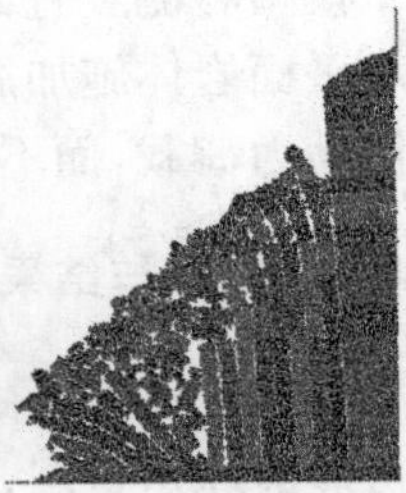

注：表中稳定是指边坡主体颗粒位移速度小于 10^{-3}m/s，不包括飞出和滚落的颗粒。

表 6.2 给出了各个工况下边坡地震后的破坏形态。边坡破坏受震动时间和震动加速度影响明显。

对加速度相同、持续时间不同的情况进行分析，当 $a=0.2g$、$T=8s$ 时，边坡内部向斜裂隙虽然有所开裂但边坡整体是稳定的；当 $T=14s$ 时，边坡中部开裂明显，向斜岩层上部分层开裂，但这种开裂只限于上部，并未向下部及边坡内部发展；当 $T=20s$ 时，前期开裂的岩层倾倒或折断，向坡外方向运动，而未开裂的岩层仍然不受震动影响，保持完整。震后边坡稳定时，未开裂的岩层仍保持原有状态，靠近坡脚的岩层全部倾覆；上部靠近坡顶岩体倾斜而下，充填了倾覆岩层与稳定岩层之间的空隙。除黄土层外，靠近右侧边界的岩层由于没有逆坡裂隙而相对完整。

当 $a=0.3g$、$T=8s$ 时，边坡已有明显裂缝，尤其边坡中部已经失稳。$T=14s$ 的状态类似于 $a=0.2g$、$T=20s$ 时的边坡状态，即靠近坡面的岩体开裂，而边坡内部岩体开裂较小，相对稳定。当 $T=20s$ 时，已开裂岩体继续发展、倾倒或掉落，未开裂岩体稳定。稳定时靠近坡脚的岩层全部倾覆，未开裂岩体稳定，其上部岩体垮塌，右侧边界岩体相对完整。

当 $a=0.4g$、$T=8s$ 时，边坡开裂失稳，类似于 $a=0.3g$、$T=14s$ 的边坡状态。$T=14s$ 后的边坡破坏发展过程与 $a=0.3g$、$T=20s$ 的过程类似，即初期开裂的岩体在后期的震动中倾倒（坡脚附近岩体）或垮落（初期未开裂岩体的上覆松散岩体）；而初期未开裂的岩体则始终没有开裂和变形，右侧边界岩体相对完整。$a=0.5g$ 的边坡破坏过程与 $a=0.4g$ 类似，只是破坏发展快于前者。

综上所述，存在逆坡裂隙的边坡岩体在地震作用下的破坏特点为：随时间延长，初期边坡坡面附近出现裂缝，这些开裂的岩体倾覆或坍塌，向坡外方向运动；而初期未开裂的岩体始终是完整稳定的，右侧边界因没有逆坡裂隙而相对完整。各加速度下边坡岩体破坏的部分和稳定的部分几乎相同，而随着加速度的增加，边坡破坏时间逐渐缩短。

6.4.3　与顺坡裂隙边坡破坏的对比

不同工况下的含有顺坡裂隙边坡的地震破坏情况如表 6.3 所示，引自图 6.9。

表 6.3　不同工况下的含有顺坡裂隙边坡地震破坏情况

地震加速度	地震持续时间			地震停止并稳定后的状态
	T=8s	T=14s	T=20s	
a=0.2g				
a=0.3g				
a=0.4g				
a=0.5g				

通过上述对比可知，逆坡裂隙边坡破坏主要是边坡内被裂隙分割岩石的倾覆、翻滚、垮塌，而这些只发生在靠近坡面的一定深度内，边坡内部是完整稳定的。顺坡裂隙的边坡破坏主要是岩石的断裂，形成贯穿于边坡的破坏带，没有岩石的大范围开裂和运移，但整个边坡都在破坏范围内。

6.5 废弃采空区地震与地表沉降

废弃煤矿采空区及其上覆岩层经过长期变化达到平衡，地面沉降也将趋于稳定，在这种情况下对拟建和既有建(构)筑物都是有利的。然而，垮落形成的岩体应力及运移平衡也是脆弱的。未进行开采的岩层其内部在长期构造过程中已密实、连续且应力平衡。以这样的岩层作为施工场地，对施工产生的附加应力、桩基振动等有良好的适应性。另外，如遇地震，完好的地层内部岩体由于震动重新排列的机会不大(不考虑地震液化)，产生的震陷也很小。但对于废弃采空区上覆地面的拟建和既有建(构)筑物，地震引起的岩层运移和地面附加沉陷就应引起重视。

工作面推进过后采空区或充填、爆破放顶都将引起其上覆岩层运移，运移过程中岩层会产生断裂或垮落等现象。这些断裂和垮落的岩体相互交叠，共同支撑了上部岩层使裂隙带不继续向上蔓延。这些岩体垮落形成的充填体构造是不稳定的，特别是遇到地震等外因时，容易使原有平衡破坏。通过震动各碎裂岩体将趋于势能更小的方向运移。这样的运移进一步使垮落体体积减小，上部出现洞室，使裂隙带继续向上发展，造成地面附加震陷。

对于震陷，特别是对废弃采空区震陷研究较少，与其相关研究也并不多见[7~11]。本节解决的工程问题如下：在一既有公路下方，有一拟开采的倾斜煤层，分析进行充填开采(先期确定充实率应大于 0.83)并废弃后遇到地震、采空区上覆岩层的运移和地面附加震陷情况；并分析充实率、震级和地表震陷的关系，以满足公路路基沉降要求。使用 3.5 节的实例，分析充实率为 0.85、0.9、0.95，且地震加速度为 0g(非地震状态沉降)、0.2g、0.3g、0.4g，震动 20s 稳定后的上覆岩层运移及地面路基沉降情况[12]。

6.5.1 模型构建

根据 3.5 节实例工况，研究保证开采期间及废弃后符合公路设计基准期的地震后附加沉降，即沉降量不超过 0.3m，路基地面宽 26.5m。颗粒转换系数设置如下：充实率为 0.85，系数为 0.9473；充实率为 0.9，系数为 0.9655；充实率为 0.95，系数为 0.983。充填后采空区如图 3.23 所示。

根据文献[13]中所述地震震动施加方法，使用 FISH 语言构造水平向正弦波速度-时间曲线并作用在模型底部颗粒上进行地震模拟。地震震动波的峰值加速度分别为 0.2g、0.3g、0.4g，阻尼为 0.157。由相关地震规范可知，该地区为第一组二类场地，特征周期 T_g=0.35s，特征频率 f_g=2.85Hz。这里所用时程曲线与 6.2 节相同。对路基下部地面颗粒进行沉降监测，如图 3.21 所示。

6.5.2　模拟与结果分析

在 3 种充实率条件下，无地震（地震加速度 a=0）和地震加速度 a 分别为 0.2g、0.3g、0.4g 震动 20s 后采空区上覆岩层运移稳定时的位移及应力如图 6.12 所示。

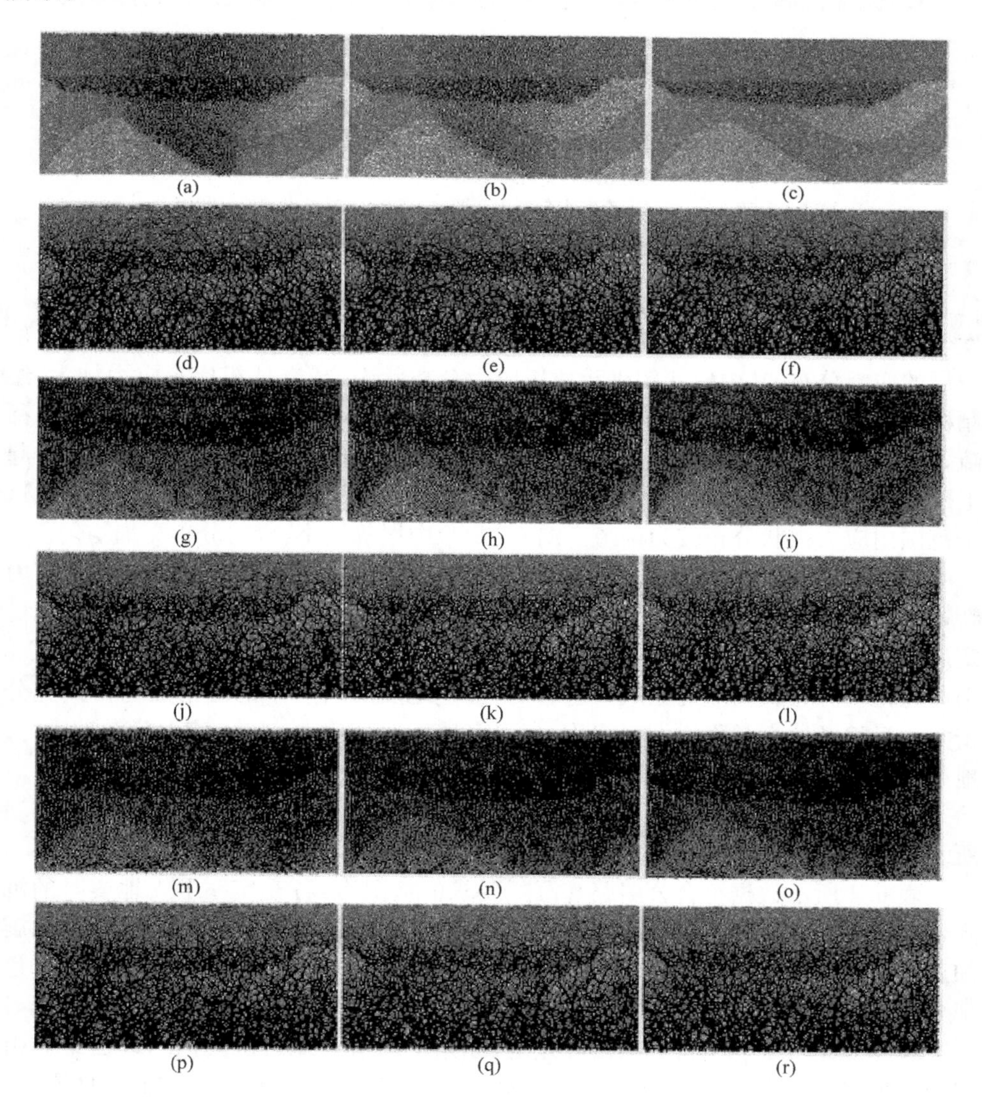

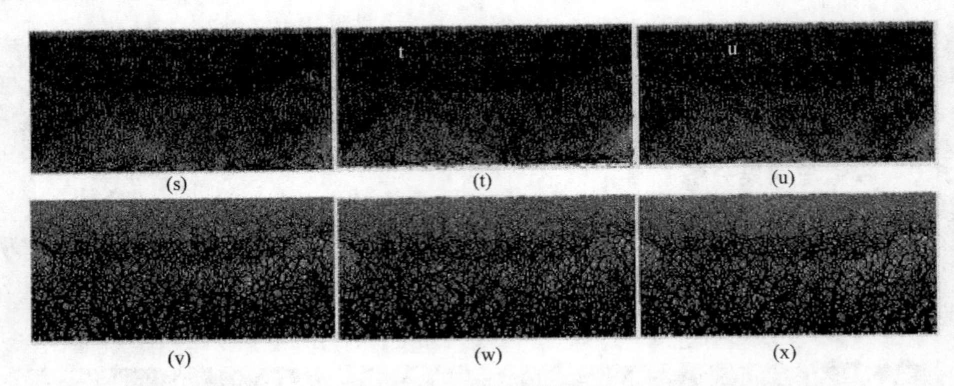

(s)　(t)　(u)

(v)　(w)　(x)

图 6.12　采空区上覆岩层运移稳定时的位移及应力

第 1,2 行表示 $a=0$,充实率分别为 0.85、0.9、0.95 时对应的位移和应力;
第 3,4 行表示 $a=0.2g$,充实率分别为 0.85、0.9、0.95 时对应的位移和应力;
第 5,6 行表示 $a=0.3g$,充实率分别为 0.85、0.9、0.95 时对应的位移和应力;
第 7,8 行表示 $a=0.4g$,充实率分别为 0.85、0.9、0.95 时对应的位移和应力

图 6.12(a)～(c)为无地震情况下采空区上覆岩层稳定后的位移图。其中,黑色云图表示位移矢量,位移矢量衡量标准相同。由此可知,在无地震情况下位移只发生在采空区上方较小范围内,且充实率越高位移越小。图 6.12(d)～(f)表示稳定后的应力分布,其中树状图表示拉压应力分布状态,越密越粗代表应力越大,绘制标准相同。图 6.12(d)采空区上方岩层 2 中应力树状分布比图 6.12(e)和(f)稀疏,比图 6.12(f)更均匀。其原因在于较小的充实率导致了较大的塌落高度,引起上覆岩层的大范围塌落。塌落岩体由于堆积一般只存在压力,不存在拉力,因此这个范围内应力树状分布较为稀疏。图 6.12(f)中塌落较小,应力分布更加均匀。

当遇到地震时,水平方向产生震动,在各充实率情况下继承了上述位移和应力特征,同时由于受震颗粒重排,也表现出不同的特点。各加速度下 20s 地震达到稳定后应力树状分布图中不存在明显的塌落区,即图 6.12(d)中采空区上部岩层 2 中应力树状分布较稀疏的区域。这表明,经过地震后岩层中的塌落区已得到充分密实。运移及地表沉降定性规律为:充实率越高,地震影响越小,应力分布越均匀;地震加速度越大,影响越大,应力分布越不均匀。

对上述过程进行定量分析,各状态下的地表路基下颗粒沉降监测值如表 6.4 所示。由地震产生的沉降差如表 6.5 所示。

表 6.4 所示数据符合公路路基沉降要求的情况有:各充实率下无地震时的沉降,充实率为 0.9 和 0.95 且地震加速度为 $0.2g$ 时的沉降,充实率为 0.95 且地震加速度为 $0.3g$ 时和充实率为 0.95 且地震加速度为 $0.4g$ 时的沉降,如表中深色部分所示。

表 6.5 是由表 6.4 得到的沉降差值(原始沉降值－地震沉降值),即由地震引起的附加沉降。当充实率为 0.85 时,附加沉降随地震加速度的增加而线性增加。

表 6.4　各监测点在各状态下的沉降值　（单位：m）

沉降值	充实率	52084	54462	52913	53175	52556	50730	51303	54067	51740	52385	52861
原始(绝对高度)	1	244.00	242.50	241.55	243.35	243.45	240.60	242.00	238.60	240.95	241.45	240.35
原始(沉降值)	0.85	0.2750	0.2750	0.2750	0.2850	0.2850	0.2850	0.2850	0.2850	0.2800	0.2850	0.2850
	0.9	0.0750	0.0700	0.0650	0.0750	0.0750	0.0750	0.0700	0.0750	0.0650	0.0700	0.0700
	0.95	0.0250	0.0250	0.0200	0.0300	0.0250	0.0300	0.0250	0.0300	0.0250	0.0250	0.0250
地震加速度为 0.2*g*(沉降值)	0.85	0.3150	0.3150	0.3150	0.3250	0.3250	0.3250	0.3250	0.3250	0.3200	0.3250	0.3250
	0.9	0.2750	0.2750	0.2750	0.2850	0.2850	0.2850	0.2850	0.2850	0.2800	0.2850	0.2850
	0.95	0.2150	0.2200	0.2150	0.2250	0.2250	0.2300	0.2250	0.2300	0.2250	0.2300	0.2300
地震加速度为 0.3*g*(沉降值)	0.85	0.3450	0.3450	0.3400	0.3500	0.3500	0.3550	0.3550	0.3550	0.3500	0.3550	0.3550
	0.9	0.3150	0.3150	0.3150	0.3250	0.3250	0.3250	0.3250	0.3250	0.3200	0.3250	0.3250
	0.95	0.2600	0.2600	0.2600	0.2700	0.2700	0.2750	0.2750	0.2750	0.2750	0.2750	0.2800
地震加速度为 0.4*g*(沉降值)	0.85	0.3600	0.3600	0.3600	0.3700	0.3700	0.3700	0.3700	0.3700	0.3650	0.3700	0.3700
	0.9	0.3150	0.3150	0.3100	0.3200	0.3200	0.3200	0.3200	0.3200	0.3200	0.3200	0.3200
	0.95	0.2700	0.2750	0.2700	0.2800	0.2800	0.2800	0.2800	0.2850	0.2800	0.2850	0.2850

表 6.5 各点在不同地震加速度情况下的附加沉降　　(单位:m)

地震加速度	充实率	不同地震加速度情况下的附加沉降值											平均值
		52084	54462	52913	53175	52556	50730	51303	54067	51740	52385	52861	
0.2g	0.85	0.0400	0.0400	0.0400	0.0400	0.0400	0.0400	0.0400	0.0400	0.0400	0.0400	0.0400	0.4400
	0.9	0.2000	0.2050	0.2100	0.2100	0.2100	0.2100	0.2150	0.2100	0.2150	0.2150	0.2150	2.3150
	0.95	0.1900	0.1950	0.1950	0.1950	0.2000	0.2000	0.2000	0.2000	0.2000	0.2050	0.2050	2.1850
0.3g	0.85	0.0700	0.0700	0.0650	0.0650	0.0650	0.0700	0.0700	0.0700	0.0700	0.0700	0.0700	0.7550
	0.9	0.2400	0.2450	0.2500	0.2500	0.2500	0.2500	0.2550	0.2500	0.2550	0.2550	0.2550	2.7550
	0.95	0.2350	0.2350	0.2400	0.2400	0.2450	0.2450	0.2500	0.2450	0.2500	0.2500	0.2550	2.6900
0.4g	0.85	0.0850	0.0850	0.0850	0.0850	0.0850	0.0850	0.0850	0.0850	0.0850	0.0850	0.0850	0.9350
	0.9	0.2400	0.2450	0.2450	0.2450	0.2450	0.2450	0.2500	0.2450	0.2550	0.2500	0.2500	2.7150
	0.95	0.2450	0.2500	0.2500	0.2500	0.2550	0.2500	0.2550	0.2550	0.2550	0.2600	0.2600	2.7850

在充实率为 0.9 和 0.95 时，地震加速度为 0.2g 的附加沉降明显小于地震加速度为 0.3g 和 0.4g。但地震加速度为 0.3g 和 0.4g 之间附加沉降变化受充实率的影响不明显，这源于该复杂岩层构造特点，当地震加速度超过 0.3g 的某个值后已达到充分震陷，即动力作用已使上覆岩层充分塌落；并使已经垮落的部分充分地向势能低的方向运移排列。因此，即使继续提高加速度，震陷也不会有较大变化。另外，受充实率影响不明显，可能源于岩块尺度，应进一步研究加以证明。

6.6 小　　结

本章应用颗粒流方法对地震作用下的离散岩体破坏过程进行模拟和分析，包括尾矿库和具有不同裂隙特征的边坡破坏过程。

6.1 节以某尾矿库为例，模拟了峰值加速度 a 分别为 0.1g、0.2g、0.4g、0.6g 的正弦地震波震动 20s 过程中的尾矿库内部结构的变形情况。随着震动持续进行，颗粒位移从尾矿库坡底向坡顶发展。达到不同峰值加速度时，尾矿库破坏过程为初期坝背侧尾粉砂部分发生位移到初期坝破坏再到尾粉砂边坡的整体下滑。该变形破坏过程是加速的，开始于尾矿库边坡凹陷，停止于下滑区完全破坏。尾矿库发生位移的颗粒除初期坝外，都集中在初期坝产生被动土压力的部分。

6.2 节以某边坡为例构建了边坡模型。露天矿边坡坡面附近岩体破碎但深部完整，使用接触连接和平行连接能对其进行较好的模拟，可使用 FISH 语言模拟岩层接触面的平行不整合构造，模拟震动中岩体破碎过程。地震对边坡横向作用大于竖向作用。在震动过程中竖向标记线都有变形；横向标记线略有变形。当地震加速度过大、时间较长时，坡脚形成空隙现象。空隙区域在地震过后会自然沉降，也可能形成永久性空隙，遇外力作用可能塌陷。

6.3 节针对含有顺坡裂隙和水平裂隙发育的边坡，模拟了地震加速度 a 为 0.2g、0.3g、0.4g、0.5g，持续 8s、14s、20s 和最终稳定时边坡内部裂隙和颗粒位移情况。得到 a=0.2g、a=0.3g(14s 以前)未出现逆坡碎裂带，可认为是边坡相对安全的情况，总结了边坡内部破坏过程特点。当 a 较小时，先出现顺坡断裂带，且只有一条，这是由边坡上部岩体动力错动造成的。随着 a 或地震时间的延长，出现逆坡碎裂带，直接原因是地震震动。逆坡碎裂带成组出现，始于施加震动位置，终于边坡自由面，且间距基本相同。逆坡碎裂带发展至自由面标志着边坡内部原构造彻底改变。各种情况下位移差分界线的角度和位置变化不大。本节提出了边坡震害治理方案，一是加固坡脚，二是向坡面加钢筋并注浆形成增强体。在地震加速度 a 为 0.2g、0.3g、0.4g(14s 以前)时，治理后边坡是稳定的。另外，治理后边坡始终未出现顺坡断裂带，这是由治理方案对坡脚和坡面的约束造成的。但逆坡碎裂带的形成是无法抑制的。

6.4节研究了含有逆坡裂隙和水平裂隙条件下的露天矿边坡在地震作用下的破坏过程。模拟了a=0.2g、0.3g、0.4g、0.5g，频率为5Hz，地震时间为T=8s、T=14s、T=20s及边坡稳定时的边坡破坏状态。随着时间的延长，初期边坡坡面附近出现裂缝，这些开裂的岩体倾覆或坍塌，向坡外方向运动。而初期未开裂的岩体始终是完整稳定的，右侧边界因为没有逆坡裂隙而相对完整。各加速度下边坡岩体破坏的部分和稳定的部分几乎相同，而随着加速度的增加，边坡破坏时间逐渐缩短。将逆坡裂隙边坡地震结果与顺坡裂隙边坡结果进行对比，结果如下：逆坡裂隙的边坡破坏主要是边坡内被裂隙分割岩石的倾覆、翻滚、垮塌，而这些只发生在靠近坡面的一定深度内，边坡内部是完整稳定的；顺坡裂隙的边坡破坏主要是岩石的断裂，形成贯穿于边坡的破坏带，没有岩石的大范围开裂和运移，但整个边坡都在破坏范围内。

6.5节研究并模拟了不同情况下地震引起的采空区上部地表附加沉降，即在充实率为0.85、0.9、0.95时，无地震和地震加速度a分别为0.2g、0.3g、0.4g时震动20s后采空区上覆岩层运移稳定时的位移及应力。由模拟结果得到地震引起地表附加沉降的定性规律如下：充实率越高，地震影响越小，应力分布越均匀；地震加速度越大，影响越大，应力分布越不均匀。定量分析了充实率、地震加速度和附加沉降的关系。当充实率为0.85时，附加沉降随地震加速度的增加而线性增加。当充实率为0.9和0.95时，加速度a为0.2g的附加沉降明显小于a为0.3g和a为0.4g的情况。但0.3g和0.4g之间附加沉降的变化及其受充实率的影响均不明显。其原因在于当地震加速度超过0.3g的某个值后已达到充分震陷，继续提高加速度，震陷也不会有较大变化。得到了符合公路路基正常工作的沉降参数，即各充实率下无地震时的沉降和充实率为0.9、0.95且地震加速度a为0.2g时的沉降，充实率为0.95且地震加速度a为0.3g和充实率为0.95且地震加速度a为0.4g的沉降。

参考文献

[1] 崔铁军，马云东，王来贵. 基于PFC3D的尾矿库地震稳定性模拟与分析[J]. 安全与环境学报，2016，16(1)：95—98.

[2] 崔铁军，马云东，王来贵. 露天煤矿边坡在地震中稳定性研究[J]. 地震工程与工程振动，2015，35(6)：219—225.

[3] 崔铁军，马云东，王来贵. 地震中露天矿复杂构造边坡破坏过程模拟研究[J]. 地震工程与工程振动，2016，36(2)：200—206.

[4] 朱铁功. 锚固、劈裂注浆技术治理土夹石地层高边坡的实践[J]. 铁路标准设计，2008，9(1)：23—25.

[5] 王永军. 钢筋混凝土抗滑桩在露天矿边坡治理中的应用[J]. 辽宁工程技术大学学报(自然科学版)，2008，27(增1)：23—24.

[6] 崔铁军，李莎莎，马云东，等. 地震下含有逆坡裂隙的露天矿边坡破坏模拟与研究[J]. 应用力

学学报，2016，33(6)：1051—1056.

[7] 朱光明，李桂花，程建远. 煤矿巷道内地震勘探的数值模拟[J]. 煤炭学报，2008，33(11)：1263—1276.

[8] 刘东，贾智信，孙长军，等. 复合地基在地震作用下附加沉降的研究[J]. 路基工程，2011，156：114—116.

[9] 乔京生，李晓芝，郝婷月，等. 复合地基与天然地基在地震作用下附加沉降的数值分析[J]. 地震工程与工程振动，2006，26(3)：245—247.

[10] 孟上九，刘汉龙，袁晓铭，等. 建筑物地基不均匀震陷有限元时程分析方法[J]. 岩土力学，2005，26(1)：33—36.

[11] 陈文化，门福录. 非自由场地的动力沉降估计[J]. 岩石力学与工程学报，2003，22(3)：456—461.

[12] 崔铁军，马云东，王来贵. 地震作用下废弃采空区引起地表沉降模拟与研究[J]. 系统仿真学报，2016，28(3)：634—639.

[13] Itasca. Particle flow code in 3 dimensions online manual[EB/OL]. http://Itasca.cn/ruanjian.jsp? sclassid =106&classid =18[2010-03-10].

第 7 章　冲击地压过程模拟

冲击地压破坏过程是岩体系统为了保持自身能量平衡而向系统之外释放能量的过程。由于蓄积弹性势能大小和岩体裂隙程度的不同，释放过程通常包括五种释放形式：弹性变形、可产生裂隙的大变形、伴随裂隙产生的机械振动、岩体破碎飞石、广义变形集中区岩体失稳。经上述释放过程后由开采扰动造成的岩体体系能量释放完毕，岩体恢复稳定状态。该过程涉及系统能量释放问题，也属于强度-运动-稳定问题。本章尝试使用能量释放作为判定上述过程发生的依据，结合强度和失稳理论对冲击地压过程进行模拟，最终使用颗粒流方法具体实现。给出岩爆属于冲击地压过程中最猛烈部分的判定依据。冲击地压发生条件是存在能量释放，而岩爆则是达到一定条件时冲击地压过程的一部分。

7.1　冲击地压细观过程

为了解冲击地压细观发生过程，分析冲击地压不同阶段特点，从能量消耗角度对该过程进行研究。认为冲击地压是岩体系统由外界扰动引起的能量释放过程，总释放能量理论上等于岩体形成期间残余弹性势能。该弹性势能和岩体形成后裂隙发育不同，导致岩体受开采扰动后经历的能量释放形式不同。大体上能量释放过程分三部分：初期变形和裂隙、中期飞石—变形—破碎—飞石的循环破坏过程（岩爆）、末期广义应变失稳破坏。即认为岩爆是冲击地压过程中最剧烈的那部分，即飞石—变形—破碎—飞石的循环破坏过程[1]。

7.1.1　冲击地压与能量理论

岩石是一种经过漫长沉积或变质作用而形成的混合体，加之地应力及构造作用也使岩石内部产生了各种缺欠、劣化和损伤。岩石受到外力作用后，力在均质部分分布均匀。但岩石内部不同介质界面处会由两侧岩体抗压、抗拉或抗剪的性能不同导致界面处应力集中，使岩石开裂。即使岩体均质，存在于内部的微缺陷在应力作用下也会不断发展，出现贯通，甚至形成宏观裂缝，导致岩体失稳破坏。

基于能量理论，岩石变形破坏是能量耗散与能量释放的综合结果[2]。耗散能 U_d 导致岩石损伤、材料性质劣化和强度损失；弹性势能 U_e 释放导致岩石突然破坏。总能量 U 可表示为

$$U=U_d+U_e \tag{7.1}$$

耗散能导致岩石内部损伤和塑性变形，可释放的弹性应变能为岩石开采后的弹性应变能。能量耗散是单向不可逆的，而能量释放则是双向的，只要满足一定条件能量释放就是可逆的[3]。

根据文献[2]所述，在主应力空间岩体各部分能量中，考虑岩体各向同性时 U_e 可表示为

$$U_e=\frac{1}{2E_0}[\sigma_1^2+\sigma_2^2+\sigma_3^2-2\mu(\sigma_1\sigma_2+\sigma_2\sigma_3+\sigma_3\sigma_1)] \tag{7.2}$$

式中，$\sigma_1\sim\sigma_3$ 为各向主应力；E_0 为弹性模量。

冲击地压发生需储能条件，即深部岩体重力做功及构造应力做功；另外，这些做功施加于硬脆岩体。功主要转换为岩体的耗散能 U_d 和储存在岩体中的可释放能 U_e。硬脆性岩体在外力作用下主要发生弹性变形，而很少发生塑性变形。耗散能 U_d 导致岩石内部发生劣化进而使材料性能降低。这种变化是缓慢的，由裂隙可能发展成贯穿裂缝。文献[2]认为该过程可以划分为劈裂成板—剪切成块—片块弹射。岩体中的贯穿裂缝对片块形成起较大作用，所以材料劣化和强度损失将在很大程度上促使冲击地压发生。

当可释放能 U_e 达到岩体破坏能量 U_0 时，岩体发生缓慢的近似静态的破坏；当 U_e 超过 U_0 时，不但可以达到静态破坏，而且剩余能量 $\Delta U=U_e-U_0$ 可使破碎后岩石向采空方向飞出，即 ΔU 将转换为岩块动能，形成了冲击地压过程中的飞石。

7.1.2　细观过程与能量关系

最初由沉积或熔岩形成岩石，是外界施加能量形成的，岩体系统能量提高；地应力对其进行挤压，导致岩石产生裂隙之前，岩体系统能量增加。当岩体出现裂纹后，岩体系统开始混乱，系统能量下降，系统原有能量被消耗或释放。系统蕴含能量逐渐降低，与周围岩体系统能量水平相同时能量释放停止，系统稳定。因此，岩体破坏过程就是一个系统能量释放至平衡的过程。

1. *受扰动岩体系统能量释放形式*

如图 7.1 所示，根据式(7.1)，U 是岩体形成过程中外力等对岩体做功的总和，U_d 为岩体形成过程中外力做功对岩体结构的破坏，是岩体产生裂隙断裂破坏所使用的能量。岩体受到压缩所吸收并以弹性势能储存的能量为 U_e，所以当地下岩体受扰动后理论释放的最大能量为 U_e。扰动后 U_e 可导致岩体变形、破碎、飞出，消耗能量为 U_2；同时会以声、光、电和机械波等形式释放能量 U_1。后者能量 u_{25} 主要以机械波释放为主(如矿震)，重点是前者能量转化与破坏形式的关系。U_2 导致的

主要能量释放形式为开挖面附近岩体凸出变形 u_{21}、岩体产生裂隙的大变形 u_{22}、岩体破碎飞石 u_{23}、开采面附近岩体塌落(广义应变区失稳)u_{24}。

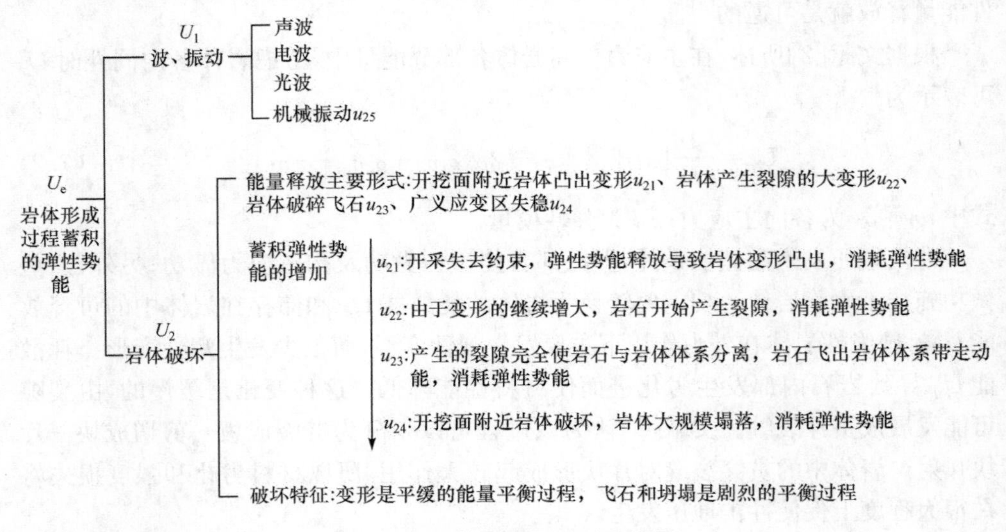

图 7.1　岩体能量释放形式分类

设岩体体系中裂隙程度相同,随着地下扰动位置深度的增加(弹性势能蓄积增加),上述能量释放形式基本是依次出现的(整个飞石过程是循环的)。u_{21}:由于开采岩体失去约束,弹性势能释放导致岩体变形凸出,消耗弹性势能;u_{22}:如果上述过程不能平衡弹性能量,那么变形继续增大,岩石开始产生裂隙,消耗弹性势能;u_{23}:如果上述过程不能平衡弹性能量,那么产生的裂隙完全使岩石与岩体体系分离,岩石飞出岩体体系带走动能,消耗弹性势能;u_{24}:如果上述过程不能平衡弹性能量,那么开采面附近岩体破坏,岩体大规模失稳塌落,消耗弹性势能。

u_{21}和 u_{22}的岩体体系能量释放过程是平缓的,系统需要一定时间才能释放能量达到平衡;u_{23}和 u_{24}的岩体体系能量释放是瞬间的,会突然将能量释放到系统之外。

2. 能量释放形式关系

如图 7.2 所示,U_0 指岩体发生变形和大变形的破坏能量,即岩体从发生变形开始到岩块最后一个与岩体系统连接的约束断开(出现飞石前)所需能量。$U_0=u_{21}^0+u_{22}^0$,即岩体凸出变形所消耗能量 u_{21}^0和岩体裂隙所消耗能量 u_{22}^0。

$U_e=U_1+U_2$,岩体破坏过程中有一部分能量以声、光、电和机械波形式释放,即 U_1;另一些能量通过变形、破碎和飞石形式释放,即 U_2,U_2 远大于 U_1,且 U_1 大部分以 u_{25}形式消耗。

$$\text{能量关系}\begin{cases} U=U_d+U_e \\ U_e=U_1+U_2 \\ U_0=u_{21}^0+u_{22}^0 \\ U_2=U_0+\sum_{i=1}^{I-1, I=\text{微岩飞石次数}}(u_{21}^i+u_{22}^i+u_{23}^i)+u_{23}^I+u_{24} \\ u_k=u_{21}+u_{22} \end{cases}$$

图 7.2　能量释放形式关系

根据扰动位置深度不同,U_2 所包含的能量释放形式不同。U_0 是发生岩体碎裂飞出前一刻的消耗能量。此后出现一次飞石过程,而该宏观飞石过程是由多个微观飞石和凸出(微观岩爆)过程组成的,是飞石和凸出相结合的一个循环过程(即岩爆过程),即 $\sum_{i=1}^{I-1, I=\text{微岩飞石次数}}(u_{21}^i+u_{22}^i+u_{23}^i)+u_{23}^I$。第一次飞石能量 u_{23}^1 大于随后飞石能量,随后 $u_{21}^1+u_{22}^1$ 能量也大于后期的同类能量消耗,且 $u_{23}^i>u_{21}^i+u_{22}^i$。飞石能量逐次减少且仍能发生飞石,是由于飞石体积在微岩爆过程中依次减小;每次岩体变形破坏都可能使岩体产生新的裂隙,达到使岩体失去约束成为飞石的条件,但这个过程逐渐减弱最后消失。当变形和破坏范围蔓延至开挖面附近岩体时,就会产生附近岩体(应变弱化区)失稳破坏。在最后一次飞石 u_{23}^I 后,岩爆过程停止。岩体失稳坍塌是岩体系统释放能量的最后过程,所释放能量为 u_{24},此后岩体系统能量与周边系统能量平衡,冲击地压过程停止。

确定各形式能量释放,在实验室条件下,岩体试件由于失去侧向约束产生变形所消耗的弹性能量可通过对不同变形量下所施加应力的积分功确定,即通过相同应变条件下的压缩实验确定;飞石携带能量对弹性势能的消耗可通过所有飞石的动能和重力势能综合来确定,即通过实验得到的飞石质量、速度、高差来计算;对于岩体破碎失稳所消耗能量,需要首先计算发生失稳的应变软化区,即广义应变区的体积,然后通过系统势能积分,在满足失稳判据下得到岩体破坏失稳所需能量;关于冲击地压震动能量的计算已有成熟理论,这里不做研究。

3. 不同深度下能量释放过程

由于颗粒流理论可模拟岩体非连续破坏,因此适用于冲击地压模型二次开发。基于颗粒流的冲击地压模型可表述为:首先,弹性势能释放导致体积变化消耗能量 U_e;同时,使岩体颗粒之间的 CBond(Contact Bond)断裂,消耗能量 U_e;扰动深度增加后 CBond 断裂不足以平衡增加深度带来的弹性势能,造成更多的 CBond 断裂,广义应变区扩大也使周边岩体产生失稳破坏。当岩体颗粒与岩体连接的全部 CBond 断裂且 $\Delta U=U_e-U_0>0$ 时,该颗粒将能量 ΔU 转化为动能并离开岩体体系,进而消耗 U_e;当 U_e 减少后岩体体系停止向系统外抛出飞石,岩爆停止;进一步增加深度，岩体系统会调节飞石速度进而携带更多弹性势能离开岩体体系；应指出，飞石、岩体变形和裂隙产生是一个循环能量降低的过程，是一次宏观岩爆过程；此期间飞石和凸出造成了岩体体积损失，使广义应变区发展；进一步增加深度，飞石体积和速度增加、凸出变形增加，但仍不能平衡深度增加带来的弹性势能增加，这样岩体体系通过广义应变区岩体失稳破坏来进一步平衡弹性势能。上述过程到岩体最终能量达到平衡和应力重分布时停止。

使用颗粒流实现上述过程，岩体变形可通过颗粒体积的变化予以调整，并计算所消耗能量；岩体裂隙可通过对颗粒切向和法向连接属性的设置确定，并计算消耗能量；可通过计算得到飞石动能能量，根据提出颗粒流爆破模型进行类似岩爆模拟；广义变形区可通过已有经验值和冲击地压失稳判据确定的范围内颗粒属性的调整给予实现。

根据 7.2 节模拟结果，不同深度岩体受到扰动后，岩体系统释放能量的过程不同。0～－320m 时，不发生岩爆，主要是开采面附近岩体变形和大变形对弹性势能的消耗，是弱冲击地压。－320～－620m 时，首先开采面附近岩体变形和大变形对弹性势能进行消耗，然后岩体破碎程度达到岩爆的条件，剩余弹性势能部分转化为破碎岩石动能，产生飞石。一次宏观岩爆由多次微观岩爆组成，其过程为：岩体变形并产生裂隙，满足飞石条件后岩块携带动能飞出，然后循环这一过程。该过程也是冲击地压，只是冲击地压以岩爆形式结束。－620～－820m 时，经历变形和大变形、岩爆，直到开挖面附近岩体飞石和岩体凸出导致体积损失，岩体广义应变区失稳，最终产生岩体塌落。塌落后由于岩体系统能量降低至周围岩体能级，岩体体系停止破坏。该冲击地压过程终止于岩体坍塌。岩体系统能量释放过程如图 7.3 所示。

4. 冲击地压岩体体系能量变化

冲击地压过程中岩体体系能量降低过程如图 7.4 所示。U_0 为首次出现岩爆之前的弹性势能消耗，即由扰动初期岩体破碎和变形所消耗的能量。之后，产生一次宏观岩爆，由多次微观岩爆组成，其间飞石与变形破裂相间隔，消耗弹性势能依次减小，变形破碎消耗能量依次减小。该过程反复对岩体进行损伤，直到开挖面附近岩体广义应变区破坏产生坍塌。

从发生变形、岩爆和失稳塌落的时间上看，不同深度开挖面发生上述现象的时间基本相同。0～－320m 的初期开挖面岩体变形凸出时间为 0.01s，即消耗 U_0；－320～－620m 发生岩爆的时间为 0.01～0.1s；－620～－820m 发生失稳坍塌的时间为 0.1～5.28s。因此，不同深度下，岩体系统由于受扰动表现出的能量释放形式、过程和时间是相似的，只是不同深度冲击地压达到的最终状态不同。

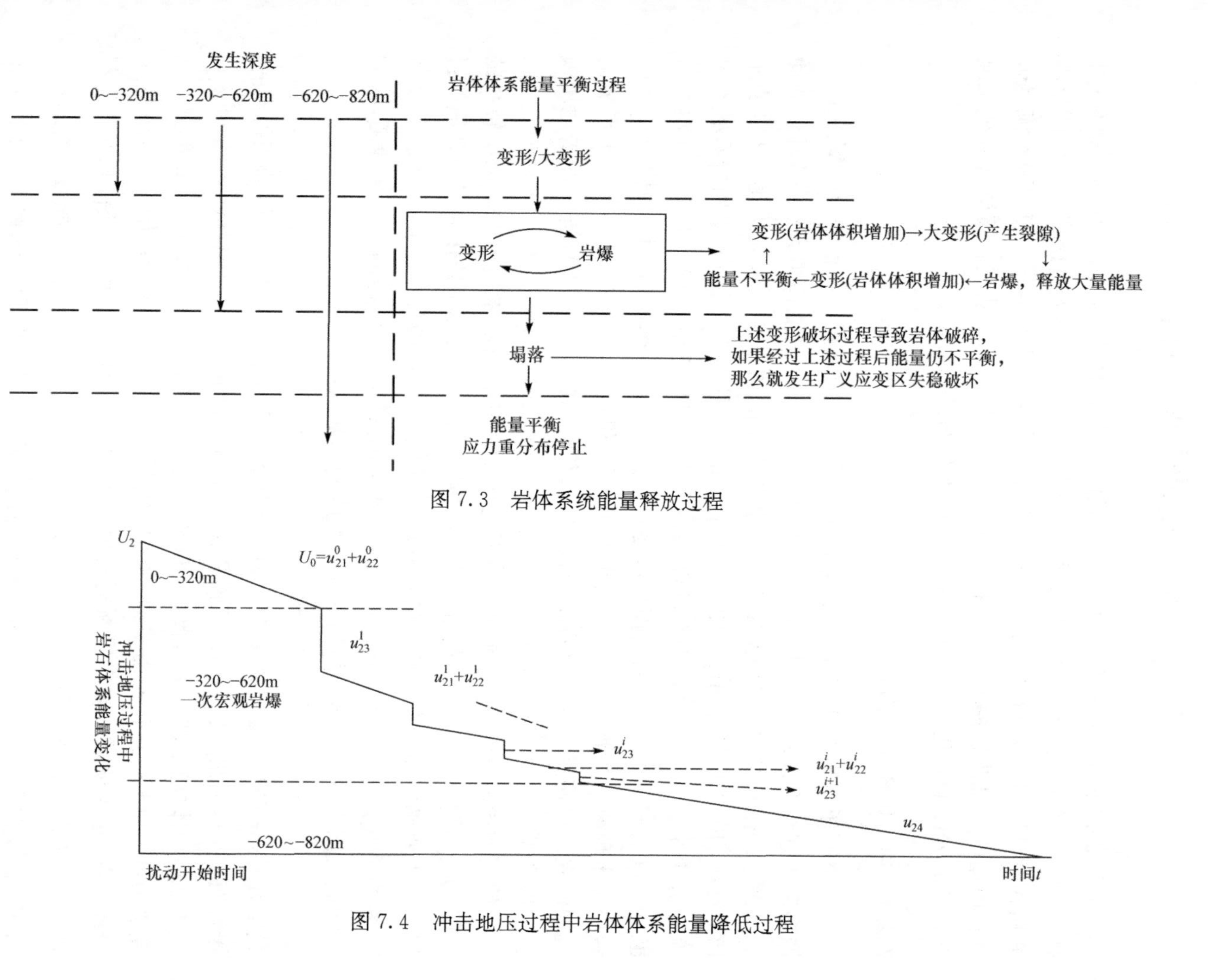

图 7.3　岩体系统能量释放过程

图 7.4　冲击地压过程中岩体体系能量降低过程

7.2　不同深度冲击地压过程

为了研究不同深度条件下由开采造成的岩体变形、岩爆、凸出和塌落特征，针对−120～−820m、间隔100m的8种工况开采后岩体破坏进行模拟。结合能量理论和$\Delta U=U_e-U_0$来确定冲击地压弹性势能与动能ΔU的转化。使用颗粒流爆破过程模型的三维改进模型将ΔU按照一定规则转化为飞石动能。模拟这8种工况下开挖后岩体的变化情况[4]。本节是对7.1节的具体实现。

7.2.1　冲击地压模型构建

冲击地压是岩石从完成到破碎、从静止到运动的过程。目前对冲击地压的模拟多基于连续介质理论工具，如ANSYS[5]。这些工具只能模拟完整的岩体，即使满足发生冲击地压的条件也难以出现冲击地压的效果。更为先进地，可以使用PFC2D[6]、PFC3D[7,8]和RFPA2D[9]进行冲击地压处理。文献[9]采用岩石破裂过程分析软件RFPA2D再现岩石试件卸载发生失稳破坏的过程。但模拟并没有考虑$\Delta U=U_e-U_0$的关系，而且模型最终效果只发生了岩体断裂，并未根据ΔU产生岩块飞出现象。文献[5]、[7]、[8]使用了PFC机制，但缺乏针对冲击地压形成的机理研究。只使用该软件自身本构模型，没有利用颗粒流的优势进行冲击地压模型二次开发。

使用颗粒流理论，结合能量守恒理论和$\Delta U=U_e-U_0$来确定冲击地压转化的动能ΔU。将岩块飞出类比爆破飞石，利用爆破模型模拟ΔU转化为岩块动能的过程。首先要确定储存在岩体中的可释放能量U_e和岩体破坏能量U_0。可释放能量U_e根据通过式(7.3)[10]确定。即无论是常规加载还是不同控制方式卸载围压，岩石在同一围压下破坏前所能储存的最大应变能基本相同。

$$U'_e=-8\times10^{-6}\sigma_3^3-0.0002\sigma_3^2+0.0546\sigma_3+0.3645 \tag{7.3}$$

式中，围压σ_3(MPa)是通过颗粒接触面的压力总和(CForce)除以接触面积得到的，接触面积是由开采形成的巷道断面积；$U_e=U'_eV_E$，U'_e的单位是MJ/m³，V_E是开采前受压缩的岩体体积，即开采后颗粒之间不产生压力(CForce)的部分，但这部分存在连接力(CBond)。这说明由多颗粒组成的岩体内部已不存在由初始应力场产生的挤压，同时也说明岩体未发生断裂现象。V_E可单独利用PFC3D进行相同工况模拟，进而计算这部分体积。$V_E=\sum V_d/(1-p)$，V_d为一个颗粒体积，p为孔隙率。对于U_0，文献[11]提出了岩体动力破坏的最小能量原理，即岩体破坏真正需要消耗的能量总是单向应力状态的破坏能量，即$E_{fmin}=\sigma_c^2/(2E)$和$E_{fmin}=\tau_c^2/(2G)$(σ_c和τ_c分别为最小单轴压缩破坏强度和剪切破坏强度)。$U_0=E_{fmin}V_f$，V_f为冲击地压过程中凸出和破坏的岩石体积，$V_f = \sum V_d/(1-p)$。综上所述，$\Delta U = U_e - U_0 = U'_e V_E - E_{fmin} V_f$。

3.1 节提出了一种基于颗粒流理论及能量守恒定律的爆炸模型。假设爆炸时刻产生的能量全部由爆破点周边一定范围内的岩体承受，并部分转化为动能，进而能量在碎裂岩块中传递、吸收，最终达到平衡，爆炸过程结束。3.6 节提出三维爆炸模型，模型如式(3.4)～式(3.15)所示，示意图如图 3.26 所示。对模型的详细描述见 3.6 节。

模型应用需说明的问题如下：①取消压缩区、破裂区、振动区能量分配设置，能量全部集中于飞散出去的岩块；②原模型为了表示爆炸对周围岩体的弱化，按照一定规律弱化了相邻颗粒的 CBond 属性，而这里由于岩体本身弹性势能释放导致 CBond 断开，因此不设置岩体弱化；③关于冲击地压产生飞石的起点位置，由于冲击地压是岩体本身弹性势能释放导致的 CBond 断开，因此首先断开的那个 CBond 位置就是冲击地压的开始点。

这里只模拟冲击地压附近岩体情况。开采面上覆岩层平均密度为 2450kg/m^3，冲击地压产生位置岩体为硬脆性花岗岩体，根据实际情况其刚度取 50GPa(切向和法向)，连接力为 13MPa(切向和法向)。模型中颗粒与边界，颗粒与颗粒的摩擦系数为 0.1。模型尺寸为 $x=[0\text{m}, 10\text{m}]$、$y=[0\text{m}, 2\text{m}]$、$z=[0\text{m}, 20\text{m}]$，如图 7.5 所示。

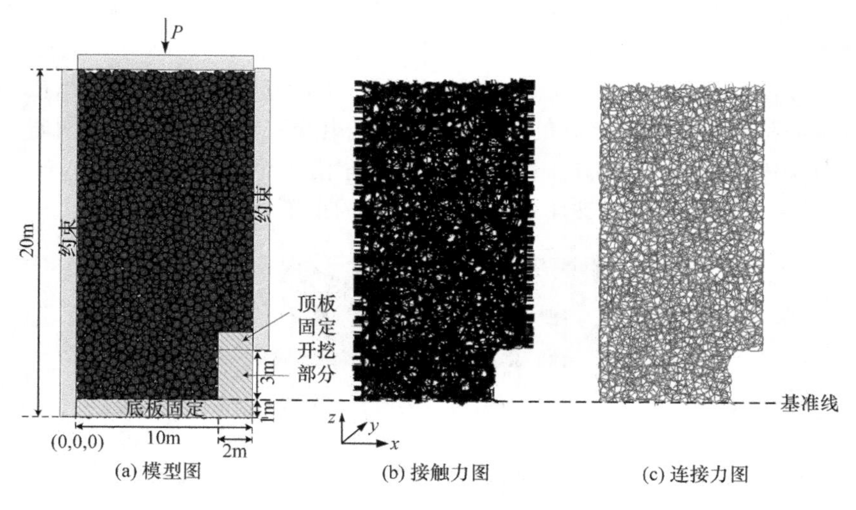

图 7.5　模型示意图

对图 7.5 进行说明，图 7.5(a)表示基本模型图，P 为模拟上覆岩层给予的压力，取值范围为－120～－820m，间隔 100m 厚岩体，即分为 8 种工况进行岩体开采。设定模型底部底板固定，开挖完成后的顶板固定。图 7.5(b)表示由颗粒自身

重力和压力 P 在颗粒之间形成的接触力。如果模型中某一区域的颗粒之间 CForce 明显小于周围颗粒甚至消失，说明这部分颗粒没有被周围颗粒压缩。图 7.5(c)表示颗粒之间的连接力 CBond，使颗粒表现出整体特征。如果模拟中颗粒之间的 CBond 消失，那么表明这两个颗粒已经分离。

模型构建过程如下：①应用下落法构建自然状态下的岩体模型($P=0$)，设置重力加速度和颗粒密度。为了充分模拟岩体沉积，摩擦力和连接力设为 0；②模拟不同深度下的岩体受上覆岩层压力，P 在 2.45～19.6MPa 取值，间隔 2.45MPa，底板设置固定，得到表示不同深度的 8 个模型；③对这 8 个模型中颗粒与颗粒、颗粒与墙体设置摩擦力和连接力；④去掉开挖部分颗粒，设置顶板固定，去掉开挖部分岩体的边界墙体约束，开始模拟冲击地压。

7.2.2 冲击地压过程分析

对上述 8 种工况进行岩体开采模拟，并对冲击地压结果进行分析。

如图 7.6 所示，在－120m 和－220m 处开采岩体不发生冲击地压，开采面附近岩体向采空方向凸出很小，即凸出长度表示开采面的最大凸出长度，不包括因凸出而掉落的颗粒。在这两种工况下不形成近圆区，近圆区定义为岩体颗粒弹性势能释放后的区域(仍保留小部分弹性势能)，这些释放的弹性势能就是 U_e。该区域中 CForce 分布明显减小，CBond 也是减小的。由于颗粒体积变化(弹性势能释放)破坏了原有颗粒间的 CBond，这部分能量使岩体性能劣化，因此破坏 CBond 的能量就是 U_0。当一个颗粒与其他颗粒的 CBond 全部消失，颗粒位于开采面，且 $U_e-U_0>0$ 时，颗粒便以飞石形式飞出。$\Delta U=U_e-U_0$ 转化为飞石颗粒动能。120m 工况开采面附近岩体颗粒之间的拉力增加，这是由开采造成的；同时说明岩体在弹性变形范围内。220m 工况开采面附近岩体颗粒由于弹性势能的释放，产生变形较大，导致一些颗粒间连接破坏；但总体上仍能约束不发生飞石和凸出。

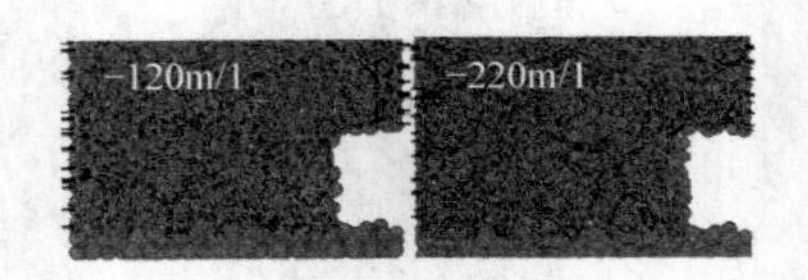

图 7.6 －120m 和－220m 处开采后开采面附近岩体变化情况

－120m 和－220m 表示开采面深度；/1 表示 1 个模拟单位，即 1000 步，相当于 0.01s，图 7.7～图 7.10 同此。模拟单位数量乘以 0.01s 得到对应状态发生的时间

如图 7.7 所示，－320m 工况下可清晰看出岩体变形随着时间的延长，以及开采面附近的岩体变化情况。8 个模拟单位，即 0.08s 时开采造成的开采面附近应力重分布结束。上述过程是从开采到稳定的过程，没有较大的岩体凸出和飞石动能 $\Delta U=U_e-U_0$ 的转化。该过程体现开采后形成近圆区的过程，主要包括岩体内部

拉力、CForce 和 CBond 减小。岩体内部拉力和 CBond 的减小属于岩体破坏能量 U_0，其消耗了 U_e 使岩体劣化。CForce 的减小说明开采面附近岩体凸出，近圆区周围开始形成塌落拱。如果开采深度增加，U_e 增加而 U_0 不变，那么 $U_e-U_0=0$ 为产生飞石的临界条件；如果深度进一步增加，那么 $\Delta U=U_e-U_0>0$ 的这部分能量将转化为破碎岩石飞出的动能，进而形成飞石。−120m、−220m、−320m 开采面岩体略有凸出，这是由岩体变形造成的，这种变形不足以破坏岩体颗粒之间的 CBond。虽然也消耗 U_e，但效果远不如破坏 CBond 强烈。

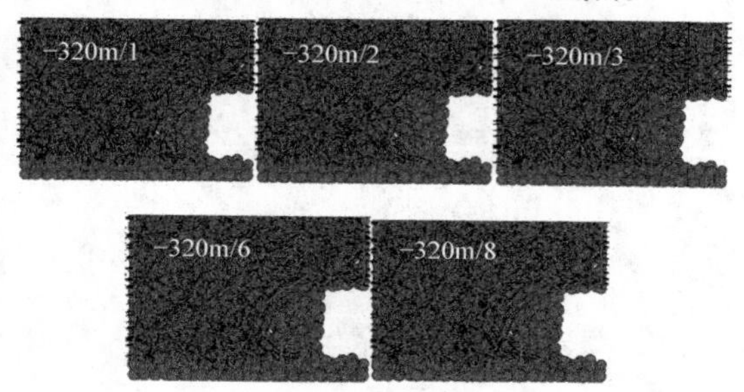

图 7.7　−320m 处开采后开采面附近岩体变化情况

如图 7.8 所示，由于深度增加，开采面附近岩体凸出加剧，且 $\Delta U=U_e-U_0>0$，这部分能量在 0.03s 时使破碎后的颗粒飞出产生岩爆。在 420m 深度下 $U_e>U_0$，岩体内部变化可以分为两个阶段：0～0.03s 拉力、CForce 和 CBond 减小，近圆区扩大，岩体劣化发展；在 0.03s 时飞出颗粒的所有 CBond 断裂，该颗粒脱离原有岩体体系，带走了 ΔU，使 U_e 减小，所以 0.03～0.08s 期间近圆区缩小，并伴随着岩体凸出。由此可见，冲击地压过程是岩体系统为了保持自身能量平衡而向系统之外释放能量的过程。每一次飞石飞出都是一次平衡过程，因此宏观上的一次岩爆是由微观上的多次岩爆叠加而成的。近圆区扩大和缩小的反复过程也使周边岩体产生劣化。

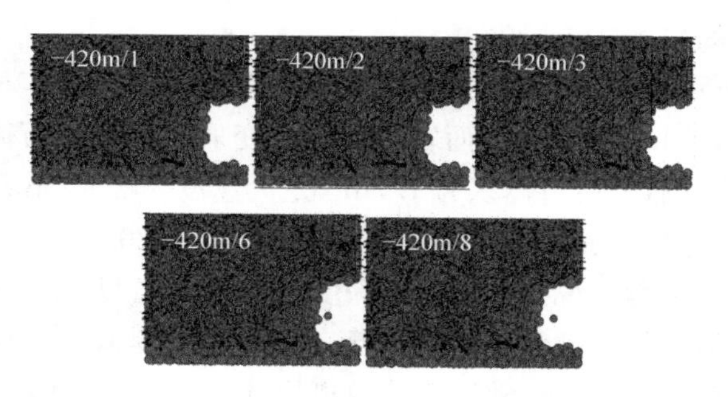

图 7.8　−420m 处开采后开采面附近岩体变化情况

如图 7.9 所示，−520m 工况下发生大规模冲击地压，冲击地压持续时间为

0.01～0.1s。其间，多个颗粒以单独或组合的形式飞出，近圆区在这段时间内反复变化。0.1～2.78s 时，由于 $U_e > U_0$，因此产生的 ΔU 随着飞石离开岩体体系。之后虽然开采面凸出严重，但 CBond 未全部断裂，所以不可能出现飞石，岩体体系进入平衡状态。由于飞出颗粒使岩体产生体积损失，有利于岩体弹性势能进一步释放，因此导致 CForce 减小。重力作用使开采面附近上部岩体向下运移，近圆区向上发展，稳定塌落拱向上隆起。

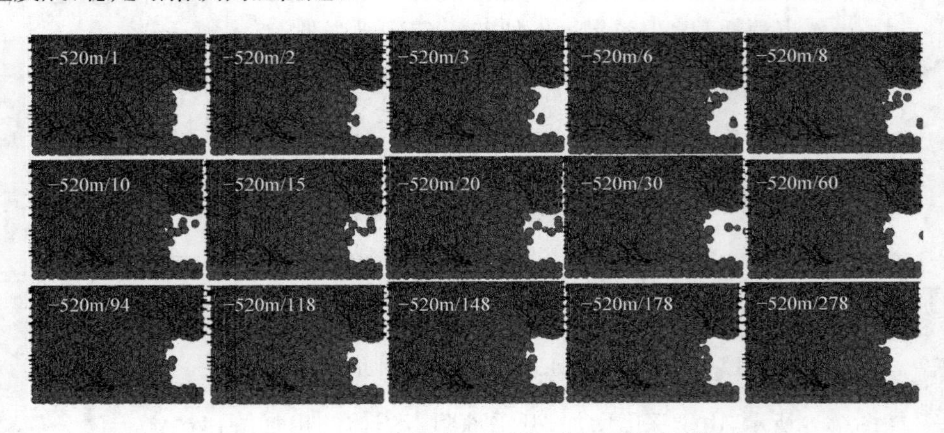

图 7.9　-520m 处开采后开采面附近岩体变化情况

-620m 情况与-520m 趋势相同。0.01～0.1s 内发生冲击地压，冲击地压发生后至 5.18s 开采面岩体凸出变形。前者飞石体积为 1.6m^3，最大速度为 15.46m/s；后者飞石体积为 1.5m^3，最大速度为 12.45m/s。相比之下，两者飞石体积基本相同，增加的 100m 深度岩石蓄积弹性势能的释放主要是通过最大速度的不同进行调节的，即更大的速度可带走更多的弹性势能；另外，通过更长的稳定时间来调节，即形成开采面附近岩体凸出变形的时间更长，这有利于平缓地进行能量吸收和应力重分布。-620m 工况下，形成的近圆区要大于-520m，这说明飞石和岩体凸出造成的岩体体积损失更大。

如图 7.10 所示，-720m 工况下的冲击地压过程与-820m 类似。0.01～0.1s 内发生冲击地压，5.18s 发生开采面岩体的凸出变形。前者飞石体积为 1.6m^3，最大速度为 23.5m/s；后者飞石体积为 1.7m^3，最大速度为 25.56m/s。同样，飞石体积略有增加，最大速度也是增加的。这两个工况与-620m 工况相同的是都有开采面附近岩体坍塌过程。说明在这两个深度下弹性势能 U_e 不能仅靠飞石携带的动能和岩体凸出消耗的弹性势能进行平衡。岩体塌落是颗粒 CBond 断裂造成能量消耗 U_e，进而岩体系统内能量消耗并脱离岩体，从而使岩体再次达到平衡。近圆区向岩体内部扩大，从顶板与近圆区交汇处，沿区域边界，岩体颗粒开始产生贯穿裂隙。这是坍塌的原因，也表示坍塌过程的开始。

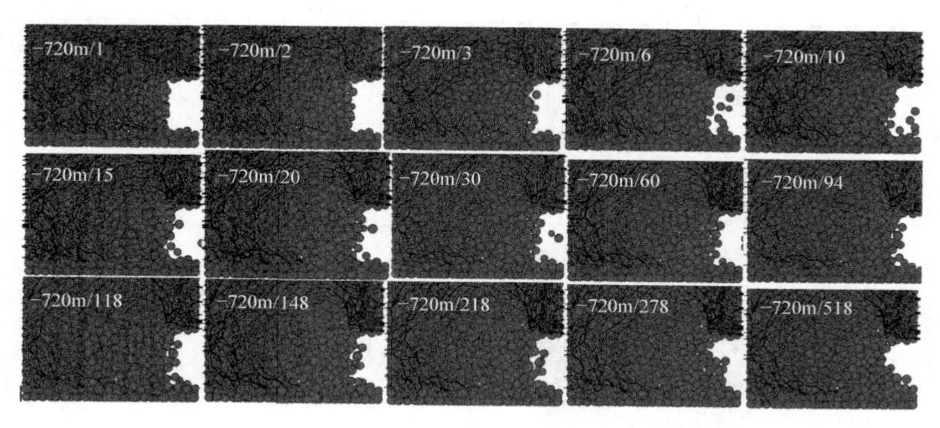

图 7.10 −720m 处开采后开采面附近岩体变化情况

以上分析了不同工况下冲击地压的发生过程，下面对岩体冲击地压特征进行分析。8种深度工况下开挖后形成的最终岩体形态及特征如表 7.1 所示。

表 7.1 8种深度工况下开挖岩体形成的最终形态

 深度	−120m
最大速度(初始状态)	0.016m/s
飞石体积	0
凸出长度	0.028m
模拟时间	0.3s
 深度	−220m
最大速度(初始状态)	0.514m/s
飞石体积	0
凸出长度	0.06m
模拟时间	0.3s
 深度	−320m
最大速度(初始状态)	3.67m/s
飞石体积	0
凸出长度	0.17m
模拟时间	0.3s

续表

	深度	－420m
	最大速度(初始状态)	7.892m/s
	飞石体积	0.4m^3
	凸出长度	0.291m
	模拟时间	1.18s
	深度	－520m
	最大速度(初始状态)	12.45m/s
	飞石体积	1.5m^3
	凸出长度	0.83m
	模拟时间	2.18s
	深度	－620m
	最大速度(岩爆初始状态)	15.46m/s
	飞石体积	1.6 m^3
	凸出长度	1.06m
	模拟时间	5.18s
	深度	－720m
	最大速度(初始状态)	23.5m/s
	飞石体积	1.6m^3
	凸出长度	1.6m 有塌方
	模拟时间	5.18s
	深度	－820m
	最大速度(岩爆初始状态)	25.56m/s
	飞石体积	2m^3
	凸出长度	1.7m 有塌方
	模拟时间	5.18s

下面对表 7.1 所示的 8 种工况进行总结和分析。

(1) 冲击地压发生的时间极短。−420m 时发生冲击地压的时间为 0.03s，−520m、−620m、−720m、−820m 时冲击地压发生时间的均为 0.01s，且到达一定深度后冲击地压的发生时间基本不变。

(2) 宏观上，一次岩爆是由多次微观岩爆叠加而成的，而且每次微观岩爆都是岩体体系自身能量平衡的结果。多次微观调整的结果就是飞出岩石颗粒携带动能脱离岩体系统进而消耗能量 U_e。

(3) 冲击地压伴随着开采面的岩体凸出变形，且岩体凸出变形可能导致开采面坍塌。−120m、−220m、−320m 略有凸出，−420m 明显凸出，−520m、−620m、−720m、−820m 凸出逐渐增加。−720m、−820m 工况下开采面附近的岩体出现塌方现象。

(4) 冲击地压过程是岩体系统为了保持自身能量平衡而向系统外释放能量的过程。首先，弹性势能释放导致体积变化，岩体颗粒之间的 CBond 断裂消耗 U_e；开采深度增加后 CBond 断裂不足以平衡增加深度带来的弹性势能，造成更多的 CBond 断裂，近圆区扩大和缩小的反复过程也使周边岩体产生破坏。当颗粒与岩体连接的全部 CBond 断裂且 $\Delta U = U_e - U_0 > 0$ 时，该颗粒将 ΔU 转化为动能并离开岩体体系消耗 U_e；当 U_e 减少后岩体体系停止向系统外抛出飞石，飞石停止；进一步增加深度，岩体系统会调节飞石速度进而携带更多的弹性势能离开岩体体系；同时，开采面附近岩体向外凸出，这部分变形也消耗 U_e（深度较浅时开采面也有凸出，但只是形变，不足以破坏 CBond）；此期间飞石和凸出造成岩体体积损失，使近圆区向上发展；进一步增加深度，飞石体积和速度增加、凸出增加，但仍不能平衡深度增加带来的弹性势能增加。这样，岩体体系通过开采面附近岩体塌方来进一步平衡弹性势能。上述过程持续到最终能量达到平衡和应力重分布停止。

7.3　深度及倾角对冲击地压的影响

尽管对冲击地压的相关研究较多，但并没有针对煤岩及顶板倾角与煤岩深度耦合情况下的压应力型冲击地压影响进行研究。煤岩深度对冲击地压发生有至关重要的影响。冲击地压所释放弹性势能是煤岩体形成期间存储的弹性势能，而该弹性势能与深度有直接关系。另外，开采使煤岩体失去约束产生变形，释放弹性势能，发生冲击地压。约束的不同使煤岩体弹性势能释放区域范围不同。特别是在开采时煤岩层逐渐减小的情况下，煤岩体受顶板和底板的约束小于煤岩层水平分布情况下的约束，因而更易发生冲击地压。

为了研究不同深度和煤岩倾角对煤岩体开采引起的压应力型冲击地压影响，利用颗粒流方法进行冲击地压模拟。煤岩体与顶板倾角工况设置为 7 种，分别为 0°、5°、10°、15°、20°、30°、40°；煤岩层深度设置为 8 种，范围为 −120～−820m，间隔

100m。对上述 56 种工况进行压应力型冲击地压过程模拟,计算至稳定时统计飞石颗粒数量和变形颗粒数量,研究它们与深度和倾角之间的关系。

7.3.1　模型构建

压应力型冲击地压影响因素较多,如开采深度,向斜或背斜轴部开采,断层构造附近开采,煤层厚度、倾角等赋存条件,开采布置方式不合理,开采速度太快,三项应力变为单向应力等。简化冲击地压模型包含两方面。一方面,冲击地压发生的能量是原始岩体形成期间存储的弹性势能,这与深度有极大关系;当然,也与特殊地质构造应力有关。另一方面,开采使煤岩体失去约束,失去约束范围直接影响煤岩体弹性势能释放范围。带有倾角的煤岩层在开采的不同位置断面厚度不同,倾角越大煤岩体断面厚度越大,此时失去约束的厚度越大,参加释放弹性势能的煤岩体体量越大。因此,简化压应力型冲击地压模型可认为主要受深度和倾角影响。

模型设置如下:模型尺寸为 $x=[0\text{m},10\text{m}]$、$y=[0\text{m},2\text{m}]$、$z=[0\text{m},20\text{m}]$,如图 7.11(a)所示。模型分为三部分,上下两层为煤层的顶板和底板,中间为煤层。顶板和底板为硬脆性花岗岩体,根据实际情况其刚度取 50GPa(切向和法向),连接力为 13MPa(切向和法向),平均密度为 2450kg/m^3。模型中颗粒与边界、颗粒与颗粒摩擦系数为 0.15。煤层性质取煤的通常性质[12]。模拟深度为 −120～−820m,间隔 100m,则 P 取值范围为 2.45～19.6MPa,间隔 2.45MPa,即深度分为 8 种工况。煤岩层与顶板倾角分别为 0°、5°、10°、15°、20°、30°、40°,即倾角为 7 种工况。对上述 56 种工况进行模拟。图 7.11(a)中标注了不同倾角的煤岩体和顶板接触面位置。

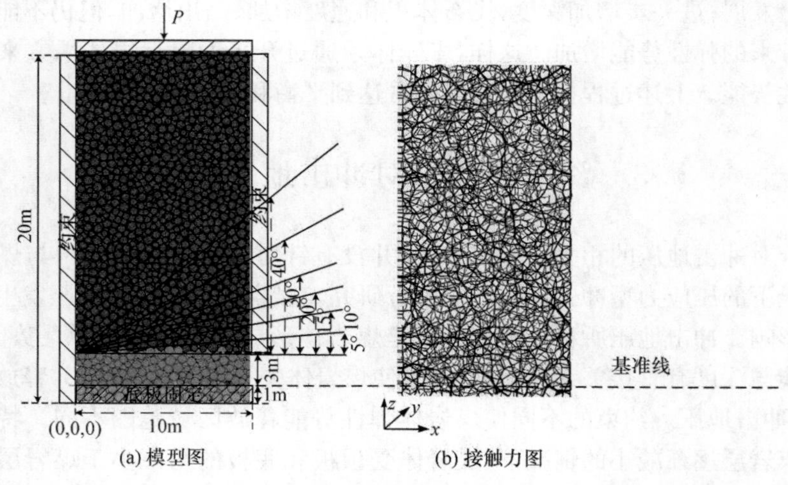

图 7.11　模型图

图 7.11(a)表示基本模型图,P 为模拟上覆岩层给予的压力,其值分别为 2.45MPa、4.9MPa、7.35MPa、9.8MPa、12.25MPa、14.7MPa、17.15MPa、19.6MPa,间隔 2.45MPa,共分为 8 种工况。设定模型底部固定,顶板岩体不参与冲击地压破坏,

设置其只能竖向移动。为模拟开挖侧煤岩体失去约束，将右侧模型约束墙体去掉，依基准线向上根据 7 种倾角工况分别去掉高度为 3m、3.87m、4.76m、5.68m、6.64m、8.78m、11.39m。模拟不同深度和倾角组合的 56 种情况，统计产生飞石颗粒数量和变形颗粒数量，以此来描述不同工况下的压应力型冲击地压发生特征。这里的颗粒变形是指颗粒体积变化，并不是形状变化。飞石颗粒的统计标准为以一定速度离开煤岩体的颗粒数量。变形颗粒统计标准为煤岩体中体积变化的颗粒数量。

图 7.11(b)表示由于颗粒自身重力和 P 压力而在颗粒之间形成的接触力 CForce。为模拟顶板和底板与中间煤层的不同，将他们之间的连接力设置为 0，仅存在摩擦和机械咬合力。

模型构建过程描述如下：①构建自然状态下的岩体模型($P=0$)，设置重力加速度和颗粒密度；②模拟 −120～−820m 深度岩体受上覆岩层压力，P 分别等于 2.45～19.6MPa，间隔 2.45MPa，划分顶板、底板和煤层，模型底部设置固定，顶板只能竖直方向移动；③模拟倾角分别为 0°、5°、10°、15°、20°、30°、40°；④对模型中颗粒与颗粒、颗粒与墙体设置摩擦系数，设置颗粒之间的连接力；⑤去掉顶板和底板与煤层的连接力；⑥根据倾角不同去掉模型右侧约束进行模拟；⑦记录发生冲击地压前后煤岩体所有颗粒的水平和竖直方向的位置、应力及半径，统计飞石颗粒数量和变形颗粒数量。

7.3.2　模拟与结果分析

表 7.2 给出了 56 种工况下的压应力型冲击地压发生后的稳定状态。

表 7.2　56 种工况下的压应力型冲击地压稳定情况

参数	100m	200m	300m	400m	500m	600m	700m	800m
倾角 0°								
飞石颗粒数量	0	0	1	1	16	9	21	28
变形颗粒数量	5	12	50	55	58	76	78	76
倾角 5°								
飞石颗粒数量	0	0	1	5	15	16	28	39
变形颗粒数量	18	21	70	87	104	104	114	137

续表

参数	100m	200m	300m	400m	500m	600m	700m	800m
倾角 10°		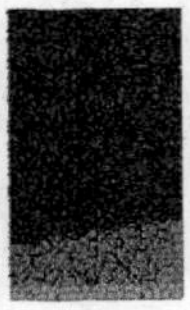		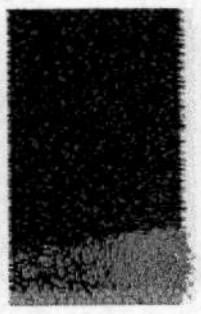				
飞石颗粒数量	0	0	1	5	12	17	31	33
变形颗粒数量	23	28	91	133	173	210	210	210
倾角 15°								
飞石颗粒数量	0	0	1	5	12	16	31	46
变形颗粒数量	29	35	112	163	254	295	254	366
倾角 20°				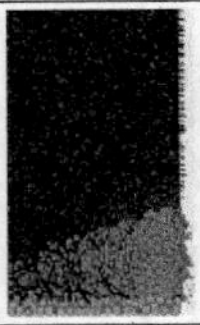	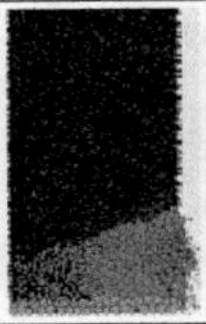	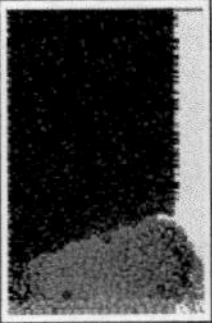		
飞石颗粒数量	0	0	1	7	12	18	49	74
变形颗粒数量	35	42	134	194	300	358	346	442
倾角 30°								
飞石颗粒数量	0	0	1	8	16	21	55	79
变形颗粒数量	48	57	263	301	460	512	512	592
倾角 40°			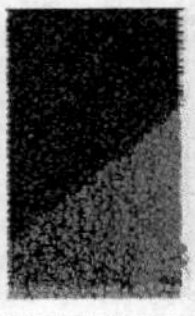	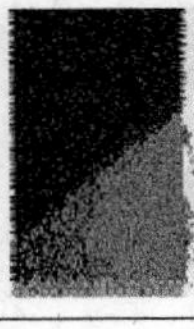				
飞石颗粒数量	0	0	2	8	16	37	66	87
变形颗粒数量	64	76	345	439	595	709	731	750

解释表7.2中的岩体特征，矢量箭头表示颗粒位移，所有图的位移绘制标准相同，可表示不同工况下位移的比较情况，表示飞石的颗粒未在图中标出。CForce减小部分即为颗粒体积变化部分，同时表示冲击地压影响的煤岩体区域和煤岩体能量释放区域。所有图的CForce绘制标准相同，可表示不同工况下CForce的比较情况。

表7.2统计了56种工况下的压应力型冲击地压发生过程飞石颗粒数和变形颗粒数。将深度作为x轴数据，倾角作为y轴数据，飞石颗粒数作为z轴数据绘制三维图，如图7.12所示。

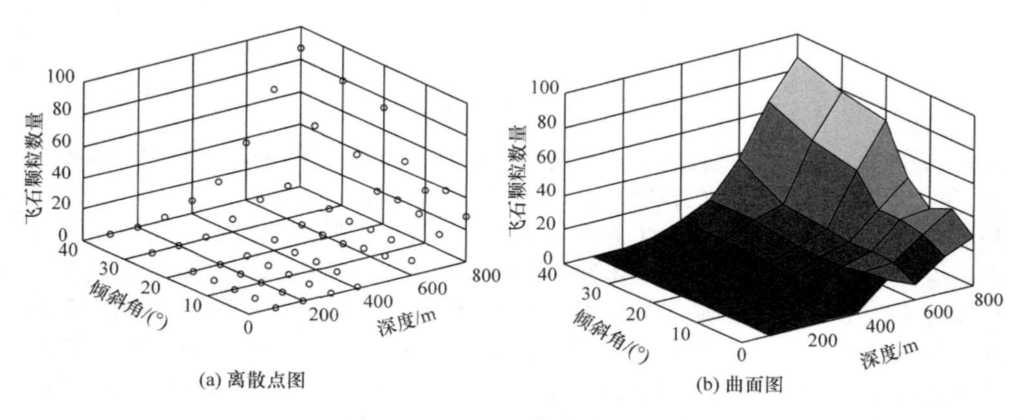

(a) 离散点图　　(b) 曲面图

图7.12　飞石颗粒数量分布规律

从图7.12中可知飞石数量与深度和倾角的关系。将图中离散点沿倾角轴方向投影可知，在不同倾角时，随着深度增加飞石数量呈幂函数$y=x^a(a>1)$形式增长。倾角越大，增长现象越明显(a逐渐增加)。深度小于300m的各工况飞石很少，可认为不发生冲击地压(或者认为冲击地压较弱。根据7.2节的观点，是发生了冲击地压，但未发生岩爆)。深度大于400m后出现冲击地压，但倾角小于15°时飞石不多，而大于15°后飞石数量迅速增长。将图中离散点沿深度轴方向投影，可知在不同深度时，随着倾角增加飞石数量增长呈线性形式($y=bx+c$)，且随着深度增加b和c均增加。小于400m时增长缓慢，之后深度越大，随着倾斜角的增长飞石数量增长越大。结论是：对于飞石，在倾角不变时其数量增长与深度为a大于1的幂函数关系，且a随深度增加而增加；在深度不变时其数量增长与倾角为线性关系，且随着深度增加b和c均增加。深度小于400m和大于400m且倾角小于15°时飞石很少，大于400m且倾角大于15°时飞石较多。

将深度作为x轴数据，倾角作为y轴数据，变形颗粒数作为z轴数据绘制三维图，如图7.13所示。

从图7.13中可知变形颗粒数量与深度和倾角的关系。将图中离散点沿倾角轴方向投影可知，在不同倾角时，随着深度的增加飞石数量呈幂函数[$y=x^a(a<1)$]形式增长。倾角越大，a逐渐趋近于1。深度小于200m的各工况变形颗粒很

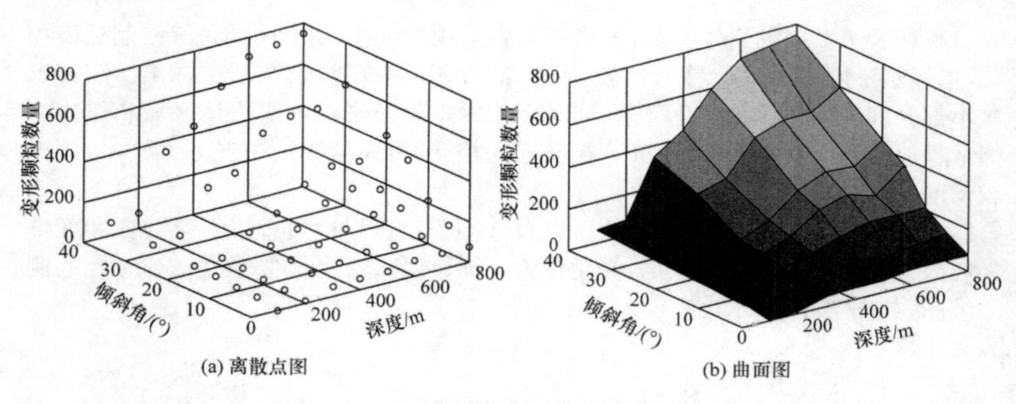

图 7.13 变形颗粒数量分布规律

少，这表明失去约束后颗粒之间的连接力较强，加上颗粒之间的摩擦力和机械咬合力，使岩体颗粒牢固。这也说明，这个深度的颗粒存储弹性势能较少。大于 200m 深度后变形颗粒数量迅速增加，但倾角小于 10°时变形颗粒仍较少。将图中离散点沿深度轴方向投影可看出，在不同深度时，随着倾角的增加变形颗粒数量增长呈线性关系（$y=bx+c$），且随着深度增加 b 和 c 均增加。深度小于 200m 时随倾角增加变形颗粒数量增加不明显，这说明此深度的岩体稳定。大于 200m 深度时随着倾角的增加变形颗粒数量增加明显。结论如下：对于变形颗粒，在倾角不变时其数量增长与深度的关系为 a 小于 1 的幂函数关系；倾角越大，a 逐渐趋近于 1。在深度不变时其数量增长与倾角为线性关系，且随着深度增加 b 和 c 均增加。深度小于 200m 和大于 200m 且倾角小于 10°时变形颗粒很少，大于 200m 且倾角大于 10°时变形颗粒较多。

综上所述，可认为冲击地压发生可能性随深度和倾角增加而明显增加。

7.4 冲击地压特征量数值关系

冲击地压表象与实质有密切联系，即冲击地压过程中的控制变量和状态变量有直接关系，控制变量决定状态变量。结合能量理论，冲击地压发生的充分条件是煤岩体具有形成期间存储的弹性势能，这个弹性势能与众多因素有关。将模型抽象为一般情况，弹性势能通过深度表示。冲击地压另一个条件是开采扰动。开采带来的煤岩体围压平衡被破坏，采空区一侧失去约束使弹性势能释放导致冲击地压发生。因此，失去约束的范围也是一个考虑重点，如 7.3 节所述。针对煤岩体与顶板倾角的不同，来研究约束的不同。特别是在开采煤岩时煤岩层逐渐减小的情况，更易发生冲击地压，因此煤岩体与顶板的倾角也是冲击地压的控制变量。冲击地压发生过程中的两个明显特征是岩体破裂形成飞石和岩体向采空区方向变形，因此飞石量和岩体变形量反映冲击地压的特征，可作为状态变量。

综上所述,研究控制变量和状态变量之间的定量数值关系,以描述压应力型冲击地压发生过程特征。研究 7.3 节 56 种工况下的冲击地压发生过程。

7.4.1　特征量提取

由上述分析可得,压应力型冲击地压的控制变量为煤岩体深度及其与顶板倾角,而状态变量为冲击地压发生时的飞石量和变形岩体量。深度表征了煤岩体形成期间所存储的弹性势能情况;倾角反映采煤过程煤岩失去约束情况,同时倾角使煤岩沿走向厚度逐渐减小,这也极易造成冲击地压发生。由冲击地压发生发展过程,即变形—破裂—飞石—坍塌过程,可知煤岩的变形和飞石情况,可表征冲击地压过程的程度特征。而且有利于通过变形和飞石量计算冲击地压过程中释放的能量。岩体变形消耗的能量占弹性势能释放能量的绝大多数。因此,主要研究深度和倾角与飞石和岩体变形量之间的数值关系,即函数关系。

冲击地压是一个从连续介质到离散介质,静态问题到动力问题的过程,因此需要一种可模拟非连续性破坏的方法。建立模型并设置深度和倾角,可得到发生冲击地压前后飞石颗粒的数量、体积、速度,以及变形颗粒的数量、位置、变形量等。进而方便地计算上述参数的定量关系,确定函数形式,为进一步基于能量理论研究冲击地压提供方法。

为了实现上述研究冲击地压的目的,使用 PFC3D 建立模型,其尺寸为 $x=[0\text{m},10\text{m}]$、$y=[0\text{m},2\text{m}]$、$z=[0\text{m},20\text{m}]$,如图 7.11(a)所示。分别将不同深度和倾角工况组合,模拟 56 种情况下产生的飞石颗粒数量和变形颗粒数量,以此来描述不同工况下的压应力型冲击地压发生特征。模型构建过程与 7.3 节相同。

7.4.2　特征量关系分析

图 7.14 为上述 56 种工况中倾角为 40°,深度为 100～800m 的 8 种工况时发生冲击地压稳定后的煤岩体状态示意图。所有图的位移和 CForce 绘制标准相同,可对不同工况下位移和 CForce 进行变化对比。变形颗粒主要集中在 CForce 较小的煤岩区域,该区域也是煤岩体能量释放的区域。表 7.2 给出了飞石颗粒和变形颗粒的数量统计。

表 7.2 给出了 56 种工况下冲击地压发生后的飞石颗粒数量和变形颗粒数量。使用表 7.2 中的数据直接绘制颗粒数量分布图,将深度作为 x 轴数据,倾角作为 y 轴数据,飞石颗粒数和变形颗粒数分别作为 z 轴数据绘制三维图,如图 7.12 和图 7.13 所示。

从图 7.12 和图 7.13 可知,随着深度变化,无论飞石颗粒数还是变形颗粒数,都是幂函数的分布,而对倾斜角度都是接近线性增长的。利用 MATLAB 工具进行曲面拟合,下面给出基于多项式的拟合方法。

图 7.15 中分别使用多项式拟合得到了飞石数量分布和变形颗粒数量分布。其中,飞石数量分布曲面拟合解析式如式(7.4)所示。

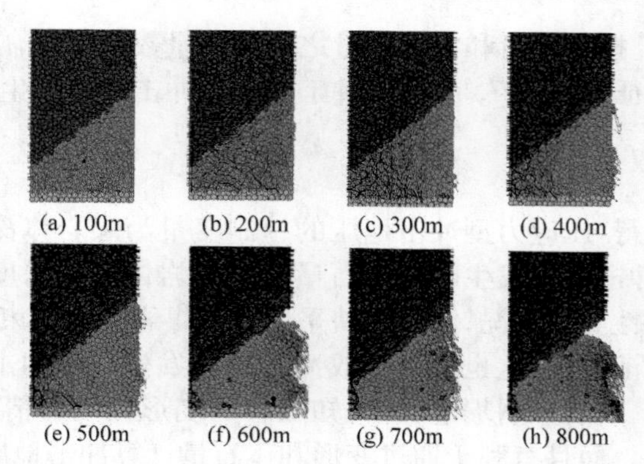

图 7.14　倾角 40°深度 100～800m 时的冲击地压发生后稳定图

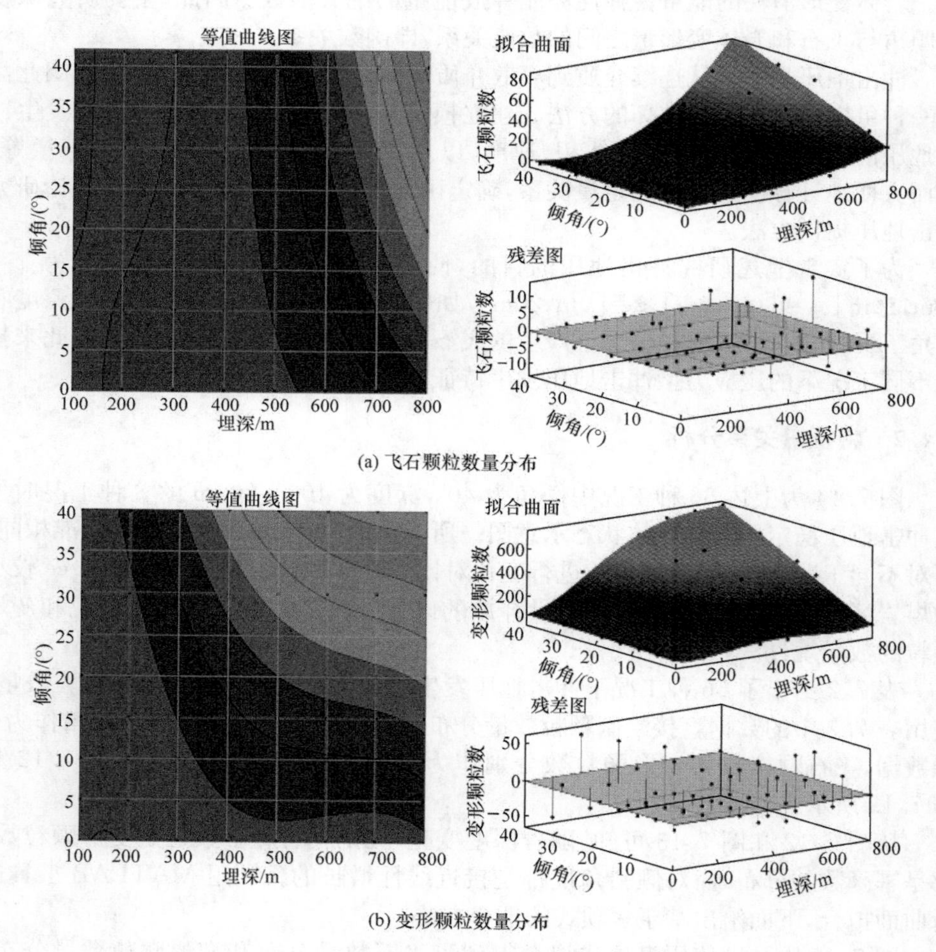

图 7.15　基于多项式的曲面拟合

左图为等值曲线图，右上图为拟合曲面图，右下图为拟合残差图，图 7.16 同此

$$f(x,y)=-3.803+0.03039x+0.3236y-5.585\times10^{-5}x^2-0.003052xy+8.478\times10^{-8}x^3+5.843\times10^{-6}x^2y \quad (7.4)$$

式中，x 为深度，m；y 为倾斜角，(°)；$f(x,y)$为得到的颗粒数量。式(7.5)同此。

式(7.4)中，对于 x 使用的最高次为 3 次，对于 y 使用的最高次为 1 次。即对飞石数量而言，其变化对深度变化是 3 次关系，而对于倾角变化为 1 次关系。拟合数据与原数据的一致性为 0.9666。

变形颗粒数量分布曲面拟合解析式如式(7.5)所示。

$$f(x,y)=113.1-1.832x+5.328y+0.009276x^2-0.03971xy-0.1944y^2-1.603\times10^{-5}x^3+0.0001352x^2y+0.001172xy^2+0.001594y^3+9.035\times10^{-9}x^4-8.686\times10^{-8}x^3y-9.845\times10^{-7}x^2y^2-4.583\times10^{-6}xy^3 \quad (7.5)$$

由于变形颗粒数量分布情况较为复杂，平衡考虑拟合次数与一致性(理论上次数越高拟合效果越好)，使用了 x 最高次为 4 次，y 最高次为 3 次的多项式拟合。拟合一致性为 0.9882。

上述使用多项式进行拟合虽然得到了对应的解析式，但其一致性和残差较大。如下使用内插法进行上述曲面拟合。虽然内插法得不到解析式，但得到的拟合结果仍然可应用于工程问题。

图 7.16 中使用内插法得到了飞石颗粒数量和变形颗粒数量的拟合曲面，拟合结果的一致性均为 1。其精度大于多项式拟合。

多项式拟合得到的解析式可直接应用于工程计算，即将煤岩赋存深度和顶板倾斜角度代入式(7.4)和式(7.5)，可分别得到冲击地压发生过程中飞石颗粒数量和变形颗粒数量。进一步可估计飞石质量、体积和速度，也可估计煤岩体变形的体积和范围。虽然模拟和拟合造成了一些误差，但量级上是相同的。内插法拟合无法得到具体的解析式，但可使用内插法得到等值曲线图，通过给定的深度和倾角在图内查找对应位置，即可得到飞石数量和变形颗粒数量。较多项式拟合更为准确，也可用于工程实际。

进一步，上述研究可确定不同深度和倾角时煤岩体发生冲击地压过程产生的飞石体积和速度，以及变形岩体范围和变化情况；可通过上述研究结果确定压应力型冲击地压过程中煤岩体释放的弹性势能，为使用能量理论进一步研究冲击地压提供定量分析基础。

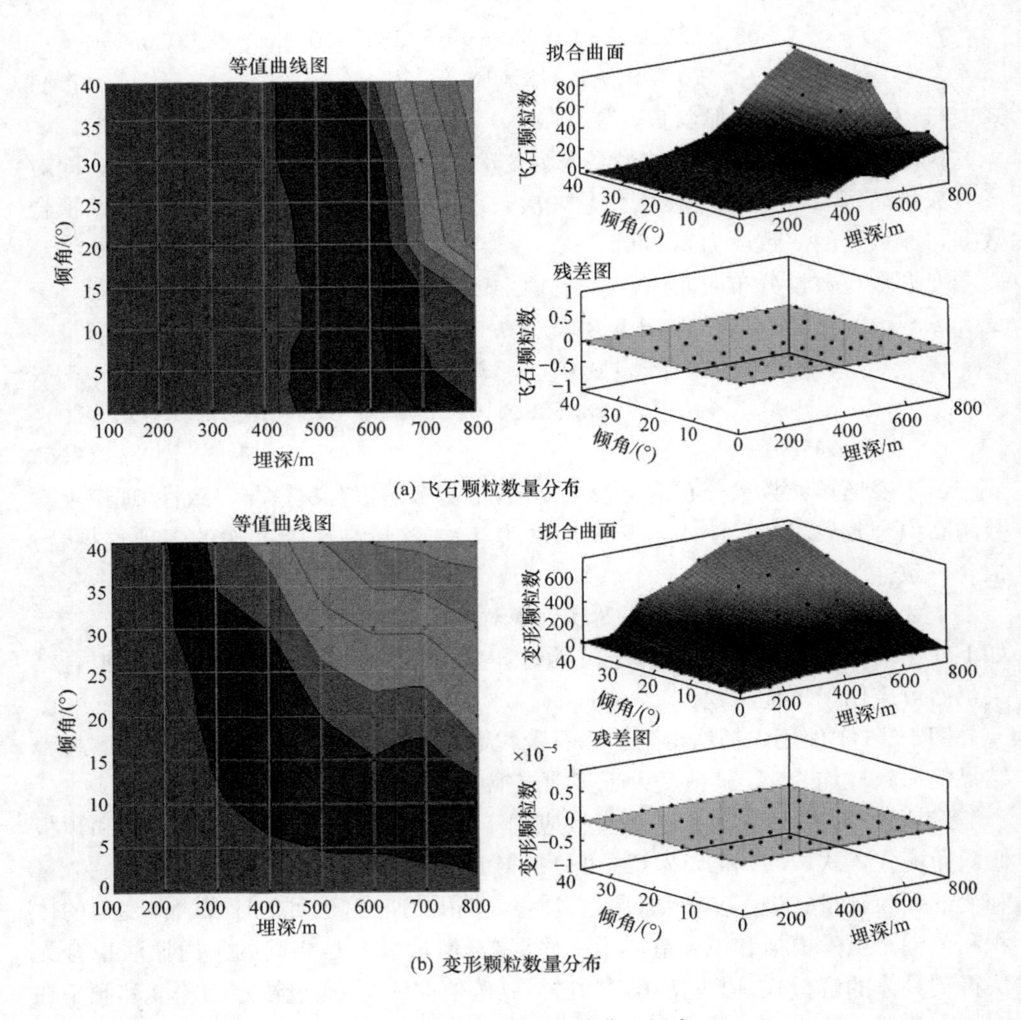

(a) 飞石颗粒数量分布

(b) 变形颗粒数量分布

图 7.16　基于内插法的曲面拟合

7.5　小　　结

本章使用颗粒流的非连续破坏模拟能力，对矿业工程中出现的冲击地压现象进行了模拟和研究。

7.1 节从能量角度对冲击地压过程进行了划分和分析，运用颗粒流理论实现了冲击地压模拟，主要结论如下：①冲击地压破坏过程是岩体系统为了保持自身能量平衡而向系统之外释放能量的过程。冲击地压过程可分为 3 部分：初期变形和裂隙；中期飞石—变形—破碎—飞石的循环破坏过程（岩爆）；末期广义应变失稳破坏。根据深度(蓄积弹性势能)和岩体裂隙程度的不同,冲击地压发生过程是不变的,只是最终达到稳定的阶段不同,且初期和中期经历的时间基本相同。②从能量释放形式划分包括5类:弹性变形、可产生裂隙的大变形、伴随裂隙产生的机械振动、岩体破碎飞石、广义变形集中区岩体失稳。论述了岩爆是冲击地压过程中最剧烈阶段的观点。

7.2节分析了冲击地压的细观过程。给出了方程 $\Delta U=U_e-U_0=J$,即释放的弹性势能 U_e 与使岩体强度弱化能量 U_0 之差 ΔU 等于岩体发生岩爆飞石的动能 J。给出了 U_e 和 U_0 的计算方法。J 是岩体爆破模型中的总能量,用于将 ΔU 转化为飞出岩体的动能。研究了8种深度工况下开挖后岩体变形破坏过程。总结了一些岩爆过程的特点:岩爆发生时间极短;宏观上一次岩爆是由多次微观岩爆叠加而成的,而每次微观岩爆都是岩体体系自身能量平衡的结果;岩爆伴随着开采面的岩体凸出变形,且岩体凸出变形可能导致开采面坍塌。

7.3节就不同深度和倾角对失去约束条件下煤岩体发生压应力型冲击地压过程进行了模拟研究。在56种工况下统计了冲击地压过程结束时的飞石颗粒数量和变形颗粒数量。统计结果显示:飞石数量和变形颗粒数量与深度均为幂函数关系,但前者随倾角增加 a 增加且均大于1;后者随倾角增加 a 增加但均小于1;在深度不变时两者数量增长与倾角为线性关系,且随着深度增加 b 和 c 均增加。深度小于400m时飞石数量较少,大于400m时数量增加明显;深度小于200m时变形颗粒数量较小,大于200m时数量增加明显。

7.4节通过分析煤岩体压应力型冲击地压形成及发生过程,确定了煤岩体赋存深度和煤岩体与顶板倾角可作为冲击地压发生过程的控制变量;煤岩体发生冲击地压过程中的飞石数量和煤岩变形数量作为状态变量。赋存深度是煤岩体弹性势能衡量的主要参量,倾角是开采时煤岩失去约束程度的主要参量。飞石和煤岩变形则是衡量冲击地压发生程度的主要参量。模拟得到了冲击地压发生后的飞石颗粒数量和变形颗粒数量,并进行了统计分析。随着深度变化,飞石颗粒数和变形颗粒数都是幂函数分布;随着倾斜角度增加都是接近线性增长的。进一步使用MATLAB中的多项式法和内插法进行曲面拟合,得到关于深度和倾角的飞石及变形颗粒数量分布情况。使用多项式拟合可得到解析式,方便应用于实际工况,但误差较大;使用内插法无法得到解析式,但可使用等值曲线图进行查找,误差很小。

参考文献

[1] 崔铁军,李莎莎,王来贵.基于能量理论的冲击地压细观过程研究[J].安全与环境学报,2018,18(2):474—480.

[2] 祝启虎,卢文波,孙金山.基于能量原理的岩爆机理及应力状态分析[J].武汉大学学报(工学版),2007,40(2):84—87.

[3] 陈卫忠,吕森鹏,郭小红,等.基于能量原理的卸围压试验与岩爆判据研究[J].岩石力学与工程学报,2009,28(8):1530—1540.

[4] 李莎莎,崔铁军,王来贵,等.卸载所致岩爆颗粒流模型的实现与应用[J].中国安全科学学报,2015,25(11):64—70.

[5] 姚高辉,吴爱祥,王洪江,等.程潮铁矿岩爆倾向性分析及其能量预测[J].北京科技大学学报,2009,31(12):1492—1497.

[6] 徐士良,朱合华.公路隧道通风竖井岩爆机制颗粒流模拟研究[J].岩土力学,2011,32(3):885—890.

[7] 吴顺川,周喻,高斌.卸载岩爆试验及PFC3D数值模拟研究[J].岩石力学与工程学报,2010,29(增2):4082—4088.

[8] 马春驰,李天斌,陈国庆,等.硬脆岩石的微观颗粒模型及其卸荷岩爆效应研究[J].岩石力学与工程学报,2015,34(2):217—227.

[9] 黄志平,唐春安,马天辉,等.卸载岩爆过程数值试验研究[J].岩石力学与工程学报,2011,30(增1):3120—3127.

[10] Khazaei C, Hazzard J, Chalaturnyk R. Damage quantification of intact rocks using acoustic emission energies recorded during uniaxial compression test and discrete element modeling [J]. Computers and Geotechnics, 2015, 67(7): 94—102.

[11] 崔铁军,马云东,王来贵.基于PFC3D的露天矿边坡爆破过程模拟及稳定性研究[J].应用数学和力学,2014,35(7):759—767.

[12] 崔铁军,马云东,王来贵.阻碍回采厚硬岩层处理方案模拟与优化[J].矿业安全与环保,2016,43(1):61—64.